周　期　表

10	11	12	13	14	15	16	17	18
								2 He 4.003 ヘリウム
			5 B 10.81 ホウ素	6 C 12.01 炭素	7 N 14.01 窒素	8 O 16.00 酸素	9 F 19.00 フッ素	10 Ne 20.18 ネオン
			13 Al 26.98 アルミニウム	14 Si 28.09 ケイ素	15 P 30.97 リン	16 S 32.07 硫黄	17 Cl 35.45 塩素	18 Ar 39.95 アルゴン
28 Ni 58.69 ニッケル	29 Cu 63.55 銅	30 Zn 65.38 亜鉛	31 Ga 69.72 ガリウム	32 Ge 72.63 ゲルマニウム	33 As 74.92 ヒ素	34 Se 78.97 セレン	35 Br 79.90 臭素	36 Kr 83.80 クリプトン
46 Pd 106.4 パラジウム	47 Ag 107.9 銀	48 Cd 112.4 カドミウム	49 In 114.8 インジウム	50 Sn 118.7 スズ	51 Sb 121.8 アンチモン	52 Te 127.6 テルル	53 I 126.9 ヨウ素	54 Xe 131.3 キセノン
78 Pt 195.1 白金	79 Au 197.0 金	80 Hg 200.6 水銀	81 Tl 204.4 タリウム	82 Pb 207.2 鉛	83 Bi 209.0 ビスマス	84 Po ポロニウム	85 At アスタチン	86 Rn ラドン
110 Ds ダームスタチウム	111 Rg レントゲニウム	112 Cn コペルニシウム	113 Nh ニホニウム	114 Fl フレロビウム	115 Mc モスコビウム	116 Lv リバモリウム	117 Ts テネシン	118 Og オガネソン
64 Gd 157.3 ガドリニウム	65 Tb 158.9 テルビウム	66 Dy 162.5 ジスプロシウム	67 Ho 164.9 ホルミウム	68 Er 167.3 エルビウム	69 Tm 168.9 ツリウム	70 Yb 173.0 イッテルビウム	71 Lu 175.0 ルテチウム	
96 Cm キュリウム	97 Bk バークリウム	98 Cf カリホルニウム	99 Es アインスタイニウム	100 Fm フェルミウム	101 Md メンデレビウム	102 No ノーベリウム	103 Lr ローレンシウム	

原子量が空欄になっている元素は，安定同位体のない元素である。

放射化学と放射線化学

(五訂版)

河 村 正 一
井 上 　 修
荒 野 　 泰　著
川 井 恵 一
鹿 野 直 人

放 射 線 双 書

通商産業研究社

まえがき

　本書が刊行されたのは 1964 年である。その後、1973 年、1988 年、1997 年および 2000 年と 4 回の改訂が行われた。刊行当時の放射線、放射能に対する大方の関心は高く、期待感も加わり、どちらかと言えばそのプラス面だけが強調されていたようにも思う。

　しかし、物事にはプラス面もあれば、マイナス面もあるのが通例である。放射線や放射能もマイナス面もあって当然であるが、現在ではマイナス面の方が実態以上に強調されている観がある。

　とはいえ、このようにマイナス面まで取り上げられるようになったのは、放射線、放射能がわれわれの生活の中に深く入り込み成熟の段階となってきたからでもあると思う。

　近年、放射線測定器類の発展もあって、医学、薬学をはじめ理工農学等広い分野での利用が活発化し、放射線、放射能は有用で身近な存在となり、もはや新しい技術、方法とはいえない実用段階にある。これを有効に利用、運用するには、基礎的な知識と幅広い関連する知識が必要である。

　このような時にあたって、放射線取扱主任者試験受験者、診療放射線技師、診療放射線技師学校学生、医薬農理工系学生、アイソトープ取扱者など各分野の方々を対象として、放射線、放射能が有用な手段として使用されるように、その原理、技術を分かり易く解説することが本書の重要な使命である。

　今般ここに長期間、この分野の研究に従事し立派な業績を上げ、関連する分野の講義を担当されている方々のお力を借り改訂の運びになったのはまことに幸運である。

　その概要は、放射性物質の諸性質、原子核、放射性壊変、放射能、α 壊変、β 壊変、γ 線放射、メスバウアー・スペクトル、放射平衡、天然の放射性核種、イオン交換法、共沈法、溶媒抽出法等による放射性核種の分離、核反応、核分裂、放射化分析、化学分析への応用、放射性医薬品、標識化合物、放射線化学である。

　今回の改訂にあたり、終始ご激励ご鞭撻をいただいた通商産業研究社　八木原誓一社長に感謝申し上げる。

2007 年 2 月

河　村　正　一

五訂版に際して

　本書は多様な分野の初学者を対象に「放射線・放射能を有効な手段として使用するための放射化学と放射線化学の原理や技術を平易かつ簡潔に記載する」目的で、河村により初版が1964年10月に発行された。2007年3月発行の三訂版からは井上、荒野、川井が著者として加わり、2020年9月の四訂版からは鹿野を新たに加えた。これらの改訂では、初版から貫かれた本書の基本精神を継承しつつ、現状に即するよう内容の一部を加筆、修正してきた。そのため、多くの教科書等では割愛されている内容についても、読者の理解を深めるために必要と思われる箇所は継続して掲載した。2016年にα線を放出する塩化ラジウム（$^{223}RaCl_2$）が「骨転移のある去勢抵抗性前立腺がん」の核医学治療薬剤として承認されて以来、β線のみならずα線放出核種を用いる核医学治療薬剤の開発研究が活発に進められており、四訂版以降に二剤が新たに治療薬として承認を受けている。このような状況に鑑み、本改訂では放射性同位体を用いたがんの核医学治療（内用放射線治療）に関する内容を加筆、修正した。核医学治療では、治療薬の投与前に診断薬を用いた画像診断を施行し、適応患者の選出と治療薬剤投与量の算出がなされる。こうした診断と治療の包括的な組み合わせはセラノスティクス（theranostics）とよばれ、治療薬剤のすべてが対応する診断薬と組み合わせて使用する現在の動向も記載した。

　なお、2021年1月に河村は泉下の客となられたが、本書は初版の基本精神を継承しており、初版から引き継いだ内容も多く含まれることから、河村も著者とさせて頂いた。

　本書が、放射線・放射能を利用する方々の放射化学や放射線化学に関する基本的知識の理解や整理の一助となり、かつ領域全体の鳥瞰に役立てば幸いである。

　今回の改訂においてもご激励とご鞭撻を賜った通商産業研究社　八木原誓一社長に感謝申し上げる。

　2024年6月

著者を代表して　　荒　野　　　泰

目　　次

第1章　原　子　核　……13

1.1　放射化学の特徴　……13
1.2　原　子　核　……13
　1.2.1　原子核の構造　……13
　1.2.2　質　量　数　……14
　1.2.3　質　量　欠　損　……14
　1.2.4　魔　法　数　……15
　1.2.5　核　模　型　……16
1.3　放射性同位体　……17
　1.3.1　核　　　種　……17
　1.3.2　同位体、同中性子体　……18
　1.3.3　核　図　表　……18
1　演　習　問　題　……20

第2章　放射性壊変と放射能　……23

2.1　放射性壊変とその形式　……23
2.2　α　壊　変　……24
2.3　β　壊　変　……25
　2.3.1　$β^-$　壊　変　……26
　2.3.2　$β^+$　壊　変　……26
　2.3.3　(軌道)電子捕獲　……26
　2.3.4　β粒子のエネルギー・スペクトル　……26
　2.3.5　β粒子の飛程　……27
　2.3.6　β粒子と物質との相互作用　……27
2.4　γ線放射と核異性体転移　……28
　2.4.1　γ線と物質との相互作用　……29
2.5　放射性壊変の法則と半減期　……31
　2.5.1　放射能の単位と半減期　……31
　2.5.2　放射性核種の質量と放射能および半減期の関係　……31

目　　次

  2.6　壊変図式 ··· 33

 2　演習問題 ··· 35

第3章　原子核と軌道電子の相互作用 ·· 37

 3.1　概　　要 ··· 37

 3.2　メスバウアー分光学 ··· 37

  3.2.1　原　　理 ·· 37

  3.2.2　線　　源 ·· 38

  3.2.3　メスバウアー・スペクトルから得られる情報 ·································· 38

  3.2.4　メスバウアー分光学の応用 ··· 39

 3.3　ポジトロニウム化学 ··· 39

 3.4　中間子化学 ··· 40

 3.5　ホットアトムの化学 ··· 40

  3.5.1　概　　要 ·· 40

  3.5.2　比放射能の高いRIの分離 ·· 42

  3.5.3　分　離　例 ··· 43

  3.5.4　ラベルつき有機化合物の放射合成 ·· 43

 3　演習問題 ··· 44

第4章　放射平衡とジェネレータ ·· 47

 4.1　娘核種が安定核種のときの減衰曲線 ··· 47

 4.2　親核種と娘核種がともに放射性核種のときの減衰曲線 ······················· 48

 4.3　過渡平衡 $\lambda_1 < \lambda_2$ ··· 50

 4.4　永続平衡 $\lambda_1 \ll \lambda_2$ ··· 51

 4.5　ジェネレータ ··· 52

  4.5.1　^{99}Mo-^{99m}Tc ジェネレータの構造 ··· 52

  4.5.2　その他のジェネレータ ··· 55

 4　演習問題 ··· 56

第5章　天然の放射性核種 ·· 58

 5.1　壊変系列をつくる天然の放射性核種 ··· 58

  5.1.1　ウラン系列［(4n+2)系列］ ··· 58

  5.1.2　トリウム系列［(4n)系列］ ··· 59

  5.1.3　アクチニウム系列［(4n+3)系列］ ·· 59

目　　　次

　　5.1.4　ネプツニウム系列［(4n+1)系列］……………………………59
　5.2　壊変系列をつくらない天然の放射性核種……………………………61
　　5.2.1　種　　類……………………………………………………………61
　　5.2.2　^{40}K……………………………………………………………………61
　5.3　天然の誘導放射性核種…………………………………………………61
　　5.3.1　宇　宙　線…………………………………………………………61
　　5.3.2　天然の核反応でつくられる放射性核種…………………………62
　　5.3.3　人間活動で生成する天然の放射性核種…………………………62
　5.4　年代測定…………………………………………………………………63
　　5.4.1　放射性核種は天然の時計…………………………………………63
　　5.4.2　年代測定に使用する放射性核種…………………………………63
　　5.4.3　年代決定法の原理…………………………………………………64
　　5.4.4　地球の年齢…………………………………………………………66
　　5.4.5　天然原子炉…………………………………………………………67
　5　演　習　問　題…………………………………………………………68

第6章　RIのトレーサ利用における放射線の測定……………………………71
　6.1　β$^-$放出体の液体シンチレーションカウンターによる測定…………71
　6.2　クエンチング（消光作用）とその補正………………………………72
　6.3　試料の調製と化学発光…………………………………………………72
　6.4　γ線の放射能測定………………………………………………………73
　6.5　計数値の統計的変動……………………………………………………73
　6　演　習　問　題…………………………………………………………75

第7章　放射性核種の製造………………………………………………………78
　7.1　核　反　応………………………………………………………………78
　7.2　核反応断面積と励起関数………………………………………………79
　7.3　照射時間と生成放射能…………………………………………………81
　7.4　核分裂による放射性核種の製造………………………………………82
　　7.4.1　自発核分裂…………………………………………………………83
　　7.4.2　誘導核分裂…………………………………………………………84
　　7.4.3　主な核分裂生成物…………………………………………………86
　7　演　習　問　題…………………………………………………………89

目　　次

第8章　放射性核種の分離・精製 … 92

8.1　共 沈 法 … 92
- 8.1.1　RIの分離法の特徴 … 92
- 8.1.2　共沈現象 … 94
- 8.1.3　共沈による無担体分離 … 95
- 8.1.4　担　体 … 95
- 8.1.5　$[^{32}P]PO_4^{3-}$と$[^{35}S]SO_4^{2-}$からの$[^{32}P]PO_4^{3-}$の無担体分離 … 96
- 8.1.6　$^{90}Sr-^{90}Y$からの^{90}Yの分離 … 97
- 8.1.7　金属イオンの系統分離と沈殿生成 … 98

8.2　溶媒抽出法 … 101
- 8.2.1　溶媒抽出の特徴 … 101
- 8.2.2　溶媒抽出法の分類 … 101
- 8.2.3　分配の法則 … 102
- 8.2.4　分 離 例 … 103

8.3　イオン交換法 … 105
- 8.3.1　イオン交換 … 105
- 8.3.2　イオン交換樹脂の分類 … 106
- 8.3.3　強酸性陽イオン交換樹脂に対する金属イオンの吸着傾向 … 107
- 8.3.4　強塩基性陰イオン交換樹脂に対する金属イオンの吸着傾向 … 109
- 8.3.5　強塩基性陰イオン交換樹脂カラムによる重金属イオンの分離 … 111

8.4　その他の分離法 … 112
- 8.4.1　ラジオコロイド法 … 112
- 8.4.2　蒸 発 法 … 113
- 8.4.3　イオン化傾向によるRIの分離 … 116

8　演 習 問 題 … 118

第9章　標識化合物の合成 … 128

9.1　合成法の分類 … 128
9.2　^3H（同位体交換反応、接触還元） … 129
9.3　^{14}C … 130
9.4　^{32}P、^{35}S … 131
9.5　放射性ヨウ素標識化合物 … 131
- 9.5.1　酸化的ヨウ素標識 … 131

目　　次

　9.5.2　同位体交換による標識 ･･･ 131
　9.5.3　有機金属化合物との置換反応 ･････････････････････････････････････ 132
9.6　金属放射性核種による標識 ･･･ 132
9.7　タンパク質の標識 ･･･ 132
　9.7.1　放射性ヨウ素による標識 ･･･ 132
　9.7.2　金属放射性核種による標識 ･･･････････････････････････････････････ 133
9.8　短寿命放射性核種（^{11}C、^{18}F） ･････････････････････････････････････ 134
　9.8.1　^{11}C ･･･ 134
　9.8.2　^{18}F ･･･ 134
9.9　標識位置 ･･･ 134
　9.9.1　標識化合物の分類 ･･･ 134
　9.9.2　標識位置 ･･･ 135
9.10　標識化合物の比放射能 ･･･ 135
9.11　標識化合物の品質管理 ･･･ 136
9.12　標識化合物の分析法 ･･･ 136
　9.12.1　ペーパークロマトグラフィー ･････････････････････････････････ 136
　9.12.2　薄層クロマトグラフィー ･･･････････････････････････････････････ 138
　9.12.3　高速液体クロマトグラフィー ･････････････････････････････････ 139
　9.12.4　ろ紙電気泳動法 ･･ 140
9.13　標識化合物の保存法 ･･･ 141
9　演習問題 ･･･ 142

第10章　RIの化学分析への利用 ･･･ 145

10.1　放射化分析 ･･･ 145
　10.1.1　放射化分析の概要 ･･ 145
　10.1.2　放射化分析の原理 ･･ 145
　10.1.3　生成放射能の計算 ･･ 146
　10.1.4　放射化分析の実施方法と応用 ･････････････････････････････････ 147
　10.1.5　放射化分析の特徴 ･･ 149
10.2　ICP質量分析（ICP-MS） ･･ 150
　10.2.1　ICP質量分析の概要 ･･ 150
　10.2.2　機器の構成 ･･ 151
　10.2.3　ICP質量分析法による放射性核種の定量 ････････････････････ 151
10.3　放射化学分析 ･･ 151

目　　次

  10.3.1　放射分析の概要 ……………………………………………………… 152
  10.3.2　放射分析による定量例 ………………………………………………… 153
  10.3.3　同位体希釈法 …………………………………………………………… 153
  10.3.4　不足当量法 ……………………………………………………………… 156
 10.4　ラジオイムノアッセイ（RIA） …………………………………………… 157
 10.5　イムノラジオメトリックアッセイ（IRMA） …………………………… 160
 10　演　習　問　題 …………………………………………………………………… 162

第11章　標識化合物のトレーサ利用 ……………………………………………… 166

 11.1　薬物動態と代謝 ……………………………………………………………… 166
  11.1.1　トレーサ技術 …………………………………………………………… 166
  11.1.2　薬物の吸収と血中濃度 ………………………………………………… 166
  11.1.3　薬物の体内分布と代謝・排泄 ………………………………………… 167
  11.1.4　薬物動態試験と標識薬物の利用法 …………………………………… 168
  11.1.5　ヒトでの薬物動態試験への利用 ……………………………………… 168
 11.2　オートラジオグラフィー …………………………………………………… 169
  11.2.1　概　　要 ………………………………………………………………… 169
  11.2.2　マクロオートラジオグラフィー ……………………………………… 171
  11.2.3　ミクロオートラジオグラフィー ……………………………………… 172
  11.2.4　超ミクロオートラジオグラフィー …………………………………… 172
  11.2.5　イメージングプレート ………………………………………………… 172
 11.3　遺伝子工学・分子生物学への応用 ………………………………………… 176
  11.3.1　遺伝子発現と生体成分の標識化合物 ………………………………… 176
  11.3.2　ジデオキシ法によるDNA塩基配列の決定 ………………………… 177
  11.3.3　ハイブリダイゼイション法を用いた遺伝子解析 …………………… 177
  11.3.4　遺伝子の発現解析 ……………………………………………………… 178
  11.3.5　遺伝子発現にかかわる転写因子の解析 ……………………………… 179
  11.3.6　蛋白質の発現解析 ……………………………………………………… 179
 11　演　習　問　題 …………………………………………………………………… 181

第12章　放射性医薬品 ……………………………………………………………… 183

 12.1　放射性医薬品の概要 ………………………………………………………… 183
 12.2　インビボ診断用放射性医薬品の具備すべき条件 ………………………… 183
 12.3　^{99m}Tc製剤 …………………………………………………………………… 183

目　　次

12.4　その他のSPECT製剤 ……………………………………………………………… 185
　12.4.1　^{123}I製剤 ……………………………………………………………………… 185
　12.4.2　$[^{201}Tl]$TlCl ………………………………………………………………… 186
　12.4.3　$[^{67}Ga]$Ga-citrate ……………………………………………………………… 186
　12.4.4　$[^{111}In]$In-pentetreotide（$[^{111}In]$In-DTPA-octreotide） ……………………… 186
12.5　PET製剤 …………………………………………………………………………… 187
　12.5.1　ポジトロン核種 ………………………………………………………………… 187
　12.5.2　PET製剤の作製 ………………………………………………………………… 187
　12.5.3　PET製剤の品質管理 …………………………………………………………… 189
12.6　核医学治療 ………………………………………………………………………… 191
　12.6.1　$[^{131}I]$NaI ……………………………………………………………………… 191
　12.6.2　$[^{131}I]$MIBG …………………………………………………………………… 192
　12.6.3　^{90}Y/^{111}In標識 ibritumomab tiuxetan（抗CD20単クローン抗体） …………… 192
　12.6.4　$[^{177}Lu]$Lu-oxodotreotide（合成ソマトスタチン誘導体） …………………… 192
　12.6.5　$[^{223}Ra]$RaCl$_2$ ……………………………………………………………… 193
12　演習問題 ……………………………………………………………………………… 194

第13章　放射線化学 ……………………………………………………………………… 196
13.1　放射線化学反応の基礎過程 ………………………………………………………… 196
13.2　一次過程の概要 ……………………………………………………………………… 196
13.3　二次過程の概要 ……………………………………………………………………… 198
13.4　二次過程の反応機構 ………………………………………………………………… 199
13.5　化学線量計 …………………………………………………………………………… 200
13.6　放射線と高分子化合物 ……………………………………………………………… 201
13　演習問題 ……………………………………………………………………………… 203

第14章　診療放射線技師国家試験問題 ………………………………………………… 207

参　考　文　献 …………………………………………………………………………… 219

演習問題解答 ……………………………………………………………………………… 221

索　　　引 ………………………………………………………………………………… 259

第1章 原　子　核

1.1　放射化学の特徴

　放射化学では、放射性物質を研究対象として、自然界での放射性核種の分布と変化、人工放射性核種の製造や分離精製、放射性同位体を含む化合物の化学的性質、放射性壊変に伴う反跳効果などの化学的効果、トレーサ、年代測定などの放射性核種の化学的利用などを取り扱う。放射化学は化学という名称がつき化学的な内容が大部分を占める。しかし、初期の発展の段階では、物理学者と化学者が協同して発展してきたので、化学的な術語の他に物理学的な単位や術語が使用されている。

　物理学ではあまり多くない原子数で種々の現象を解析している。例えば放射性核種のエネルギーでは、1個でも取り扱える eV という単位がある。また、1個の原子核という発想から生れた放射性核種という術語もある。一方、化学では、あるまとまった数の原子や分子にならないと反応が進行しないので、モル（$6.02×10^{23}$ 個の集団）から出発した考え方があり、エネルギーの単位として、kJ/mol が用いられる。なお、粒子1個あたりのエネルギー単位である 1 eV は、粒子 $6.02×10^{23}$ 個あたりのエネルギー 96.48 kJ/mol に対応する。

1.2　原　子　核

　我々が日常使っている水は、水素と酸素が結合してできている。水のように、2種類以上の成分が一定の割合で結合した純粋な物質を化合物とよぶ。一方、水素や酸素のように、一種類の成分だけからできている純粋な物質を単体とよぶ。

　単体や化合物を構成する各元素に対応する基本的な粒子は、原子である。原子の大きさは、原子の種類によって多少の違いはあるが、半径は 10^{-10} m 程度である。原子は、原子核とそれをとりまく電子から構成されている。原子核は、正の電荷をもつ陽子と電荷をもたない中性子とから構成されている。

1.2.1　原子核の構造

　原子核（atomic nucleus）の存在は、E.Rutherford によって、金・アルミニウムなどの薄箔に $α$ 粒子のビームを当てたときに見られる散乱によって立証された（1911年）。その後、J.Chadwick が原子核内に中性子が存在することを明らかにし（1932年）、原子核は、Z 個の陽子と N 個の中性子からできていることが分かった。原子核内の陽子と中性子は核子（nucleon）とよび、原子核は、$Z+N$ の核子の集合体でもある。$Z+N=A$ を質量数（mass number）とよぶ。

第1章 原 子 核

原子核は原子よりはるかに小さく、その半径は 10^{-14} m 程度で、その密度は約 10^{14} g/cm³ と非常に大きい。通常の物質の密度は約 20 g/cm³ 以下なので、物質の質量の大部分は原子核に集中し、原子核の質量は非常に大きいといえる。

1.2.2 質量数（質量とエネルギーの同等性）

原子や素粒子などの質量はたいへん小さいので、**原子質量単位**（atomic mass unit）で表す。原子質量単位とは、軌道電子を含めた中性の炭素 ¹²C の質量を 12 としたもので、記号は u を用いる。これにより、他の核種は ¹²C に対する相対質量として計算でき、陽子、中性子、電子の静止質量は、

$$\text{陽 子} = 1.007276470\,\text{u}$$
$$\text{中性子} = 1.008665012\,\text{u}$$
$$\text{電 子} = 0.0005485886\,\text{u}$$

1 u を kg に換算すると、

$$1\,\text{u} = 12/(6.02\times 10^{23})\times(1/12) = 1.66\times 10^{-27}\,\text{kg}$$

アインシュタイン（A. Einstein）の特殊相対性理論（special theory of relativity）によると、質量はエネルギーと等価であり、エネルギー状態で変化する。質量 m (kg) とエネルギー E (J) の間には光速を c (m/s) とすると

$$E = mc^2$$

の関係が成り立つ。

これを用いて 1 u をエネルギーに換算すると

$$1\,\text{u} = (1.66\times 10^{-27})\times(3.00\times 10^8)^2$$
$$= 1.49\times 10^{-10}\,\text{(J)}$$

一般に放射線を扱う分野では数値的な取り扱いやすさから慣例的に eV（電子ボルト）をエネルギーの単位に用いる。1 V の電位差で 1 電子素量（電子量の最小単位）の電荷を持つ粒子が加速されるときのエネルギー値を 1 eV といい、

$$1\,\text{eV} = 1.602\times 10^{-19}\,\text{J}$$

である。

したがって、

$$1\,\text{u} = 931.49\times 10^6\,\text{eV}$$
$$= 931.49\,\text{MeV}$$

電子の質量は $931.49\times 0.00054858 = 0.511$ MeV となる。これは、電子 1 個分の質量が消失すると 0.511 MeV のエネルギーが発生することを示す。

1.2.3 質量欠損（mass defect）

原子核内には陽子が存在し、そのクーロン力によってお互いに反発して原子核はバラバラになるはずであるが、実際には核の間に核力が働いて強く結合している。

1.2 原 子 核

ヘリウムの原子核は、2個の陽子と2個の中性子から構成され、その質量は4.00151 uである。一方、2個の陽子と2個の中性子の質量の和は、

$$1.0072765 \times 2 + 1.0086650 \times 2 = 4.031884 \text{ u}$$

となり、${}^{4}_{2}\text{He}$の原子核は、これを構成する陽子と中性子の質量を足した場合よりも 0.03037 u 小さいことになる。これは、上記の計算には核子が単独で静止した状態の質量を用いたが、原子核内では各核子が結合して相互に影響を及ぼし合って、より安定な状態で存在しており、その安定化エネルギー（結合エネルギー）に相当する質量が減少したためである。このような現象を**質量欠損**という。

ヘリウムの結合エネルギーは 28.27 MeV（=0.03037 u）であり、ヘリウムには4個の核子が存在することから、核子一個当たり 7.07 MeV となる。実際、安定な原子核の質量は構成核子の質量の和よりも小さく、両者の差が結合エネルギーとなっている。

図1.1には、種々の元素の核子1個当たりの平均結合エネルギーを示す。質量数60くらいの Fe、Ni の原子が最も高く、それよりも小さくても大きくても平均結合エネルギーは減少する。これは、質量数が60程度の原子核が最も安定であることを示す。実際、地球の中心部が鉄やニッケルからできているように、これらの元素は天然に最も多く存在する。一方、質量数の大きいウラン-235の核子1個あたりの平均結合エネルギーは約 7.6 MeV であり、これが質量数 115 程度の2つの原子核に分裂すると核子1個あたりの平均結合エネルギーが約 8.5 MeV となる。したがって、ウランが分裂すると、1原子当たり $235 \times (8.5 - 7.6) = 212$ MeV のエネルギーが放出され、これが原子炉から取り出される原子力エネルギーに相当する。

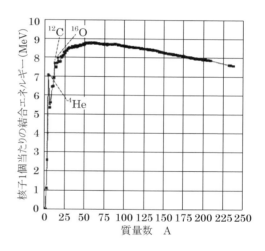

図1.1 核子1個当たりの結合エネルギーと質量
〔出典〕L.Glasstone & A.Sesonske
"Nuclear Reactor Engineering"
3rd Ed.(Jhon Wiley & Sons Inc,)
p.8

1.2.4 魔 法 数 (magic number)

陽子数、または中性子数が 2、8、20、28、50、82、126 のときの原子核は、非常に安定なので、これらの数字を魔法数とよぶ。原子の電子殻には閉殻（許容される最大限の電子を収容した電子殻）があって、閉殻である希ガス（貴ガスともいう）の原子は特に安定である。このため希ガスは大きいイオン化ポテンシャル（またはイオン化エネルギー）をもつことに似ている。

第 1 章 原　子　核

魔法数をもつ核種の安定さを次に示す。

1) 陽子数が魔法数の元素は、すぐ隣の元素より多くの安定同位体をもっている。例えば陽子数 50 のスズは、質量数 112 から 124 までに、全元素中最も多い 10 個の安定同位体をもつ。

2) 陽子数も中性子数もともに魔法数の核種は、二重魔法核（double magic nucleus）とよび、結合エネルギーは特に大きい。例えば $^{4}_{2}He_{2}$、$^{16}_{8}O_{8}$、$^{40}_{20}Ca_{20}$、$^{56}_{28}Ni_{28}$ である。

3) 魔法数の中性子をもつ核種は安定で、中性子捕獲断面積が非常に小さく中性子を吸収しにくい。一方、魔法数より中性子が 1 個少ない核種の中性子捕獲断面積は、非常に大きい。また、魔法数より中性子が 1 個多い核種は、励起状態で中性子を放射する。例えば核分裂片（fission fragment）である $^{87}_{36}Kr_{51}$、$^{137}_{54}Xe_{83}$ からは遅延中性子（delayed neutron）を放射する。

4) 天然の放射性核種に属するウラン系列、トリウム系列およびアクチニウム系列の最終の安定元素は、鉛である。鉛の陽子数は魔法数の 82 である。このうちトリウム系列の最終核種 $^{208}_{82}Pb_{126}$ は、二重魔法数である。また偶偶核の中で最も質量数の大きい安定核種でもある。

5) α壊変によって魔法数の核種になるときのα粒子は、高エネルギーである。一方、魔法数の核種からのα粒子は、低エネルギーである。

このような特定の原子核の安定化は、軌道電子が閉殻をつくり希ガスの構造をとると安定な原子に変化することとよく似ている。

しかし、原子核の魔法数は、（2、8、20、28、50、82、126）であり、希ガス構造の軌道電子数は、（2、10、18、36、54、86）であり両者の数値は異なる。この相違は、それぞれ別々のエネルギー順位をもった陽子と中性子が核力の場の中で運動する原子核と、簡単な原子中心への引力による電子軌道とは、機構が異なるためと考えられる。

一方、天然の安定核種 273 個を分類すると、陽子数 Z が偶数、中性子数 N が偶数の核種（偶偶核）は 164 個、Z が偶数、N が奇数の核種（偶奇核）は 54 個、Z が奇数、N が偶数の核種（奇偶核）は 50 個、Z が奇数、N が奇数の核種（奇奇核）は 4 個である。このように、核子が原子核内で対をつくると安定化する傾向がみられる。

1.2.5　核　模　型

原子核のいろいろな性質や核反応の実験事実をよりよく説明するために仮定した模型である。現在のところ、すべての事象を完全に説明できる模型はない。いくつかの模型を次に記す。

a）液滴模型（liquid drop model）

1936 年 N.Bohr が提唱し、1939 年 Bohr と Wheeler が拡充し、第二次世界大戦の Manhattan 計画に使用した。

この理論の基礎は、原子核の体積（nuclear volume）が個々の核子の体積の和にほぼ等しいという考え方である。そして、核子の分布は、液滴中の分子のように核内で乱雑であると見なされている。一個の粒子のエネルギーが過剰になると、その過剰のエネルギーは他の粒子に配分される。自発的な放射性崩壊（spontaneous radioactive decay）は、液の分子がたまたま十分

1.2　原　子　核

大きいエネルギーを獲得したときに液の表面から蒸発する過程と似ていると考えられる。

液滴模型では、同重体（質量数 A が一定）の相対的安定度、自発核分裂の確率、核分裂過程（核の励起→長く伸びる→歪んで亜鈴型→分裂）が説明できる（図7.3参照）。しかし核異性体の説明、魔法数は説明できない。

b）殻模型（nuclear shell model）

1) 1949年 Maria G.Mayer が Fermi の示唆による理論を発展して提案した。動径量子数（radial quantum number）を考え、原子軌道の主量子数と同様に1、2、3…などの値をとる。次に軌道量子数（orbital quantum number）l は 0、1、2、3…などの値をとり、軌道電子と同じく s, p, d, f, g, h, i で示す。軌道量子数には核子のスピン（±1/2）が組み合わされ全角運動量の量子数（total angular momentum）j が得られる。j の値は $l+1/2$ および $l-1/2$ であり、例えば一つの副殻（subshell）（$l=3$）について、$f_{7/2}$ と $f_{5/2}$ の二つの副殻がある。前者から $3+1/2=7/2$ が得られ、後者から $3-1/2=5/2$ が得られる。j の各々の値に対しては（$2j+1$）の状態が存在し、魔法数が誘導され、満員の殻をもつ核、例えば $^{4}_{2}He$ の異常に大きい安定度などが説明できる。

2) 核磁気モーメントは不対核子（unpaired nucleon）と関連し、偶数陽子と偶数中性子からなる偶–偶核（even-even nucleus）ではゼロであるが、奇数陽子または奇数中性子をもつ原子核ではその不対核子の j 値と等しい。例えば不対の $p_{1/2}$ 中性子をもつ $^{13}_{6}C$ のスピンは 1/2 である。不対の $d_{5/2}$ 中性子をもつ $^{17}_{8}O$ のスピンは 5/2 である。

3) 核異性体〔(nuclear) isomer〕は、非常に寿命の長い原子核の励起状態であり、大きいスピンの差をもつものから生じる。核異性体転移（isomeric transition）は、遅いγ線放射で大きいスピンの変化を伴うときにみられる。^{99m}Tc のように、質量数に"m"を添えて記す。m は準安定（metastable）を意味する。準安定の核異性体は壊変して基底状態（ground state）になろうとするが、その半減期は1秒よりはるかに短いものから数年まである。殻模型では、核四重極（nuclear quadrupole）測定から推定する核の非対称性は説明できない。

c）集合模型（collective model）

1951年 A.Bohr（N.Bohr の息子）が提案した模型である。これは、液滴模型と殻模型とを組み合わせたようなものである。基本的には原子核の中心部は殻模型を採用し、原子核の表面は液滴模型を採用している。

1.3　放射性同位体

1.3.1　核　種

核種（nuclide）とは、原子番号、質量数、核エネルギー状態によって定めた原子の種類である。

コバルト ^{59}Co（^{60}Co）、ストロンチウム ^{85}Sr（^{90}Sr）、テクネチウム ^{99m}Tc（^{99}Tc）などは、それぞれ

第1章 原　子　核

核種である。各核種はお互いに独立したものとして取り扱われる。このうち、^{90}Sr、^{99m}Tc のように放射性崩壊する核種は、放射性核種（radionuclide または radioactive nuclide）とよび、^{59}Co のように放射性崩壊しない核種を安定核種（stable nuclide）とよぶ。

1.3.2　同位体、同中性子体

同重体（isobar）とは、質量数 A の等しい原子核である。

同位体（isotope）とは、原子番号 Z の等しい原子核である。

同位体存在度（isotopic abundance）とは、同一原子番号の同位体について、全原子数に対する特定の同位体の原子数の相対的割合である。通常百分率（％）で表す。

$$\{（特定の同位体の原子数）／（同一元素の全原子数）\}×100（％）。$$

核異性体（異性体）（nuclear isomer）とは、テクネチウム ^{99m}Tc、^{99}Tc のように同じ質量数と原子番号をもつが、互いに異なる核エネルギー状態にある核種である（後述）。

同中性子体（isotone）とは、中性子数 $N=A-Z$ の等しい原子核である。

単核種元素（mono-nuclide element）とは天然に存在する核種がただ1種の元素を指す。言い換えると同位体の存在度が 100 ％の元素ともいえる。ベリリウム（Be）、フッ素（F）、ナトリウム（Na）、アルミニウム（Al）、リン（P）、スカンジウム（Sc）、マンガン（Mn）、コバルト（Co）、ヒ素（As）、イットリウム（Y）、ニオブ（Nb）、ヨウ素（I）、ロジウム（Rh）、セシウム（Cs）、プラセオジム（Pr）、テルビウム（Tb）、ホルミウム（Ho）、ツリウム（Tm）、金（Au）、ビスマス（Bi）、トリウム（Th）が単核種元素である。

1.3.3　核　図　表

原子核について、縦軸に陽子数、横軸に中性子数をとって升目状に並べた図表を核図表という。陽子数と中性子数を与えたひと升が1核種に相当する。図1.2と図1.3に示すように、核種の半減期の長さで色分けされ、元素記号、原子番号、質量数、半減期が書き込まれていることが多い。安定核種が約300種類、それらに加え放射性核種を合わせると約3000種類が確認されている。原点から右上に向かって連なる安定核種の線を安定線という。そこから外れたものは、放射性核種となる。さらに外側の白い部分との境界線をドリップラインといい、この外側に原子核は存在しない。右側の境界線は、中性子ドリップライン、左側の境界線は、陽子ドリップラインという。

1.3 放射性同位体

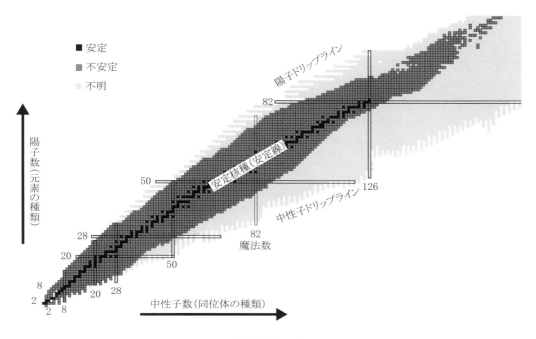

図1.2 核図表

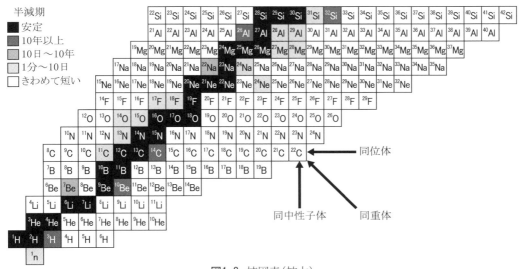

図1.3 核図表(拡大)

第1章 原　子　核

1　演習問題

問題1　次の記述のうち、誤っているものはどれか。
1　内部転換電子は単一エネルギーをもつγ遷移に関連して放出されるので、単一エネルギーである。
2　単一エネルギーの高速中性子による制動X線はやはり単一エネルギーをもつ。
3　核分裂生成物には中性子を放出する核種もある。
4　X線はスペクトルにより、特定エネルギーを持つ特性X線と分布エネルギーをもつ連続X線に分けられる。
5　α線は高速ヘリウム原子核である。

問題2　^{252}Cf（半減期2.64年）について、正しいものの組合せはどれか。
A　およそ97％はα壊変し$^{248}_{97}$Bkになる。
B　およそ3％は自発核分裂で壊変し、中性子放出を伴う。
C　自発核分裂の部分半減期は2.64年より長い。
D　γ遷移のおよそ15％は内部転換で、Cfの特性X線の放射を伴う。
　1　AとB　　2　AとC　　3　AとD　　4　BとC　　5　BとD

問題3　次の核種の組合せのうち、放射性核種のみのものはどれか。
　1　^{3}He, ^{10}Be, ^{18}F　　2　^{14}C, ^{18}O, ^{21}Ne　　3　^{22}Na, ^{26}Al, ^{35}S
　4　^{31}P, ^{38}Cl, ^{40}K　　5　^{55}Fe, ^{59}Co, ^{56}Ni

問題4　次の核種のうち、娘核種が安定なものの組合せはどれか。
　A　^{60}Co　　B　^{95}Zr　　C　^{99}Mo　　D　^{210}Po
　1　AとB　　2　AとC　　3　AとD　　4　BとC　　5　CとD

問題5　複数の安定同位体が存在する元素は、次のうちどれか。
　1　F　　2　Na　　3　Mn　　4　Fe　　5　As

問題6　次のうち、放射性核種のみの組合せはどれか。
　1　^{12}C, ^{132}I, ^{222}Rn　　2　^{3}H, ^{35}S, ^{99}Mo　　3　^{3}He, ^{59}Fe, ^{234}Th
　4　^{18}O, ^{24}Na, ^{68}Ge　　5　^{20}Ne, ^{147}Pm, ^{218}Po

問題7　次の記述のうち、正しいものの組合せはどれか。
　A　原子量は、陽子の質量を1とし、その元素の同位体の質量に存在度をかけた値の平均として得られる。

演 習 問 題

B 元素は一般に安定同位体と放射性同位体とからなるが、放射性同位体のみからなる元素としてテクネチウム(Tc)やプラセオジム(Pr)などがある。
C β^+壊変はEC壊変を伴う。
D EC壊変や内部転換では、それに伴うオージェ効果のため、壊変した原子は多価イオンになって化学結合が切れるなど大きな化学変化を受けることがある。
　1　AとB　　2　AとC　　3　AとD　　4　BとC　　5　CとD

問題8　次のうち、放射性元素（安定同位体のない元素）の組合せはどれか。
　A　水素, H　　　B　カリウム, K　　　C　テクネチウム, Tc
　D　ラザホージウム, Rf
　　1　AとB　　2　AとC　　3　BとC　　4　BとD　　5　CとD

問題9　次のうち、放射性核種のみの組合せはどれか。
　1　^{3}H, ^{22}Na, ^{24}Na　　2　^{6}Li, ^{20}Ne, ^{22}Ne　　3　^{7}Be, ^{18}F, ^{19}F　　4　^{10}B, ^{15}O, ^{18}O
　5　^{11}C, ^{13}N, ^{15}N

問題10　次の核種の組合せのうち、安定核種を含むものはどれか。
　1　^{23}Na, ^{24}Na, ^{25}Na　　2　^{38}Cl, ^{39}Cl, ^{40}Cl　　3　^{42}K, ^{43}K, ^{44}K　　4　^{82}Br, ^{83}Br, ^{84}Br
　5　^{86}Rb, ^{87}Rb, ^{88}Rb

問題11　次の元素の組合せのうち、人工放射性元素のみのものはどれか。
　1　Tc, Pm, Rn　　2　Tc, Pm, Fr　　3　Pm, Am, Cf　　4　Tc, Ra, U
　5　Tc, Th, U

問題12　次の核種の組合せのうち、安定核種を含むものはどれか。
　1　^{24}Al, ^{25}Al, ^{26}Al　　2　^{32}P, ^{33}P, ^{34}P　　3　^{56}Mn, ^{57}Mn, ^{58}Mn　　4　^{97}Tc, ^{98}Tc, ^{99}Tc
　5　^{127}I, ^{128}I, ^{129}I

問題13　次のうち、放射性核種と主要壊変様式との組合せとして、正しいものはどれか。
　1　^{38}Cl, β^+　　2　^{51}Cr, IT　　3　^{59}Fe, β^+　　4　^{68}Ge, EC　　5　^{75}Se, β^-

問題14　次のⅠ～Ⅱの文章の（　　）の部分に入る適当な語句、記号または数値を、それぞれの解答群から1つだけ選べ。ただし、各選択肢は必要に応じて2回以上使ってもよい。
　Ⅰ　自然界には、存在比が約0.7%の質量数（　A　）のウランと存在比が99.3%の質量数（　B　）のウランが存在する。この天然ウラン中においては、核分裂で放出される（　C　）は、減速過程でそのほとんどが質量数（　D　）のウランに共鳴吸収されて(n, γ)反応に消費されてしまい、連鎖反応は起こらない。

第1章 原　子　核

核燃料用のウラン加工施設では、高速増殖炉等のために質量数（　E　）のウランの濃縮度が高いウラン溶液を取り扱うことがある。このとき、一度に多量のウラン溶液を容器に入れ、その容器の周辺に水などの（　F　）材があると、臨界に達することがある。臨界に達したことにより周辺の環境に中性子が放出されたとき、その積算量を推定する方法の一つとして、リンと硫黄を分析する方法がある。

＜Ⅰの解答群＞

　　1　中性子　　2　陽子　　3　吸収　　4　反射　　5　加速　　6　234　　7　235
　　8　236　　9　237　　10　238

Ⅱ　家庭で使われているマッチの頭薬と側薬には、リンと硫黄がそれぞれ異なる比で含まれている。自然界における存在比100％の^{31}Pは（　A　）との（　B　）反応により^{32}Pを生じ、自然界における存在比95％の^{32}Sは（　C　）との（　D　）反応により^{32}Pを生じる。それゆえ、頭薬と側薬それぞれについて、リン、硫黄と^{32}Pの定量を行うことで、マッチが置かれていた場所の速中性子と熱中性子の積算量を推定できる。

マッチの頭薬または側薬の分析は、密閉系で酸素とともに燃焼し、リンはモリブドリン酸アンモニウムとして精製した後塩化マグネシウムを用いる（　E　）で、硫黄はクロム酸バリウムを用いる（　F　）で、それぞれ定量できる。また、^{32}Pは放出される（　G　）線を測定し定量できる。

＜Ⅱの解答群＞

　　1　γ　　2　β^{-}　　3　(n, γ)　　4　(n, 2n)　　5　(n, p)　　6　速中性子
　　7　熱中性子　　8　重量法　　9　炎光法　　10　吸光光度法

第 2 章　放射性壊変と放射能

2.1　放射性壊変とその形式

放射能とは、(1) 原子核が自発的に放射性壊変して α 線、β 線、γ 線などを放出する性質（radioactivity）および (2) 原子核の単位時間あたりの壊変数（壊変率）、すなわち放射能の強さ（activity）の 2 つの意味をもつ。なお、一般社会では放射性物質の意味に用いるが、放射化学ではそのような意味には用いない。

放射能の計量単位は正式には Bq（ベクレル）である。Ci（キュリー）も補助単位として当分使用でき、両者は次の関係にある。

$1\,\mathrm{Bq} = 1\,\mathrm{dps}$（毎秒 1 壊変）$= 27.03\,\mathrm{pCi}$（ピコキュリー）

$3.7 \times 10^{10}\,\mathrm{Bq} = 37\,\mathrm{GBq} = 1\,\mathrm{Ci}$

$0.1\,\mathrm{GBq} = 2.7\,\mathrm{mCi}$

$1\,\mathrm{MBq} = 27\,\mu\mathrm{Ci}$

$37\,\mathrm{TBq} = 1\,\mathrm{kCi}$

なお 10 の 3 乗が k（キロ）、6 乗が M（メガ）、9 乗が G（ギガ）、12 乗が T（テラ）である。

放射性核種は原子核内の余分なエネルギーを放射線として放出して安定な他の核種へと自発的に変換する。これを**崩壊**（decay）あるいは**放射性崩壊**または**(放射性)壊変**（disintegration）という。放射性壊変には 1) α 壊変、2) β 壊変、3) γ 線放射とに分類される。表 2.1 に放射性壊変と代表的核種を示す。β 壊変には、後で示すように、β^- 壊変、β^+ 壊変、EC 壊変（electron capture, 軌道電子捕捉）の三種の壊変形式が存在する。β^+ 壊変は、EC 壊変と競合して起こることがある。

表 2.1　放射性壊変と代表的核種

壊変		代表的核種
α 壊変		^{210}Po, ^{220}Rn, ^{211}At, ^{222}Rn, ^{223}Ra, ^{226}Ra, ^{232}Th, ^{235}Ac, ^{235}U, ^{237}Np, ^{238}U, ^{252}Cf 等
β 壊変	β^- 壊変	^{3}H, ^{14}C, ^{32}P, ^{33}P, ^{35}S, ^{36}Cl, ^{40}K, ^{59}Fe, ^{60}Co, ^{85}Kr, ^{89}Sr, ^{90}Sr, ^{90}Y, ^{99}Tc, ^{103}Pd, ^{131}I, ^{133}Xe, ^{137}Cs, ^{140}Ba, ^{140}La, ^{144}Ce, ^{147}Pm, ^{177}Lu, ^{192}Ir, ^{198}Au 等
	β^+ 壊変	^{11}C, ^{13}N, ^{15}O, ^{18}F, ^{62}Cu, ^{68}Ga, ^{82}Rb, ^{124}I 等
	EC 壊変	^{51}Cr, ^{57}Co, ^{67}Ga, ^{111}In, ^{123}I, ^{201}Tl 等
γ 線放射		^{99m}Tc, ^{131m}Xe, ^{137m}Ba 等、その他 α 壊変、β 壊変、核分裂の際に生ずる多くの核種

2.2 α 壊 変

　原子核のα壊変によって放出されるα粒子は、2個の陽子と2個の中性子から成る$^4_2$Heの原子核であって、核力とクーロン力の壁をトンネル効果で突き抜けて原子核の外に出てくるものとしてG. Gamowらは、量子力学的に説明した。

$$^A_ZX \xrightarrow{\alpha} {}^{A-4}_{Z-2}Y \quad \text{または} \quad {}^A_ZX = {}^{A-4}_{Z-2}Y + {}^4_2He \tag{2.2.1}$$

　α壊変によって得られる娘核種は、親核種より質量数が4、原子番号が2だけ少ない。α核種を放出する核種を、α放出体 (alpha emitter) とよぶ。α放出体は、原子番号82の鉛Pb以上の全ての元素と、原子番号の低い元素では、原子番号60のネオジム^{144}Nd（2.4×10^{15} y）、原子番号62のサマリウム^{146}Sm（7×10^7 y）などの数個にみられる。

　α粒子の半減期は、原子核内で生成されるα粒子の存在確率とポテンシャルを通り抜ける確率の積によって決まる。

　1911年、H.GeigerとJ.M.Nuttalは、天然の放射性核種の「壊変定数（λ）」と標準状態の空気における「α線の飛程（R）」との間で次の関係があるとした。

$$\log \lambda = A \log R + B \quad (A、Bは定数) \tag{2.2.2}$$

α粒子［E(MeV)］の空気中の飛程［R(cm)］は、次の式から求められる。

$$R = 0.318 E^{3/2} \tag{2.2.3}$$

この式から4 MeVのα粒子の飛程は2.5 cm、9 MeVのα粒子の飛程は9 cmとなり、α粒子の飛程が短いことが分かる。

　α線源は、霧箱（過飽和の気体を充満した容器）に入れると、α粒子の飛跡がみられる。この飛跡は、α粒子と気体分子の軌道電子とが衝突をくりかえした結果、イオン化し、このイオンを核として霧の粒が発生したものである。その飛跡はほとんど直線で、長さは大体一定である。飛跡が直線なのは、α粒子と衝突する相手が、α粒子よりはるかに小さい質量の電子であって、大きい質量の原子核とはほとんど衝突しないためである。

　α粒子が物質中を通過するとき、単位長さ当たりに失うエネルギーを、その物質のα線に対する阻止能[注1]（stopping power）とよぶ。阻止能は線源からの距離によって変わるので、微

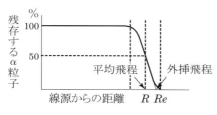

図2.1 α粒子の空気中の飛程

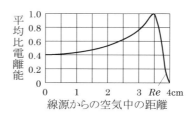

図2.2 α粒子（^{210}Po）のBraggの曲線
$Re = 3.89$cm

分的に考え、$-dE/dx$ で表す。飛跡上の単位長さ当たりに作るイオン対の数を n、1個のイオン対をつくるために必要な平均エネルギーを W とすれば次の関係が成立する。

$$-dE/dx = nW \qquad (2.2.4)$$

W 値は、物質によって決まるが、その物質のイオン化ポテンシャルの2〜3倍の値をもつ。α粒子がエネルギーを失う理由は、イオン化だけではなく、励起が起こりエネルギーを失うためである。そして比電離[注2]とよぶ n の値は、線源からの距離によって変化する。

Bethe と Bloch は、阻止能を次の式によって近似的に誘導した。

$$-dE/dx = (4\pi z^2 e^4/m_0 v^2) NZ \log(2m_0 v^2/I)$$

ここで、N は、阻止物質 $1\,\text{cm}^3$ 当たりの原子数、Z は阻止物質の原子番号、I は経験によって定めた定数で、$I = 11.5z\,\text{eV}$ である。m_0 は電子の静止質量、e は電子の電荷で、z はα粒子の電荷、v はα粒子の速度である。

この式の対数の項は速度とともに変わるが、変化はわずかなので、阻止能はα粒子の z^2/v^2 に比例するとみなされる。

この式は次のように陽子や重陽子にも適用できる。

$$R_p/R_\alpha = (M_p/z_p^2) / (M_\alpha/z_\alpha^2)$$

ここで、R_p は陽子の飛程、R_α はα粒子の飛程、M_p は陽子の質量、z_p は陽子の電荷、M_α はα粒子の質量、z_α はα粒子の電荷である。この式を使い、$4\,\text{MeV}$ のα粒子の飛程と $1\,\text{MeV}$ の陽子の飛程は等しいと算出できる。

注1　阻止能（stopping power）

あるエネルギーの荷電粒子が物質を通過するとき、その単位厚さ当たりに失う平均エネルギー。物質の厚さとして経路の長さまたは面密度を用いることによって、それぞれ線阻止能または質量阻止能とよばれる。

注2　比電離（specific ionization）

荷電粒子が物質中を通過するとき、その経路の単位長さ当たりに生じるイオン対の平均数である。

2.3　β 壊 変

原子核に対して電子が出入りする現象をβ壊変と総称している。β壊変は、(1)原子核から(陰)電子が出るとき、(2)原子核から陽電子が出るとき、(3)原子核に核外の軌道電子が入るときの3つに分類できる。

原子核には中性子と陽子が存在し、電子は存在しない。また、中性子は単独では10.3分の半減期でβ⁻壊変して陽子となる。

安定な原子核は、質量数が小さいときには、${}^4_2\text{He}$（陽子は2個、中性子は2個）や ${}^{12}_6\text{C}$（陽子は6個、中性子は6個）のように陽子の数と中性子の数は、ほぼ等しい。

しかし質量数が大きくなると安定な原子核は、$^{206}_{82}$Pb（陽子は82個、中性子124個）のように中性子数が陽子数より多くなる。この安定な範囲を超えて中性子が多いときには、中性子が陽子に変わり（陰）電子（β^-線）を放出し、陽子が多いときには、陽子が中性子に変わり陽電子（β^+線）を放出する。

2.3.1 β^-壊変

原子核内の（中性子）／（陽子）の比率が、安定領域と比べて大き過ぎると、安定度が低下し、安定度をよくしようとして、中性子は(陰)電子と反中性微子を放出して陽子に変わる。この現象をβ^-壊変という。

$$n \rightarrow p + \beta^- (e^-) + \bar{\nu} \qquad (連続スペクトル)$$

ここにnは中性子、pは陽子、β^-は(陰)電子、$\bar{\nu}$は反中性微子（antineutrino）である。中性微子とは、素粒子の一つで、荷電数はゼロ、質量は非常に小さい（電子の質量の1/2000以下）。中性子の質量は、陽子の質量と電子の質量の和よりわずかに大きいので発熱反応（exothermic reaction）となりエネルギーの発生を伴う。

2.3.2 β^+壊変

原子核内の（中性子）／（陽子）の比率が、安定領域と比べて小さ過ぎるとき、陽子が陽電子と中性微子を放出して中性子に変わろうとして、β^+壊変または軌道電子捕獲を起こす現象である。

$$p \rightarrow n + \beta^+ (e^+) + \nu \qquad (連続スペクトル)$$

β^+壊変は、吸熱反応なので、エネルギーを与えなければ反応は起こらない。

上記の壊変での陽子（Z）、中性子（N）の変化は、次のとおりである。

β^-壊変　$(Z, N) \rightarrow (Z+1, N-1) + \beta^- (e^-) + \bar{\nu}$　（中性子が陽子に変わる）

β^+壊変　$(Z, N) \rightarrow (Z-1, N+1) + \beta^+ (e^+) + \nu$　（陽子が中性子に変わる）

2.3.3 （軌道）電子捕獲 [（orbital）electron capture, EC]

原子核が軌道電子（最も内側の核のK殻の電子、ときとしてL殻）を捕らえる。その結果、原子核から中性微子、軌道電子から特性X線、オージェ電子を放出する現象である。

$$電子捕獲　p + e^- \rightarrow n + \nu \qquad (線スペクトル)$$

オージェ効果（Auger effect）とは、励起状態にある原子が、X線を外部に放出する代わりに軌道電子を放出して、より低いエネルギー状態になる現象。オージェ効果によって軌道から放出される電子をオージェ電子（Auger electron）という。

（壊変エネルギーを、2個の粒子が分けあうと、それぞれの粒子は線スペクトルとなり、3個以上の粒子が分けあうと、それぞれの粒子は連続スペクトルとなる。）

2.3.4 β粒子のエネルギー・スペクトル

1) β粒子のエネルギーは、最大エネルギーまで連続分布し、その最大エネルギー（E_{max}）はそのβ放出体に固有のものである。α粒子のような不連続な一定のエネルギーはもっていない。

2.3 β壊変

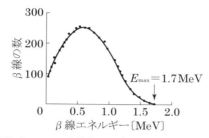

図2.3 ^{32}Pのβ$^-$壊変のエネルギー分布

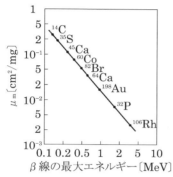

図2.4 質量吸収係数とβ線のエネルギー　　図2.5 Pbの中の電子のエネルギー損失

2) β粒子のうち最も多いエネルギーはE_{max}の1/4と1/2の間である。
3) あるβ粒子のもつエネルギーとE_{max}の差は、中性微子のエネルギーになる。
4) β壊変のエネルギーは、α壊変のエネルギー(4 MeV〜9 MeV)よりはるかに小さく、0.02 MeV〜4 MeVの間で、その多くは0.5 MeVと2 MeVとの間にある。

2.3.5 β粒子の飛程

1) β粒子の飛程は、同じエネルギーのα粒子の飛程の500倍程度である。空気中のβ粒子の飛程は、最大エネルギー0.5 MeVで150 cm、2 MeVで850 cmである。
2) 比電離は小さく、mm当たり10イオン対程度である。空気以外の物質中での飛程もα粒子の飛程に比べて大きい。
3) β粒子の飛程と透過力はともにα粒子より大きいので、計数管の窓は、比較的厚い窓が使用でき、試料は重さのない試料でなくともよい。

2.3.6 β粒子と物質との相互作用

1) β粒子は電荷をもった粒子の流れで、物質に入射すると原子を励起したり電離する点ではα線と同じである。しかし、β粒子は電子なのでα線よりずっと軽く、物質中で散乱されジグザグな道筋を通る。しかも、非常に速度が早いので、α線と全く異なる相互作用を示す。
2) β線は連続エネルギーであり、一定のエネルギーをもたない。β線がエネルギーを失う過程は大別して次の2つに分けられる。

① α線と同じように原子の励起・電離をくり返して、β線自身のエネルギーを失う。
② 高速の電子であるβ粒子が原子核の近くを通るとき、原子核の電荷（陽子による）のため運動の方向が曲げられると同時に、減速され、それに相当するエネルギーが電磁波（連続エネルギーのX線）として放射する。この現象を制動放射（bremsstrahlung）という。この制動放射によりエネルギーを失う。

β粒子の電離（イオン化）によるエネルギー損失と制動放射線によるエネルギー損失の割合は、次のように近似できる。

$$\left(\frac{dE}{dx}\right)_{ion} \sim \frac{NZ}{v^2} \tag{2.3.1}$$

$$\left(\frac{dE}{dx}\right)_{rad} \sim NZ^2E \tag{2.3.2}$$

ここで、Nは物質の単位体積中の原子数、Zはその原子番号であり、vおよびEは電子の速度とエネルギーである。そして放射損失とイオン化損失の比はおよそ次の式に示す。

$$\frac{(dE/dx)_{rad}}{(dE/dx)_{ion}} = \frac{ZE}{800} \tag{2.3.3}$$

ここに、Eは電子のエネルギーでMeV単位である。

式（2.3.1）、（2.3.2）、（2.3.3）によればエネルギーの低い間はイオン化によるエネルギー損失が大きく、エネルギーが大きくなると放射損失が大きい。

上記は負の電子と物質との相互作用について記した。

陽電子のときは、陽電子が運動エネルギーを失って静止すると、物質中の負の電子と結合してエネルギーが電子の静止質量0.51 MeVに等しい2個のγ線を放出する。この現象を（陽電子）消滅（annihilation）という。

2.4　γ線放射と核異性体転移

γ線は電磁波である。その振動数をνとするとき、$E=h\nu$（hはPlanckの定数）で表わされるエネルギーをもつ光子の流れである。γ線は励起状態にある原子核が、より低いエネルギー状態に転移するときに、そのエネルギー差に等しい光子を放出する。したがって、γ線は一定のエネルギーを有する（β線のような連続エネルギーではない）。

原子核が高いエネルギーの励起状態から低いエネルギーの基底状態に移るとき、γ線を放射しないで、軌道電子にエネルギーを与えてはじき出す、**内部転換**（internal conversion）がみられる。内部転換で放出される軌道電子の運動エネルギー（E_e）は、電子がK軌道のときには次のようになる。

$$E_e = E_\gamma - E_b$$

ここに、E_γは原子核の励起状態のエネルギーと基底状態のエネルギー差、E_bはK電子の原子

2.4 γ線放射と核異性体転移

核に対する結合エネルギーである。したがって放出された電子は一定のエネルギーを有し、この点がβ壊変とは異なる。原子核の転移によって放出される内部転換電子の数（N_e）と、γ線の数（N_γ）との比を内部転換係数 α（internal conversion coefficient）という。

$$\alpha = N_e / N_\gamma$$

2.4.1 γ線と物質との相互作用

γ線が物質中を通過するとき、γ線は物質中の電子と衝突して減弱したり、散乱したりする。γ線は電荷をもたないので、β粒子や電子がエネルギーを失っていく過程とは異なり、次の三つの過程がある。

a) 光電効果

光子（γ線）が物質に入射して、その原子の軌道電子をはじき飛ばして全エネルギーを失う現象である。はじき飛ばされた電子は、光電子（photoelectron）とよばれ、β線と同じ様に電離と励起を繰り返してエネルギーを失う。

光電効果の特徴は、入射した光子が完全に吸収されてしまうことで、コンプトン散乱とは明らかに異なる。いま入射光子のエネルギーを $E_\gamma = h\nu$、光電子のエネルギーを E_e とし、軌道電子のイオン化ポテンシャルを I とすると、次の式が成立する。

$$E_e = E_\gamma - I$$

入射する光子は、$E_\gamma = h\nu$ のエネルギーと $h\nu/c = h/\lambda$ の運動量をもつ（光電効果は、光子が完全に吸収される現象なので、原子核の束縛をうけない自由電子では運動量の保存則を満足できない。）。運動量の保存則を満足するには、入射光子の運動量を、光電子と電子を束縛している原子核の両方が受け持つ必要がある。このため原子核はわずかながら反跳を受けることになる。

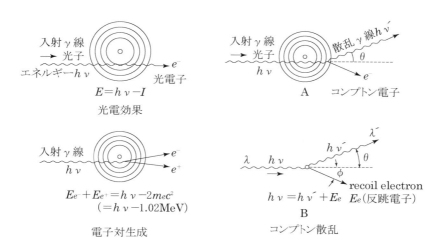

図2.6 γ線と物質との相互作用

軌道電子は、原子核に強く結合している、原子核に近い方から K、L、M 殻電子とよばれている。結合エネルギー（I）は、$I_K > I_L > I_M$ で、K 殻電子による光電子エネルギー（$h\nu - I_K$）が最も小さい値となる。K 殻電子が最も光電効果を受けやすく、光電効果の約 80% を占めている。

光電子がはじき飛ばされた電子殻には空孔が残るので、外殻から電子が遷移して結合エネルギーの差が X 線またはオージェ電子として放出される。

入射する光子のエネルギーを次第に小さくすると、ある点で $E_\gamma < I_K$ となり、K 殻電子による光電効果は起こらず、次の L 殻電子による光電効果が起こる。光電効果の発生確率は光電吸収断面積とよばれ、K 殻電子の光電吸収断面積は、原子番号（Z）の Z^5 に比例し、光子のエネルギー（$h\nu$）については、ほぼ $(h\nu)^{-3.5}$ に比例する。

b) コンプトン散乱（**Compton scattering**）

光子（γ 線）が原子の近くを通って、そのエネルギーの一部を軌道電子に与えてはじき飛ばし、別の方向へ散乱する現象をいう。このときの光子のエネルギーは、与えた分だけ低くなっている。この現象を**コンプトン効果**（Compton effect）ともいう。

光子のエネルギーは、軌道電子の結合エネルギーより大きいので、軌道に束縛された電子でも自由電子とみなすことができる。エネルギー E_0 の光子が軌道電子に衝突し、角度 θ の方向に散乱したとき、散乱後のエネルギー E_1 は、エネルギーと運動量の保存則から次の式が得られる。

$$E_1 = E_0\{1 + (1 - \cos\theta)E_0/mc^2\}^{-1}$$
$$E_e = E_0 - E_1$$

散乱によってエネルギーを軌道電子と光子とに分ける割合は、初めの光子エネルギーによって大きく変化する。コンプトン散乱の断面積については、Nishina-Klein の式がある。コンプトン散乱の発生確率は、光子のエネルギーを $h\nu$、原子番号を Z としたとき、およそ $Z \cdot (h\nu)^{-1}$ に比例する。このことは、発生確率が軌道電子（Z）の総数に比例することを示している。

c) 電子対生成（**pair production**）

γ 線のエネルギーが 1 MeV 以上になると物質中で γ 線が消滅し、それに代わって正負一対の電子が発生する現象である。この過程のエネルギーの関係は次の式で示す。

$$E_\gamma = 2mc^2 + E^+ + E^-$$

ここに $mc^2 = 0.51$ MeV は電子の静止質量、E^+ は陽電子の運動エネルギー、E^- は陰電子の運動エネルギーである。電子対生成の断面積は物質の原子番号（Z）の自乗に比例し、エネルギーの増加とともに増大する。電子対生成で生成した陽電子は再び他の電子と結合して消滅放射による 2 個の 0.51 MeV の γ 線となり、正反対の方向に放射される。

2.5 放射性壊変の法則と半減期

2.5.1 放射能の単位と半減期

放射性壊変で不安定な核種 A が別の核種 B へと変化するとき、A を親核種（parent nuclide）、B を娘核種（daughter nuclide）という。放射性核種が単位時間当りに壊変する原子数を**壊変率**（disintegration rate）と呼び、放射能の強度を表す。放射性核種は放射性壊変により時間と共にその強度は減少し、放射能の時間に対する現象を示す曲線を壊変（崩壊）曲線（decay curve）という。初めの放射能強度の 1/2 になるまでの時間は、核種により固有の値を取り、これを**半減期**（half life）という。

2.5.2 放射性核種の質量と放射能および半減期の関係

原子数 N、壊変率（$-dN/dt$）の間には、式（2.5.1）の関係が成立する。半減期（T）と壊変定数（λ）の間には、式（2.5.2）が成立する。質量 m グラム、原子質量（または質量数）M の間には、式（2.5.3）が成立する。式（2.5.2）と式（2.5.3）を式（2.5.1）に代入すれば壊変率が計算できる。計算のとき、壊変率、半減期、壊変定数の時間の単位を揃える必要がある。

$$-\frac{dN}{dt} = \lambda N \qquad (2.5.1)$$

$$\lambda = \frac{0.693}{T} \qquad (2.5.2)$$

$$N = \frac{m}{M} \times 6.02 \times 10^{23} \qquad (2.5.3)$$

また、放射性核種の単位質量当たりの放射能(の強度)を**比放射能**（specific activity あるいは specific radioactivity）とよぶ。1 μg あるいは 1 mg 当たり何 Bq（ベクレル）、MBq（メガベクレル）かを示し、MBq/μg、GBq/mg と表記する。最近は質量に国際単位系における物質量の単位であるモル（mol）を用いて MBq/μmol、GBq/mmol 等と表記することも多い。このときは molar activity あるいは molar radioactivity とよぶ。放射性核種の質量と半減期は、それぞれの核種に固有の値であるので、放射性核種がその同位体を含まない**無担体**（carrier free）状態であれば、比放射能もそれぞれの核種に固有の値を取る。また、無担体状態の場合が最も比放射能が高い。化学操作を容易にするために放射性核種にその元素の安定同位体を加えることがある。このとき添加する安定同位体を担体（carrier）とよぶ。安定同位体を加えた状態を担体添加（carrier added）状態という。

［例題］1 グラムの ^{56}Mn（半減期 2.58 時間）は何 Bq であるか。
［解説］$T=2.58\times60\times60$（s）を式（2.5.2）に、$m=1$（g）、$A=56$ を式（2.5.3）に代入して得た λ、N の数値を、式（2.5.1）に代入して放射能（Bq）を算出する。

第2章　放射性壊変と放射能

［解答］
$$\lambda = \frac{0.693}{2.58 \times 60 \times 60} \quad (\text{s}^{-1})$$

$$N = \frac{1}{56} \times 6.02 \times 10^{23}$$

$$-\frac{dN}{dt} = N\lambda = 8 \times 10^{17} \text{Bq}$$

答　8×10^{17} Bq

［例題］人体は平均 0.2 重量%のカリウムを含む。体重 60 kg の人の ^{40}K は何 Bq か。ただし、カリウムの原子量は 39、^{40}K の同位体存在度は 0.012 %、半減期は 1.28×10^9 年（4.04×10^{16} 秒）、アボガドロ数は 6×10^{23} とする。

［解答］
人体に含まれるカリウム K の質量は
$$60 \times 10^3 \times 0.2 \times 10^{-2} = 120 \quad (\text{g})$$

120 (g) のカリウムの原子数は
$$\frac{120}{39} \times 6 \times 10^{23} = 1.846 \times 10^{24} \quad (\text{個})$$

^{40}K の原子数（N）は
$$1.846 \times 10^{24} \times 0.012 \times 10^{-2} = 2.21 \times 10^{20} \tag{2.5.4}$$

壊変定数（λ）は
$$\lambda = \frac{0.693}{T} = \frac{0.693}{4.04 \times 10^{16}} \quad (\text{s}^{-1})$$
$$= 1.71 \times 10^{-17} \quad (\text{s}^{-1}) \tag{2.5.5}$$

^{40}K の放射能は、(2.5.4) と (2.5.5) を代入して
$$-\frac{dN}{dt} = \lambda N = 1.71 \times 10^{-17} \times 2.21 \times 10^{20}$$
$$= 3.7 \times 10^3 \quad (\text{dps}) = 3.7 \times 10^3 \quad (\text{Bq})$$

答　3.7×10^3 (Bq)

［例題］37GBq（1Ci）の ^{222}Rn（ラドン 222）の質量（グラム数）および、それが標準状態でしめる体積（ml）を示せ。ただし ^{222}Rn の半減期は 3.8 日、アボガドロ数は 6×10^{23} とする。

［解答］
$$-\frac{dN}{dt} = \lambda N \tag{2.5.6}$$

2.5 放射性壊変の法則と半減期

$$\lambda = \frac{0.693}{T} = \frac{0.693}{3.8 \times 24 \times 60 \times 60} \tag{2.5.7}$$

$$N = \frac{m}{M} \times 6 \times 10^{23} = \frac{m}{222} \times 6 \times 10^{23} \tag{2.5.8}$$

$$-\frac{dN}{dt} = 37 \times 10^9 \text{ (Bq)} \tag{2.5.9}$$

式（2.5.7）（2.5.8）（2.5.9）を式（2.5.6）に代入し $m = 6.5 \times 10^{-6}$（g）を得る。
^{222}Rn 1 モル（222g）は 22.4 リットルなので、^{222}Rn 6.5×10^{-6}（g）は、$(22.4 \times 6.5 \times 10^{-6})/222$
$= 0.65 \times 10^{-3}$（ml）
　　答　質量：6.5×10^{-6}（g）、体積：0.65×10^{-3}（ml）

［例題］放射性核種の原子質量を M、半減期を T 時間としたとき、この放射性核種 1 Bq の質量 m グラムおよび比放射能を示す計算式を誘導せよ。アボガドロ数は 6.02×10^{23} とする。
［解答］

$$N = \frac{m}{M} \times 6.02 \times 10^{23} \qquad \lambda = \frac{0.693}{T} \text{ (h}^{-1}\text{)}$$

$$1\text{Bq} = 1\text{dps} = 1 \times 60 \times 60 \text{ (dph)} = 3.6 \times 10^3 \text{ (dph)}$$

上記の3つの式を、式（2.5.1）に代入する。

$$3.6 \times 10^3 = \frac{m \times 6.02 \times 10^{23} \times 0.693}{M \times T}$$

　　答　$m = 8.62 \times 10^{-21} \times TM$（グラム）

2.6 壊変図式

　放射性核種についての壊変形式、半減期、壊変の確率と放出される放射線の種類とエネルギー、原子核のエネルギー準位などの情報を図示したものを**壊変図式**（disintegration scheme）という。原子番号が増加する β^- 壊変が起こる場合は右下方へ、原子番号が減少する α 壊変、β^+ 壊変などでは左下方へ、原子番号の変わらない γ 線の放出が起こる場合には下方への矢印で記す。複

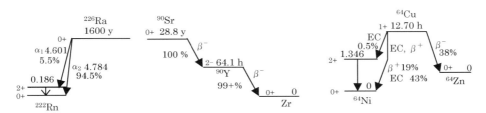

図2.7　α 壊変, β 壊変, γ 線放射等

数の壊変を示す場合は、全崩壊に対する割合を％で示す。核のエネルギー準位は水平線で表し、励起状態のエネルギー準位は基底状態のエネルギー準位を0として表記する。エネルギー準位の右端の数値は核スピンおよびパリティを示す。図2.7にその例を示す。

2 演習問題

問題1 核種Aは ^{237}U から β^- 壊変2回、α 壊変2回を経て生成する核種である。核種Bは ^{235}U から β^- 壊変1回、α 壊変2回を経て生成する核種である。AとBの正しいものの組合せは、次のうちどれか。
 1 ^{230}Pa, ^{227}Ac 2 ^{229}Th, ^{228}Ra 3 ^{233}U, ^{227}Ra 4 ^{229}Th, ^{227}Ac
 5 ^{231}Pa, ^{227}Ra

問題2 ^{3}H, ^{14}C, ^{32}P, ^{35}S および ^{45}Ca に関する次の記述のうち、正しいものの組合せはどれか。
 A 半減期の最も短いのは ^{32}P である。
 B いずれも (n, p) 反応によって製造されている。
 C 半減期の最も長いのは ^{14}C である。
 D これらはいずれも軟 β^- 放射体である。
  1 AとB 2 AとC 3 AとD 4 BとC 5 BとD

問題3 次の放射性核種のうち、β^- 壊変するものはどれか。なお、ニオブは $^{93}_{41}$Nb、ロジウムは $^{103}_{45}$Rh がそれぞれ安定な単核元素である。
 A $^{97}_{44}$Ru B $^{103}_{44}$Ru C $^{103m}_{45}$Rh D $^{106}_{44}$Ru
  1 AとB 2 AとC 3 AとD 4 BとC 5 BとD

問題4 37GBq の ^{237}U（半減期 6.75 日＝5.83×10^5s）が壊変して生成する ^{237}Np（半減期 2.14×10^6 年）の個数に最も近い値は、次のうちどれか。
 1 3.6×10^{24} 2 3.1×10^{16} 3 2.2×10^{16} 4 9.1×10^{13} 5 2.7×10^8

問題5 次の記述のうち、正しいものの組合せはどれか。
 A β^- 壊変では娘核種の原子番号は親核種よりも1だけ小さくなる。
 B β^+ 壊変で放出される陽電子のエネルギースペクトルは連続スペクトルを示す。
 C β^+ 壊変と EC 壊変が競合する核種では、壊変エネルギーが大きくなるほど β^+ 壊変が卓越する傾向を示す。
 D EC 壊変では原子核が軌道電子を捕獲するだけなので原子番号の変化はない。
  1 AとB 2 AとC 3 AとD 4 BとC 5 CとD

問題6 放射性核種の壊変に関する次の記述のうち、正しいものの組合せはどれか。
 A ^{3}H, ^{14}C, ^{32}P は低エネルギーの β^- 放射体である。
 B ^{40}K は壊変すると、ある一定の割合で Ca の特性 X 線を放射する。
 C ^{55}Fe は壊変すると Mn の特性 X 線を放射する。

第 2 章　放射性壊変と放射能

D　^{11}C と ^{18}F は β^+ 壊変する。
　1　A と B　　2　A と C　　3　B と C　　4　B と D　　5　C と D

第3章　原子核と軌道電子の相互作用

3.1　概　　要

　原子核と軌道電子の相互作用は、普通ごくわずかである。これは原子核の核子の結合エネルギーが MeV のオーダであるのに対して、軌道電子の結合エネルギーは eV のオーダであるからで、原子核の結合エネルギーは、軌道電子の結合エネルギーの 10^6 倍程度も違うためである。

　このことは、軌道電子の配置が変わっても、原子核のエネルギー状態にあまり変化しないことを示している。しかし、全く無関係ではないともいえる。相互作用の現れが同位体効果であり、また、軌道電子の配置の違いなどがみられる核磁気共鳴（nuclear magnetic resonance：略称 NMR）も軌道電子と原子核との相互作用として測定できるからである。

　ここでは軌道電子の配置などの違いが原子核のエネルギー状態に変化を及ぼすメスバウアー効果などについて記す。

3.2　メスバウアー分光学

　1958 年ドイツの物理学者メスバウアー（R.L.Moessbauer）は、「無反跳核γ線共鳴吸収」とよぶ現象を発見し 1961 年ノーベル物理学賞を授与された。現在は発見者の名前をとって「メスバウアー効果（Moessbauer effect）と呼んでいる。メスバウアー効果も原子核の状態と軌道電子の状態とは、密接な関係が存在していることを示している。この効果は、化学における軌道電子の共鳴吸収効果に類似している。

3.2.1　原　　理

　メスバウアー分光法が最もよく適用される鉄化合物について原理を考える。天然の鉄は安定同位体 ^{57}Fe を約 2 ％含み、^{57}Fe の原子核には基底準位よりも 14.4 keV 高い励起準位がある。いま、線源（固体）中の励起 ^{57}Fe 原子核から出たγ線を、鉄を含む吸収体（固体）に通過させるとき、もし線源の化学状態と吸収体の化学状態が同じならば、吸収体中の ^{57}Fe 原子核により共鳴吸収が起こる。共鳴吸収を起こした原子核は、励起されて、10^{-7} 秒程度の短い時間でγ線を等方的に放出して再び基底状態に戻る。したがって、吸収体の後方では透過したため強度が減少したγ線を検出し、それ以外の方向では、共鳴散乱を起こしたγ線を検出する。

　線源の ^{57}Fe 原子核周辺と吸収体の ^{57}Fe 原子核周辺とで化学状態が異なると、両者の原子核のエネルギー準位間の差がわずかに異なり、そのままでは共鳴吸収を起こさなくなる。

共鳴吸収を起こさせるには、線源と吸収体の相対運動によるドップラー効果（波動源、観測点または媒質が移動することによって、波動の観測された周波数（振動数）が変化する現象）で、γ線をわずかに変化させ、ずれを補償する。このような入射γ線のエネルギー（E_γ）の変化 ΔE は、相対運動の速度を v とするとき $\Delta E = E_\gamma (v/c)$ で与えられる（c は光速度）。

吸収体の後方にγ線検出器を置き、相対運動の速度（γ線エネルギー）を変化させて、共鳴吸収の起こる速度でγ線強度が減少し、メスバウアー吸収スペクトルを得る**透過法**と、吸収体の前方に検出器を置き、共鳴の起こる速度で散乱γ線のピークを検出し、メスバウアー散乱スペクトルを得る**散乱法**がある。

励起準位から基底準位への遷移で内部転換係数が大きいときには、γ線の他に内殻電子やオージェ電子を放出する。鉄（内部転換係数：約8）では、共鳴散乱によってγ線のほかに、多くの内部転換電子やオージェ電子を放出する。γ線の測定をしないで、これらの電子を測定する方法を、内部転換電子（散乱）メスバウアー分光法（conversion electron (scattering) Moessbauer spectroscopy、CEMS）という。この方法は、固体表面層からの電子だけを検出し、表面状態の分析ができる。

3.2.2　線　　源

鉄のメスバウアー分光法の線源は ^{57}Co を使用し、^{57}Co の EC 壊変に続く ^{57}Fe が放出する 14.4 keV のγ線を、天然の鉄に約2％含まれる ^{57}Fe 原子核が共鳴吸収する。

スズのメスバウアー分光法の線源は、^{119m}Sn を使用し、第一励起準位から放出される 23.8 keV のγ線が、天然スズに 8.58％含まれる ^{119m}Sn 原子核によって共鳴吸収される。

3.2.3　メスバウアー・スペクトルから得られる情報

a) 異性体シフト（isomer shift、δ で示す）

原子核の有効半径は、励起状態と基底状態ではわずかに異なるので、線源および吸収体中のメスバウアー核の化学状態が異なると、核電荷と軌道電子との相互作用で原子核のエネルギー準位に生じる摂動（系の状態を大きく変えない程度の外部からの相互作用）の大きさも異なり、メスバウアースペクトル上で共鳴吸収の中心の位置がその分だけ原点からずれる。このずれを異性体シフト δ とよぶ。異性体シフトの値は、核の位置における s 電子密度に比例して変化する量で、原子価、配位子の種類などについての情報が分かる。

b) 四極分裂（quadrupole splitting、ΔE_Q で示す）

基底状態または励起状態の核スピンが1以上であるとき、原子核は電気的四極モーメント Q を有し、原子核の位置に軌道電子や周囲の原子、イオンの配置の立方対称性からの歪みに応じて生じる電場勾配があれば、両者の相互作用の結果、準位が分裂して2種以上のγ転移に対応するピークがメスバウアースペクトルに現れる。分裂して生じた一対の吸収ピークの間隔を四極分裂という。四極分裂は、核の位置の電場勾配に比例し、核の周囲の電子、配位子の対称性を反映する。

c）**磁気分裂**（magnetic hyperfine splitting）

　磁気分裂からは、核の位置の磁場が分かる。いずれの場合でも分裂によって現れる線の数は、核の基底状態と励起状態のスピンと遷移の多重度で決まる。

d）**無反跳分率**（recoilless fraction、f で示す）

　無反跳分率は、吸収の大きさや線幅から求められ、格子振動や分子運動について有用な情報を与える。

3.2.4　メスバウアー分光学の応用

　状態分析の手法として優れている。状態分析とは、目的成分の化学状態（原子価、励起状態、結合状態、吸着状態）や物理状態（形状、サイズ、成分の分布、相、存在状態、結晶性など）を決定する分析である。しかし、カリウムより軽い元素には応用できない。無反跳分率 f が大きいことが望ましい。このため γ 線のエネルギーは小さいこと、吸収体は固体であることが必要である。

　固体物質の電子状態や構造、磁性の研究、固相反応、相転移の追跡、格子力学的特性、緩和現象の研究。岩石、鉱物など地球化学や宇宙化学試料の分析、粉じん、底質などの環境試料の状態分析、生体物質のヘモグロビン、フェレドキシン、フェリチンなど鉄を含むタンパク質や固体表面の研究に応用できる。

3.3　ポジトロニウム化学

　陽電子（ポジトロン：positron：e^+）は、静止質量が電子の静止質量に等しく、電子（e^-）の反粒子で、^{22}Na など e^+ 放出核から放出される。この陽電子は、電子と合体すると消滅して、$E=2m_ec^2=0.51+0.51=1.02\,\mathrm{MeV}$ のエネルギーの光子（電磁波）に変わる。

　その一部は消滅直前のきわめて短い時間にポジトロニウム（positronium：Ps）という陽電子と電子の結合状態を経過する。このポジトロニウム（Ps）は、水素原子の陽子を陽電子と置き換えたものに相当する。

　Ps の最小軌道（ボーア半径）は $1.06\times10^{-10}\,\mathrm{m}$ で、ボーア半径は水素（$0.53\times10^{-10}\,\mathrm{m}$）の 2 倍で、Ps の第 1 イオン化エネルギーは $6.80\,\mathrm{eV}$ で水素（第 1 イオン化エネルギー：$13.6\,\mathrm{eV}$）の半分のエネルギーでイオン化する。

　一方、ポジトロニウムの電子と陽電子は、ともにスピン角運動量をもち、両者のスピンは平行と逆平行とがある。平行な原子をオルトポジトロニウム「o-Ps」、逆平行の原子をパラポジトロニウム「p-Ps」という。

　「o-Ps」の寿命は $140\,\mathrm{ns}$、「p-Ps」の寿命は $0.125\,\mathrm{ns}$ と非常に短い。しかし「o-Ps」の寿命は精度よく測定できる。ポジトロニウムの寿命は、周囲の化学的環境の影響をうけて変化するのでよく研究されている。ポジトロニウムは、最も小さい水素同位体のように挙動し、付加反応、置換反応、酸化反応、還元反応などの研究が行われている。ポジトロンの化合物には、H_2

に相当する HPs（水素化ポジトロニウム）がある。

3.4 中間子化学

a）ミュオンの特性

高エネルギーの陽子、α粒子、光子、中性子などで ^9Be、^{12}C などを衝撃すると、π中間子（π^+、π^-、π^0）を発生する。その静止質量は、π^0 で 0.150 u、π^+ と π^- は 0.145 u である。平均寿命は、π^0 が 2.6×10^{-8} 秒、π^+ と π^- が、8.4×10^{-11} 秒であり、スピンはもっていない。

$$\pi^+\to\mu^++\nu_\mu \quad \pi^-\to\mu^-+\bar{\nu}_\mu \quad \pi^0\to 2\gamma$$

のように壊変して、μ粒子（muon：ミュオンまたはミューオン）となる。ミュオンの質量は、電子の 207 倍、陽子の 1/9 であり、μ^+ を軽い陽子、μ^- を重い電子と考えることができる。

ミュオンは平均寿命 2.2μ秒の不安定素粒子で、正ミュオン（μ^+）と負ミュオン（μ^-）があり、次のように壊変する（ただし、$\bar{\nu}_\mu$ および ν_μ はニュートリノ：中性微子である）。

$$\mu^+\to e^++\bar{\nu}_\mu+\nu_e \quad \mu^-\to e^-+\nu_\mu+\bar{\nu}_e$$

ミュオンは 1/2 のスピンをもつので、ミュオンを絶縁材料中にスピンをそろえて打ち込み、磁場があれば、ミュオンはラーモアの歳差運動をしながらエネルギーを失う。このラーモア周波数を測定するのがミュオンスピン回転法（μSR：はじめ muon Spin Rotation method の略称であった。しかし、R の字に Relaxation, Resonance または Repolarization の意味をもたせることがある）である。格子間隙や格子点の局所磁場などの研究に利用されている。

b）ミュオニウムの特性

1）絶縁媒質中に μ^+ が注入されると、$10^{-9}\sim10^{-6}$ 秒の間にミュオニウム（muonium：Mu または μ^+e^-）という水素状原子が生成する。この Mu は、μ^+ と電子が結合した中性粒子である。これを原子とすると H の約 1/9 の質量を有する水素の軽い放射性同位体と考えることができる。

ミュオニウムは、μ^+ の平均寿命（2.2μ秒）にしたがって壊変し陽電子を放出する。Mu を H、^2H、^3H と比較して水素の反応の同位体効果を研究できる。

負の電荷をもつミュオン（μ^-）は、電子の質量の 207 倍で、重い電子として振る舞い原子核の近傍に普通の電子の 1/207 も小さい軌道を描いて素粒子原子をつくる。そのボーア半径は、2.8×10^{-13} m となり原子核の半径にきわめて近くなる。

μ^- は原子軌道や分子軌道に捕捉され、電子構造や分子構造の研究に用いられる。また、原子核に捕獲された μ^- から、原子核内の電荷分布や分極率などの核の性質が分かる。

3.5 ホットアトムの化学

3.5.1 概　要

1934 年、L.Szilard と T.A.Chalmers は熱中性子照射したヨウ化エチル（C_2H_5I）を分液漏斗に

3.5 ホットアトムの化学

入れ、水を加え、ふりまぜたところ、大部分の放射性ヨウ素が水層に移る現象を発見した。ヨウ素原子を熱中性子で照射すると ^{127}I（n，γ）^{128}I によってγ光子を放出するが、このときにでるγ光子はかなり高いエネルギーをもつので、ヨウ素原子から勢いよく飛び出す。大砲から飛び出した弾丸が、エネルギーを砲身に与えて力いっぱい後退させるのに、似た現象がこのときにみられる。γ光子が弾丸で、発射される砲身がヨウ素原子に相当する。このように核反応によって生成した核種（ここでは ^{128}I）は放出したエネルギー（ここではγ光子のエネルギー）に応じてエネルギーが与えられる。これを**反跳エネルギー**という。熱中性子照射しなければヨウ素が水に移らない C_2H_5I が、熱中性子照射すると ^{128}I が水層に移る現象は、（n，γ）反応の反跳エネルギーによって C_2H_5-I の原子の結合が切られるためと考えた。一般にヨウ素原子のような、核反応または原子核の崩壊の際に生成する高い運動エネルギーをもつか、高い電荷を帯びている原子を**ホットアトム**（hot atom）という。**ホットアトムの化学**（hot-atom chemistry）は、このホットアトムの化学的挙動を研究する放射化学の一分野である。

　放射性壊変や誘導核反応は、原子核にだけでなく核外の軌道電子、したがって化学結合に影響を及ぼす。そして核変換によって解放されたエネルギーは、原子の運動エネルギーまたは反跳効果や励起効果を引き起こす励起エネルギーに変わる。

　核反応によって生成したホットアトムは、反跳の結果、高い運動エネルギーまたは高い電荷をもち、周囲の原子とは異なる化学的挙動を示す。分子内で化学結合を解裂させたり、新しい化合物を生成したりする。このような効果を**ホットアトム効果**または**反跳効果**という。

　核反応でターゲットに入射粒子を照射すると、ターゲットは入射粒子を包含して、励起状態の複合核となる。この核は光子を放出して基底状態に戻るか、また1個の陽子、または中性子を放出して別の核種に変換する。ターゲットを、熱中性子で照射するときの複合核の過剰のエネルギーは、中性子の結合エネルギーにほぼ等しい。このエネルギーは1個、またはそれ以上の高エネルギーのγ光子を放出することにより失われる。これらのγ光子が放出されるときに、原子核は反跳を受ける。その反跳エネルギーは次のようにして計算される。

　エネルギー E のγ光子の運動量 P_γ は

$$P_\gamma = \frac{E}{c}$$

である。ただし c は光速度。

　運動量保存のために、反跳核は同一の運動量を持たなければならない。γ線放射が残留核にもたらす運動エネルギーすなわち反跳エネルギー（E_R、MeV）は

$$E_R = \frac{P_\gamma^2}{2M} = \frac{E^2}{2Mc^2}$$

となる。M はその原子の質量である。原子質量 1u の粒子の静止エネルギーは、931 MeV であるので

$$E_R = \frac{E^2}{1862A}$$

となる。A は原子質量単位である（質量数を代用してもよい）。

　（n, γ）反応は、通常原子核をおよそ 6～8 MeV に励起する。そしてこの励起エネルギーの大部分は γ 光子のエネルギー E になると考えられる。（n, γ）反応では反跳エネルギー E_γ の値は、ふつう数百 eV 程度である。ふつうの化学結合の結合エネルギーは、数 eV のオーダーだから、反跳エネルギーにくらべると桁違いに小さい。したがって、化学結合の結合エネルギーは、反跳原子をもとの結合状態に保っておくに足るだけの力をもたない。

　以上のような大きな運動エネルギーに基因するホットアトムのほかに、^{80m}Br の核異性体転移のような電荷によるホットアトムの効果もある。これは、^{80m}Br の核異性体転移によって生じた ^{80}Br が電荷を帯びることによるとされている。電荷を帯びるのは転移の際の γ 線の内部転換が原因である。

3.5.2　比放射能の高い RI の分離

　原子炉では高密度の中性子が生成し、その主たる核反応は（n, γ）反応である。（n, γ）反応で生成する RI は、もとのターゲットと同じ原子番号であるので、これら相互を化学的には分離できない。このとき生成した RI はターゲットの非放射体同位体によってうすめられているので、比放射能の小さい RI しか得られない。このようなことのないように、照射前に、一種類の核種を濃縮し、中性子をあてて比放射能の高い RI を作る方法もある。しかし濃縮係数に限度があり、コストが高くつく。ホットアトム効果を利用する方法は、熟した自然落下の柿を集めるようなもので、もっとも安価で、かつ効率よく濃縮される特徴がある。もちろん、原子炉による照射は中性子のほかに、強い γ 線を伴うので、安定同位体も放射線分解をおこし、ホットアトム効果によって分離された RI にまじり、まったく無担体の RI を得ることはできない。また新しい化学的状態にある放射性原子と、ターゲット化合物中の非放射性原子の間に同位体変換がすみやかに起こると、濃縮は起こらない。ホットアトム効果による RI の製造、分離方法が有効におこなわれているかどうかを示す目安は、つぎのように定義される濃縮係数（enrichment factor）と放射化学的収率（radiochemical yield）の 2 つの値で与えられる。

$$濃縮係数 = \frac{分離されたRIの比放射能}{試料全体の比放射能}$$

$$放射化学的収率 = \frac{分離後のRIの放射能}{試料全体の放射能} \times 100 \,（\%）$$

　この両方の値の高いものほど分離がよく行われていることになる。

　次にいくつかの元素について、ホットアトム効果を応用して比放射能の高い RI を分離した例を記す。

3.5 ホットアトムの化学

3.5.3 分離例

鉄 ヘキサシアノ鉄（Ⅱ）酸カリウム（黄血塩）$\{K_4[Fe(CN)_6]\}$に中性子を照射する。反跳によって黄血塩分子の結合を破った$[^{59}Fe]Fe^{3+}$は、水酸化アルミニウムに共沈して分離する。この方法は同時に$[^{42}K]K^+$が多量に副成する欠点がある。黄血塩のかわりにヘキサシアノ鉄（Ⅱ）水素$\{H_4[Fe(CN)_6]\}$を用いて原子炉で中性子照射を行い、高い比放射能の^{59}Feをつくった。

コバルト ヘキサアンミンコバルト（Ⅲ）硝酸塩$\{[Co(NH_3)_6](NO_3)\}_3$の結晶、または濃厚水溶液に原子炉の中性子を照射し、核反応の結果生じた^{60}Coが$[^{60}Co]Co^{2+}$の形で水溶液中に存在することを利用した。水溶物を陽イオン交換樹脂に通し、ターゲットから分離して比放射能の高い^{60}Coを得ている。池田、吉原らは、同じ物質を原子炉の中性子で照射して生じた^{60}Coを固体ターゲットから8M硝酸で迅速に抽出している。

銅 フタロシアニン銅を、中性子照射したのち、2M硫酸にしばらく懸濁させる。ろ過したのち、ろ液を陽イオン交換樹脂（以下樹脂とよぶ）に通して、Cu^{2+}を樹脂に吸着させる。その後、塩酸で溶離する。

カルシウム カルシウムのオキシン錯塩をターゲットとして中性子照射し、n-ブチルアミンに溶かし、溶液を陽イオン交換樹脂に通す。錯塩は樹脂に吸着されないが、ホットアトム効果によって錯塩分子から外れた$[^{45}Ca]Ca^{2+}$は樹脂に吸着する。樹脂を水洗した後、$[^{45}Ca]Ca^{2+}$を塩酸で溶離する。

イオン交換体を用いる方法 銅形樹脂を原子炉で照射して、反跳の結果、樹脂から外れた$[^{64}Cu]Cu^{2+}$をジチゾン溶液で抽出する。そのほか、難溶性の無機イオン交換体を作り、原子炉で照射して濃縮係数の高い^{60}Co、^{56}Mn、^{65}Zn、^{59}Feなどの濃縮を行っている。

3.5.4 ラベルつき有機化合物の放射合成

80％酢酸にヨウ化ナトリウム（NaI）を溶解した飽和溶液に中性子を照射すると放射性ヨウ素でラベルされたヨウ化メチル（CH_3I）が得られる。このような方法でラベルつき有機化合物を合成する方法を放射合成（radiosynthesis）とよび、核反応に伴う反跳の効果を利用した合成法である。この方法の長所は、(1)ふつうの合成法よりも迅速で、(2)比較的短寿命のRIを含む化合物を作るのに適し、(3)比放射能の高い生成物が得られることである。しかし、(1)放射化学的収率は一般的に低く、(2)ラベルされた位置が不均一で、(3)多数の副反応生成物を伴い、分離が難しい欠点がある。ガスクロマトグラフ法などによる分離を使用すると、放射合成も有効である。

第3章　原子核と軌道電子の相互作用

3　演習問題

問題1　次のイ〜ホの実験を行った。このとき下線をつけた元素の放射性同位体の挙動を簡潔に述べよ。ただし、ホはThの壊変生成物を含む。

イ　(NH$_4$)$_2$<u>Cr</u>O$_4$結晶を熱中性子照射した後、水溶液として、Cl形陰イオン交換樹脂に通す。

ロ　無担体の<u>Cs$^+$</u>を含む酸性溶液（HClまたはHNO$_3$で3 mol/l以下）に、固体リンモリブデン酸アンモニウムを常温で加え、15分以上かき混ぜた後、放置する。

ハ　<u>$_{64}$Gd^{3+}</u>、<u>$_{65}$Tb^{3+}</u>、<u>$_{68}$Er^{3+}</u>、<u>$_{71}$Lu^{3+}</u>（いずれも無担体）を吸着させた陽イオン交換樹脂カラムに、溶離剤としてα-ヒドロキシイソ酪酸塩水溶液を流す。

ニ　CCl$_4$ 10 ml中に抽出した<u>I$_2$</u>（担体を含む）をKI水溶液10 mlと振り混ぜる。

ホ　<u>Th</u>O$_2$を入れた密閉容器の空間部分に白金板を吊るし負電荷をかけ、一昼夜放置する。
その後、白金板を取り出し、0.3 mol/l HNO$_3$で洗い、この溶液にPb(NO$_3$)$_2$溶液を少量加える。これに白金板電極を入れ、電気分解する。

問題2　次の記述のうち、ホットアトム効果と関係の深いものの組合せはどれか。

A　ヘキサアンミンコバルト塩化物（[Co(NH$_3$)$_6$]Cl$_3$）を熱中性子照射したところ、一部が放射性のクロロペンタアンミンコバルト塩化物（[Co(NH$_3$)$_5$Cl]Cl$_2$）となった。

B　^{90}Srを含むSr^{2+}の中性水溶液をろ紙でろ過すると、^{90}Yがろ紙上に得られる。

C　^{234}Uは^{238}Uの壊変によってできるが、地下水中の^{234}U/^{238}U放射能比は、1より大きいことがある。

D　酢酸エチルの加水分解が平衡状態に達したとき、一部の酢酸エチルを^{14}Cで標識した酢酸エチルに換えると、次第に加水分解生成物の酢酸に^{14}Cが現れた。

1　AとB　　2　AとC　　3　AとD　　4　BとC　　5　CとD

問題3　次のうち、ホットアトム効果と関係の深いものはどれか。

1　^{234}Thの中性水溶液を放置したところ、濃度が不均一となり底層に強いβ$^-$放射能が認められた。

2　原子炉で中性子照射したクロム酸アンモニウム試料から+3価の^{51}Crが分離された。

3　[^{131}I]I$^-$を含む水溶液とI$_2$を含む四塩化炭素を混ぜたところ、四塩化炭素中に^{131}Iの放射能が認められた。

4　雨水を電気分解したところ、トリチウム濃度が上がった。

5　[^{3}H]標識化合物を含む臓器切片と密着したのち現像した乳剤について、電子顕微鏡で銀粒子が観察された。

問題4　原子炉で中性子照射した物質の放射能に関する次の記述のうち、正しいものの組合せはどれか。

演　習　問　題

A　照射した塩化アンモニウムを水溶液とし、陽イオン交換樹脂カラムに通すと、流出液に ^{38}Cl のほかに ^{32}P と ^{35}S の放射能も認められた。

B　照射したヒ酸（H_3AsO_4）を水溶液とし、陰イオン交換樹脂カラムに通すと、^{77}As はすべてヒ酸イオンとして樹脂に吸着した。

C　照射したベンゼンを炭酸ナトリウム水溶液と振り混ぜると、水溶液に ^{14}C の放射能が顕著に認められた。

D　照射したヨウ化エチルを非放射性ヨウ化ナトリウムの薄い水溶液と振り混ぜたところ、水溶液中に ^{128}I が認められた。

　　1　AとB　　2　AとC　　3　AとD　　4　BとC　　5　CとD

問題 5　臭素酸カリウム結晶粉末を熱中性子照射したのち、水溶液として陰イオン交換樹脂カラムに通して陰イオンを吸着させた。次に適当な溶離剤を用いて溶離したところ2種類の放射性陰イオンが得られた。これらの現象に関する次の記述のうち、正しいものの組合せはどれか。

A　2種類の陰イオンは、$[^{80m}Br]Br^-$ と $[^{82}Br]Br^-$ とに対応する。

B　2種類の陰イオンは、BrO_3^- と Br^- とに対応する。

C　この現象はホットアトム効果によるものである。

D　この現象は同位体交換反応によるものである。

　　1　AとB　　2　AとC　　3　AとD　　4　BとC　　5　BとD

問題 6　放射性物質の化学に関する次の記述のうち、正しいものの組合せはどれか。

A　ホットアトム効果では、放射性同位体の濃縮はできない。

B　同位体希釈法では、定量的分離を行わずに定量ができる。

C　放射化分析では、非破壊分析ができる場合が多い。

D　放射滴定は、酸化還元滴定の一種である。

　　1　AとB　　2　AとC　　3　AとD　　4　BとC　　5　CとD

問題 7　次の記述のうち、正しいものの組合せはどれか。

A　10 MeV の陽子の LET は、同じエネルギーの電子より小さい。

B　PIXE 法では、陽子により原子核から発生する γ 線を用いる。

C　陽子による核反応では核分裂は起きない。

D　陽子による放射性同位体製造では、β^+ 壊変や EC 壊変をする放射性同位体が得られる場合が多い。

　　1　ACD のみ　　2　AB のみ　　3　BC のみ　　4　D のみ　　5　ABCD すべて

問題 8　分析に関する次の記述のうち、正しいものの組合せはどれか。

A　ラザフォード散乱法は、荷電粒子を試料に照射し、その散乱角を測定することで試料に含まれる元素を分析する方法である。

B PIXE 法は荷電粒子を試料に照射し、その際発生する特性X線を検出することで試料に含まれる元素を分析する方法である。
C ^{252}Cf の核分裂を利用する飛行時間分析法は、核分裂片の一方を試料に照射して生成するイオンの飛行時間を測定して、試料分子の質量を求める方法である。
D メスバウアー分光法はγ線の共鳴吸収を利用する方法で、線源として ^{57}Co がよく用いられている。
1 ABC のみ　　2 ABD のみ　　3 ACD のみ　　4 BCD のみ
5 ABCD すべて

第4章 放射平衡とジェネレータ

4.1 娘核種が安定核種のときの減衰曲線

　安定な娘核種をもつ親核種の放射能は、$A=A^0 e^{-\lambda t} = A^0 (1/2)^{t/T}$（$A^0$ は $t=0$ のときの放射能、A は t 時間後の放射能、T は半減期）の式に従って減衰する。このときの放射能値は、縦軸に対数目盛（放射能）、横軸に普通目盛（経過時間）から成る片対数方眼紙にプロットすると、直線形（例えば図4.1の「c」）の減衰曲線が得られる。

$$^{14}_{6}\text{C} \xrightarrow[5730\text{y}]{\beta^-} {}^{14}_{7}\text{N}(\text{安定核種})$$

$$^{32}_{15}\text{P} \xrightarrow[14.26\text{d}]{\beta^-} {}^{32}_{16}\text{S}(\text{安定核種})$$

$$^{60}_{27}\text{Co} \xrightarrow[5.271\text{y}]{\beta^-} {}^{60}_{28}\text{Ni}(\text{安定核種})$$

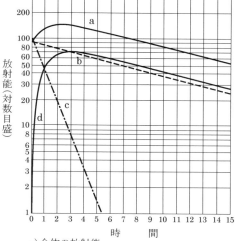

a) 全体の放射能
b) 親核種だけによる放射能（半減期8.0h）
c) 親核種から分離された娘核種の放射能（半減期0.80h）
d) 親核種の中に生成する娘核種の放射能
図4.1 過渡平衡

　しかし、娘核種が放射性であり、放射平衡が成立すると、経過時間に対応する放射能値をプロットして得られる減衰曲線は、かなり複雑である。

4.2 親核種と娘核種がともに放射性核種のときの減衰曲線

$$\text{親核種 1} \xrightarrow{\lambda_1} \text{娘核種 2} \xrightarrow{\lambda_2} \text{孫娘核種}$$

親核種（parent nuclide）1 が壊変して娘核種（daughter nuclide）2 に変換され、その娘核種が放射性であると、孫娘核種（grand daughter nuclide）も得られる。これは丁度人間社会の親・娘・孫の三代の関係に似ている。

$t=0$ のときの、核種 1 の全原子数を N_1^0、核種 2 の全原子数を N_2^0 とする。t 時間後の核種 1 の残存原子数は N_1、核種 2 の残存原子数は N_2 である。核種 1 の壊変定数を λ_1、核種 2 の壊変定数を λ_2 とすると、次の式が成立する。

$$\frac{dN_1}{dt} = -\lambda_1 N_1, \quad \frac{dN_2}{dt} = \lambda_1 N_1 - \lambda_2 N_2 \tag{4.2.1}$$

式（4.2.1）を積分すれば

$$N_1 = N_1^0 e^{-\lambda_1 t} \tag{4.2.2}$$

$$N_2 = \frac{\lambda_1}{\lambda_2 - \lambda_1} N_1^0 (e^{-\lambda_1 t} - e^{-\lambda_2 t}) + N_2^0 e^{-\lambda_2 t} \tag{4.2.3}$$

式（4.2.3）の最後の項である $N_2^0 e^{-\lambda_2 t}$ は初めから存在した娘核種の減衰を示すもので、最初、娘核種が存在しないとこの項は不要である。λ_1、λ_2 の値の大きさにしたがって過渡平衡、永続平衡、放射平衡不成立の場合がある。

注．計算式の誘導

a） 娘核種の原子数 N_2（式 4.2.3）

親核種 1 の原子数を N_1、壊変定数を λ_1 とすれば、親核種 1 が単位時間に壊変する原子数 $-dN/dt$ と壊変定数 λ_1 との関係を次の式（1）で示す。

$$-\frac{dN_1}{dt} = \lambda_1 N_1 \tag{1}$$

式（1）を積分すると、式（2）を得る。

$$N_1 = N_1^0 e^{-\lambda_1 t} \tag{2}$$

娘核種 2 が単位時間に生成する原子数 N_2 は、親核種 1 が生成する速度 $\lambda_1 N_1$ から、娘核種 2 が壊変する速度 $\lambda_2 N_2$ の差である。

$$\frac{dN_2}{dt} = \lambda_1 N_1 - \lambda_2 N_2 \tag{3}$$

4.2 親核種と娘核種がともに放射性核種のときの減衰曲線

式 (2) を式 (3) に代入する

$$\frac{dN_2}{dt} + \lambda_2 N_2 - \lambda_1 N_1^0 e^{-\lambda_1 t} = 0 \tag{4}$$

この微分方程式を解くために $N_2 = uv$ とおき微分する。

$$\frac{dN_2}{dt} = u\frac{dv}{dt} + v\frac{du}{dt} \tag{5}$$

式 (5) を式 (4) に代入

$$u\left(\frac{dv}{dt} + \lambda_2 v\right) + v\frac{du}{dt} - \lambda_1 N_1^0 e^{-\lambda_1 t} = 0 \tag{6}$$

$$\frac{dv}{dt} + \lambda_2 v = 0 \quad \text{とおき積分する}$$
$$v = e^{-\lambda_2 t} \tag{7}$$

式 (7) を (6) に代入

$$e^{-\lambda_2 t}\frac{du}{dt} - \lambda_1 N_1^0 e^{-\lambda_1 t} = 0$$

$$du = \lambda_1 N_1^0 e^{(\lambda_2 - \lambda_1)t} dt$$

積分すると

$$u = \frac{\lambda_1}{\lambda_2 - \lambda_1} N_1^0 e^{(\lambda_2 - \lambda_1)t} + C$$

したがって

$$N_2 = uv = \frac{\lambda_1}{\lambda_2 - \lambda_1} N_1^0 e^{-\lambda_1 t} + C e^{-\lambda_2 t} \tag{8}$$

C は積分定数で、$t=0$ のとき $N_2 = N_2^0$ となるので

$$C = N_2^0 - \frac{\lambda_1}{\lambda_2 - \lambda_1} N_1^0 \tag{9}$$

式 (9) を式 (8) に代入すると式 (10) が得られる

$$N_2 = \frac{\lambda_1}{\lambda_2 - \lambda_1} N_1^0 (e^{-\lambda_1 t} - e^{-\lambda_2 t}) + N_2^0 e^{-\lambda_2 t} \tag{10}$$

b) N_2 が極大になる時間 t_m

娘核種の原子数が極大になる時間 t_m は、式 (10) を t について微分して零とする。なお、

$t=0$ では $N^0_2=0$ である。

$$\frac{dN_2}{dt} = \frac{-\lambda^2_1}{\lambda_2-\lambda_1} N^0_1 e^{-\lambda_1 t} + \frac{\lambda_1\lambda_2}{\lambda_2-\lambda_1} N^0_1 e^{-\lambda_2 t} = 0$$

$$t_m = \frac{2.303}{\lambda_2-\lambda_1} \log \frac{\lambda_2}{\lambda_1}$$

$$-\lambda_1 e^{-\lambda_1 t_m} + \lambda_2 e^{-\lambda_2 t_m} = 0$$

$$\frac{\lambda_2}{\lambda_1} = e^{(\lambda_2-\lambda_1) t_m}$$

両辺の自然対数をとると

$$\ln \frac{\lambda_2}{\lambda_1} = (\lambda_2-\lambda_1) t_m$$

$$t_m = \frac{2.303}{\lambda_2-\lambda_1} \log \frac{\lambda_2}{\lambda_1}$$

4.3 過渡平衡 $\lambda_1 < \lambda_2$

親核種 1 の半減期が娘核種 2 の半減期に比べて長いとき（たとえば $T_1=8$ 時間、$T_2=0.8$ 時間）、十分時間が経過すると式（4.2.3）の括弧の中にある $e^{-\lambda_2 t}$ は $e^{-\lambda_1 t}$ に比べると小さいので無視できる。また娘核種 2 は最初存在しないので式（4.2.3）の最後の項である $N^0_2 e^{-\lambda_2 t}$ は無視できる。したがって次式が成立する。

$$N_2 = \frac{\lambda_1}{\lambda_2-\lambda_1} N^0_1 e^{-\lambda_1 t} = \frac{\lambda_1}{\lambda_2-\lambda_1} N_1 \tag{4.3.1}$$

$$\therefore \frac{N_2}{N_1} = \frac{\lambda_1}{\lambda_2-\lambda_1} \tag{4.3.2}$$

放射能を A_1、A_2 とすると

$$\frac{A_2}{A_1} = \frac{N_2\lambda_2}{N_1\lambda_1} = \frac{\lambda_2}{\lambda_2-\lambda_1} = \frac{T_1}{T_1-T_2} > 1 \qquad A_2 > A_1$$

式（4.3.2）から十分な時間が経過すると、核種 1 と核種 2 の原子数の比は一定となることが分かる。核種 1 の原子数は式（4.2.2）によって核種 1 の半減期にしたがって減少する。一方、核種 1 と核種 2 の関係は式（4.3.2）から一定なので、核種 2 の原子数は核種 1 の半減期に従って減少する。この状態を過渡平衡とよび、図 4.1 に示すように十分な時間が経過すれば、a、b、d 曲線は平行になる。十分な時間とは娘核種 2 の半減期の約 7〜10 倍を考えればよい（10 倍で $1/2^{10} \fallingdotseq 1/1000$ となる）。次に過渡平衡の例を示す。

$$^{140}_{56}\text{Ba} \xrightarrow[12.75d]{\beta^-} {}^{140}_{57}\text{La} \xrightarrow[1.678d]{\beta^-} {}^{140}_{58}\text{Ce （安定）}$$

4.4 永続平衡 $\lambda_1 \ll \lambda_2$

親核種1の半減期が娘核種2に対して非常に長い場合（例えば親核種の半減期が10^9年、娘核種の半減期が0.8時間）は、式（4.3.2）の分母のλ_1はλ_2に対し無視できる（$\lambda=0.693/$半減期　の式から半減期が長いとλは小さくなる）。したがって次の式が得られる。

$$\frac{N_1}{N_2}=\frac{\lambda_2}{\lambda_1} \text{または} N_1\lambda_1=N_2\lambda_2 \tag{4.4.1}$$

十分時間が経過し永続平衡が成立すると式（4.4.1）の左の式から核種1、核種2の原子数の比は、λ_2とλ_1の比となり一定となる。また式（4.4.1）の右の式から核種1の壊変率と核種2の壊変率が等しくなる。親核種1の半減期が非常に長いので短時間の観測では核種1、核種2の原子数［すなわち放射能（の強さ）］はほとんど変化しない。この状態を永続平衡と呼び、図4.2に示すように十分な時間が経過すればa、b、d曲線は平行となる。次に永続平衡の例を示す。

$$^{90}_{38}\text{Sr} \xrightarrow[28.78y]{\beta^-} {}^{90}_{39}\text{Y} \xrightarrow[64.1h]{\beta^-} {}^{90}_{40}\text{Zr}\text{（安定）}$$

$$\text{親核種1} \xrightarrow{\lambda_1} \text{娘核種2} \xrightarrow{\lambda_2} \text{孫娘核種3} \xrightarrow{\lambda_3} \cdots$$

という一般的な壊変系列で、親核種1の半減期が他の核種の半減期と比べて十分大きく、2番目に大きい核種の半減期の10倍ぐらいの時間が経過した後では、次のように永続平衡が成立する。

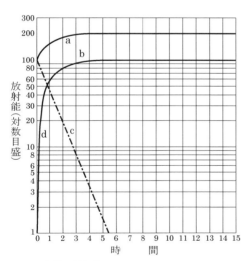

a) 全体の放射能
b) 親核種だけによる放射能（半減期＝∞）
c) 親核種から分離された娘核種の放射能（半減期0.80h）
d) 親核種の中に生成する娘核種の放射能
図4.2　永続平衡

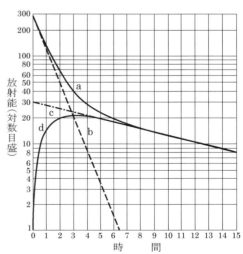

a) 全体の放射能
b) 親核種による放射能（半減期0.80h）
c) 終末崩壊曲線の$t=0$への外挿
d) 親核種の中に生成する娘核種の放射能
図4.3　平衡が成立しない場合

第4章 放射平衡とジェネレータ

$$\lambda_1 N_1 = \lambda_2 N_2 = \lambda_3 N_3 = \cdots$$

このとき親核種1の壊変数が1,000 Bqであれば、子孫の核種の壊変数も全部1,000 Bqとなる。

なお、親核種の半減期が娘核種の半減期より短いときには放射平衡は成立しない（図4.3）。放射平衡が成立しなくても娘核種の原子数の極大になる時間 t_{max} は次の式による。

$$t_{max} = \frac{2.303}{\lambda_2 - \lambda_1} \log \frac{\lambda_2}{\lambda_1} \tag{4.4.2}$$

4.5 ジェネレータ

4.5.1 ^{99}Mo-^{99m}Tc ジェネレータの構造

^{99}Mo は半減期66時間で β^- 壊変し、^{99m}Tc を生成する。^{99m}Tc は半減期6時間で141 keV の γ 線を放出して基底状態である ^{99}Tc となり、^{99}Tc は半減期約21.1万年で β^- 壊変して Ru に変換される。

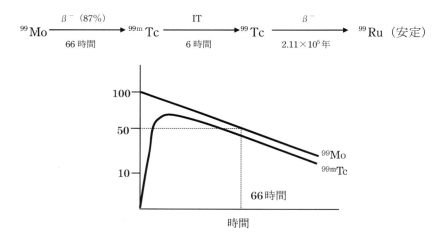

図4.4 ^{99}Moと^{99m}Tc の放射能減衰曲線

^{99}Mo と ^{99m}Tc との間には過渡平衡が成立し、両者の放射能の減衰曲線は図4.4に示すように約23時間後には ^{99m}Tc は見かけ上 ^{99}Mo の減衰曲線と平衡になる。

親核種である ^{99}Mo をアルミナカラムに吸着させ、生理食塩水（0.9% NaCl）で溶出すると ^{99m}Tc（^{99}Tc を含む）のみが溶出される。^{99m}Tc が溶出された直後から再び ^{99}Mo から ^{99m}Tc が生成してくるので、必要なときにいつでも ^{99m}Tc を入手することができる（図4.5参照）。得られる放射能は前回の溶出時からの経過時間によって異なる。このように放射平衡を利用して娘核種のみを取り出す装置をジェネレータと呼び、溶出操作をミルキングと呼ぶ。

4.5 ジェネレータ

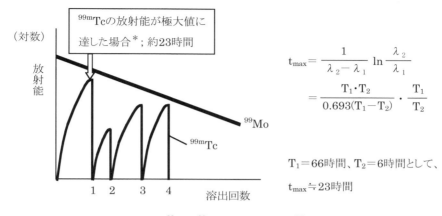

図4.5 ^{99}Mo-^{99m}Tcジェネレータの^{99m}Tc生成曲線

$$t_{max} = \frac{1}{\lambda_2 - \lambda_1} \ln \frac{\lambda_2}{\lambda_1}$$
$$= \frac{T_1 \cdot T_2}{0.693(T_1 - T_2)} \cdot \frac{T_1}{T_2}$$

$T_1 = 66$時間、$T_2 = 6$時間として、
$t_{max} \fallingdotseq 23$時間

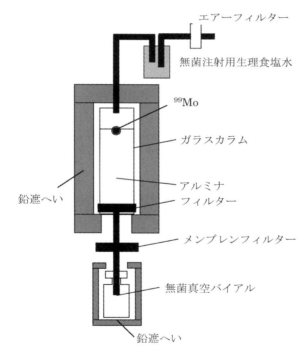

図4.6 ^{99}Mo-^{99m}Tcジェネレータの構造

^{99}Mo-^{99m}Tc-ジェネレータは核医学の分野で最も繁用されているジェネレータで、図4.6に示す構造になっている。

アルミナカラムに吸着させる^{99}Moは核分裂生成物から単離生成したものが用いられており、中性子照射によって製造される^{99}Moと比較して比放射能が高く、カラムや装置を小型化でき

る。また溶出に用いる注射用生理食塩水の容量も少なくできる。

溶出された ^{99m}Tc は安定な+7価 Tc の陰イオン$[^{99m}Tc]TcO_4^-$（過テクネチウム酸イオン）であり、甲状腺シンチグラフィー、唾液腺シンチグラフィー、異所性胃粘膜等の診断にはそのままの化学形で放射性医薬品として使用されている。^{99m}Tc は各種配位子との錯体を形成させることで、脳や心臓、肺、肝、腎、骨等、種々の臓器への選択的な集積を示すことから、多様な用途の放射性医薬品としても用いられている。この場合、$[^{99m}Tc]TcO_4^-$は－1価の陰イオンであり、この化学形では錯体を形成できないため、通常塩化第1スズ（$SnCl_2$）を用いて、酸化数を+7から+5価などに還元して陽イオンにする必要がある。一般的には、Sn（Ⅱ）と各種配位子との錯体を凍結乾燥させたものを無菌バイアル中に封入し（標識用キット）、溶出された$[^{99m}Tc]TcO_4^-$をキットに加えることによって各種^{99m}Tc-標識放射性医薬品を調製する。

^{99m}Tc による標識合成に関しては、種々の要因によって性質の異なる錯体種が生成したり、還元されない$[^{99m}Tc]TcO_4^-$の残存あるいは^{99m}Tcの加水化物が生成することがあるので、標識キットに表示された条件（$[^{99m}Tc]TcO_4^-$液の容量等）に沿って操作することが重要である。以下に示す要因が^{99m}Tc-標識放射性医薬品の品質に影響を与えることが知られている。

(1) pH
(2) Sn（Ⅱ）量
(3) 配位子量（濃度）
(4) $[^{99m}Tc]TcO_4^-$液の容量
(5) $[^{99m}Tc]TcO_4^-$液中に混在する酸化性物質
(6) $[^{99m}Tc]TcO_4^-$液中に混在する$[^{99}Tc]TcO_4^-$量
(7) $[^{99m}Tc]TcO_4^-$液中に混在するアルミニウムイオン
(8) その他

以上の要因の中で（5）、（6）の因子は、^{99}Mo-^{99m}Tc-ジェネレータから$[^{99m}Tc]TcO_4^-$液を溶出する際、前回の溶出時からの経過時間によって大きく異なってくる。表4.1に溶出時からの経過時間によって$[^{99m}Tc]TcO_4^-$液中に含まれる$[^{99}Tc]TcO_4^-$の混在率がどのように推移するかを示しているが、経過時間が長くなる程、$[^{99}Tc]TcO_4^-$の混在量が多くなる。腎静態シンチグラフィーに用いられる$[^{99m}Tc]$Tc-DMSA（ジメルカプトコハク酸）は^{99}Tcの量が多くなると腎集積性が低下する。また$[^{99m}Tc]TcO_4^-$液中に混在する酸化性物質の量も、経過時間が長い程多くなると考えられており、標識収率の低下や標識物の安定性の劣化の原因となる。

^{99m}Tc-標識収率の簡便な測定法として、アセトンを展開溶媒とする薄層クロマトグラフィーが用いられる。還元体は$[^{99m}Tc]$加水化物も含めて原点に留まり、未反応の$[^{99m}Tc]TcO_4^-$は溶媒先端付近まで展開される。幅1cm、長さ5～7cm程度のシリカゲルプレートを用いると5～10分程度で測定が可能である。

4.5 ジェネレータ

表 4.1 ^{99}Mo-^{99m}Tc-ジェネレータ（カラム内）の ^{99m}Tc の存在比（全 Tc 量中）

前回溶出後の日数	前回溶出後の時間数							
	0	3	6	9	12	15	18	21
0	———	0.7270	0.6191	0.5315	0.4599	0.4009	0.3520	0.3112
1	0.2769	0.2479	0.2232	0.2020	0.1838	0.1679	0.1540	0.1418
2	0.1311	0.1215	0.1129	0.1053	0.0984	0.0921	0.0865	0.0813
3	0.0766	0.0722	0.0682	0.0646	0.0612	0.0580	0.0551	0.0523
4	0.0498	0.0474	0.0452	0.0431	0.0411	0.0393	0.0375	0.0359
5	0.0344	0.0329	0.0315	0.0302	0.0290	0.0278	0.0266	0.0256
6	0.0246	0.0236	0.0227	0.0218	0.0210	0.0202	0.0194	0.0187
7	0.0180	0.0173	0.0167	0.0161	0.0155	0.0149	0.0144	0.0139

医療用アイソトープの取扱いと管理（1985）より

原典；Lamson,M.：J.N.M.,16：639,1975

4.5.2 その他のジェネレータ

^{81}Rb と ^{81m}Kr の放射平衡を利用したジェネレータが開発されている。[^{81}Rb]Rb$^+$ を陽イオン交換樹脂に吸着させた後、空気あるいは酸素を流すことで持続的に ^{81m}Kr が得られる。また、グルコース溶液を流すことで ^{81m}Kr 溶液が得られる。^{81m}Kr は半減期 13 秒で 190 keV の γ 線を放出することから、肺機能の核医学診断に利用されている。^{81}Rb-^{81m}Kr の他に、^{62}Zn と ^{62}Cu および ^{68}Ge と ^{68}Ga との放射平衡を利用したジェネレータが開発されている。これらの放射平衡の娘核種である ^{62}Cu と ^{68}Ga は半減期がそれぞれ 10 分、68 分でポジトロンを放出することから、核医学診断への応用が期待されている。

^{90}Sr と ^{90}Y の永続平衡を利用したジェネレータは、がんの核医学治療に有用な ^{90}Y（半減期 64 時間、2.88 MeV の β$^-$線）を長期間（^{90}Sr の半減期が 28.78 年）にわたって入手を可能とする。この場合、親核種の ^{90}Sr が ^{90}Y と共に僅かでも溶出すると骨へ集積し、放射平衡により骨への親和性の高い ^{90}Y を生成し続けて骨髄障害を招く。したがって、親核種である ^{90}Sr が溶出されない厳密なシステムが要求される。

第4章 放射平衡とジェネレータ

4 演習問題

問題1 放射平衡にある総計数率 20,000 cpm の ^{90}Sr－^{90}Y（半減期 ^{90}Sr：28 年、^{90}Y：64 時間）から、^{90}Y を共沈法により分離した。沈殿の部分の ^{90}Y の放射化学的収率と放射化学的純度をしらべるために、沈殿について減衰曲線を観測したところ、図の曲線 A が得られた。この図を用い、沈殿の部分に分離された ^{90}Y は、分離時において全 ^{90}Y の何パーセントであるかを求めよ。また、この部分に混入した ^{90}Sr は、全 ^{90}Sr の何パーセントであるかを求めよ。

ただし放射能の測定はすべて同一の条件下で行われ、かつ、用いた測定装置の ^{90}Sr と ^{90}Y に対する計数効率は等しいものとする。

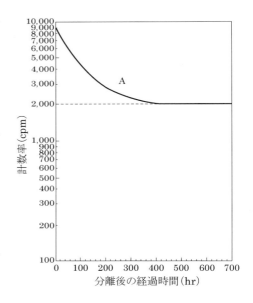

問題2 次の文章の（ ）のうちに入る適当な数値、式または語句を番号とともに記せ。ただし ^{140}Ba、^{140}La の半減期は、それぞれ 12.8 日、40 時間とし、アボガドロ数は 6.0×10^{23} とする。また、分子式には結晶水を加える必要はない。

37 GBq の ^{140}Ba（バリウム－140）の質量は（1（数値））g であり、これと過渡平衡の状態にある ^{140}La（2（元素名）－40）の質量の（3（数値））倍である。この両者の混合溶液から、沈殿法によって ^{140}La を無担体の状態に分離する1つの方法は、溶液に適当量の非放射性の塩化バリウム（4（分子式））と塩化鉄（III）（5（分子式））を加え、アンモニア水で処理して、水酸化第二鉄を沈殿させ、^{140}La をこれに（ 6 ）させる方法である。このさい加えられる塩化鉄（III）は、非同位体担体または（ 7 ）といわれ、塩化バリウムは（ 8 ）といわれる。

問題3 次の文章の（ ）のうちに入る適当な語句または数値を番号とともに記せ。

^{90}Sr は（ 1 ）により原子番号 39 の ^{90}Y になる。^{90}Y も放射性で β^- 壊変により原子番号（ 2 ）、質量数（ 3 ）のジルコニウムの安定同位体になる。^{90}Sr の半減期（28.8 年）は ^{90}Y の半減期（64.2 時間）に比べてはるかに長いので、充分長時間の後には、両核種の間に（ 4 ）が成立する。この状態においては、10^5 Bq の ^{90}Sr と共存する ^{90}Y は（ 5 ）Bq であり、また ^{90}Sr と ^{90}Y の重量の比は 1 :（ 6 ）になる。

—56—

演習問題

問題 4

I 次の文章の（　）の部分に入る最も適切な語句または記号を、Iの解答群から1つだけ選べ。

核医学に多用される放射性同位元素に ^{99m}Tc や ^{125}I がある。^{99m}Tc は、ウランの（　A　）でつくられるほか、次の過程でつくられる。

$$^{98}\text{Mo}(n,\gamma)^{99}\text{Mo} \xrightarrow{\beta^-} {}^{99m}\text{Tc} \xrightarrow{(\text{ B })} {}^{99}\text{Tc}$$

^{99m}Tc は、テクネチウムジェネレーターを用いて容易に取り出すことができる。まず ^{99}Mo を化学的に処理して（　C　）[^{99}Mo]MoO$_4^{2-}$ をつくる。これを（　D　）性に保ったアルミナカラムに通じると（　C　）はカラムに吸着する。時間の経過とともに、（　C　）[^{99}Mo]MoO$_4^{2-}$ から（　E　）[^{99m}Tc]TcO$_4^-$ が生じる。（　E　）は（　C　）ほど強くはカラムに吸着しない。カラムに生理的食塩水を通すと、（　C　）が吸着したまま（　E　）が溶離される。この過程は（　F　）といわれる。

＜Iの解答群＞
1　核分裂反応　　2　破砕反応　　3　β^-　　4　EC, β^+　　5　IT
6　モリブデンイオン　　7　モリブデン酸イオン　　8　ヘテロポリ酸イオン
9　テクネチウム酸イオン　　10　過テクネチウム酸イオン　　11　酸　　12　塩基
13　スカベンジ　　14　熟成　　15　ミルキング

II 次の文章の（　）の部分に入る最も適切な語句または記号を、IIの解答群から1つだけ選べ。

^{125}I は、^{125}Xe の（　A　）壊変で生じる。^{125}Xe は ^{124}Xe の中性子照射でつくられる。

$$^{124}\text{Xe}(n,\gamma)^{125}\text{Xe} \xrightarrow{(\text{ A })} {}^{125}\text{I} \xrightarrow{\text{EC}} {}^{125}\text{Te}$$

^{125}I の EC 壊変に続いて放出される（　B　）からの（　C　）線や、低エネルギー（　D　）線などが検出に用いられる。

＜IIの解答群＞
1　IT　　2　EC, β^+　　3　β^-　　4　テルル　　5　ヨウ素　　6　キセノン　　7　α
8　γ　　9　X　　10　制動放射

第5章　天然の放射性核種

　地球上のほとんどの物質は多かれ少なかれ、ウランやトリウムなどのような放射性物質を含み放射線を放出し、一方透過力の強い放射線（宇宙線）も我々に降り注いでいる。宇宙は137億年前、地球は46億年前、生物は30億年前に生成し、人類は400万年位前に出現したといわれている。

　地球生成時、^{26}Al（半減期 7.2×10^{5} 年）、^{129}I（1.6×10^{7} 年）、^{244}Pu（8.1×10^{7} 年）も存在していた。しかし、46億年を経過している現在、これらの核種は認められない（消滅放射性核種 extinct radionuclide という）。現在検出できる天然の放射性核種には、①壊変系列をつくるもの、②壊変系列をつくらないで単独に存在するもの、③宇宙線や天然の放射線による核反応で絶えずつくられているものがある。

5.1　壊変系列をつくる天然の放射性核種

　原子番号82の鉛 Pb 以上の元素は、すべて天然の放射性核種をもち、特に原子番号84のポロニウム Po 以上の元素は安定核種が無く、すべて放射性核種である。このうち壊変系列をつくる天然の放射性核種は、ウラン系列、トリウム系列およびアクチニウム系列の三つである（図5.1）。

5.1.1　ウラン系列 [(4n+2)系列]

　ウラン系列は、ウランの同位体 ^{238}U に始まり、トリウム ^{234}Th（イオニウム Io）、ラジウム ^{226}Ra、ラドン ^{222}Rn、鉛 ^{210}Pb（ラジウム D、RaD）、ポロニウム ^{210}Po（ラジウム F、RaF）などを経て、最後は ^{206}Pb（安定核種）で終る。別名で (4n+2) 系列とよぶのは、この壊変系列の各核種の質量数を4で割ると2余るからである。

　^{238}U（初めの放射性核種）から ^{206}Pb（最後の安定核種）までの主な壊変は、α 壊変8回と β^{-} 壊変6回である。^{238}U の半減期は、4.468×10^{9} 年で地球の年齢46億年にほぼ等しい。^{238}U は、α 壊変するが、自発核分裂も行い、その半減期は 6.5×10^{15} 年である。3.7×10^{10} Bq（1 Ci）の ^{238}U の質量は約3トンである。放射性核種としては、けた外れに大きい質量である。

　^{234}U の半減期は 2.45×10^{4} 年、陸水や海水を除く自然界に ^{238}U と放射平衡の状態で存在している。

　^{226}Ra の半減期は 1.60×10^{3} 年、ウラン鉱物に 3.4×10^{-5} ％程度含まれる。古い放射能の単位である 1 Ci は、^{226}Ra の 1 g の放射能に由来する。

　^{222}Rn は α 放出体で、^{226}Ra（1.6×10^{3} 年）の娘核種である。その半減期は3.82日、希ガス（貴ガスまたは不活性ガス）に属し化学的性質は不活性である。水にわずかに溶け、有機溶媒には

5.1 壊変系列をつくる天然の放射性核種

容易に溶ける。地下水や温泉水に、^{222}Rn は ^{226}Ra との永続平衡量より通常多量存在する。この ^{222}Rn と ^{226}Ra の存在量の関係を使って、年代測定や自然界での放射性核種の移動の研究を行っている。

ウラン系列で半減期の最も長いのは ^{238}U（4.468×10^9 年）である。その次に長いのは ^{234}U（2.45×10^5 年）である。したがって計算上生成してから 10^6 年ぐらい経過すると、ウラン系列の全核種は永続平衡となる。現在の同位体存在度は、それぞれ ^{238}U；99.2745 %、^{235}U；0.7200 %、^{234}U；0.0055 % である。しかし46億年前の地球生成時の同位体存在度は ^{238}U；約75 %、^{235}U；約25 % であった。

5.1.2 トリウム系列［(4n)系列］

トリウム系列は、トリウム ^{232}Th（1.41×10^{10} 年）に始まり ^{228}Th、ラジウム ^{224}Ra、ラドン（トロン）^{220}Rn（Tn）などを経て最終は鉛 ^{208}Pb（安定核種）で終る。合計6回の α 壊変と4回の β^- 壊変を行う。4n系列とよぶのは、この壊変系列の各核種の質量数を4で割ると、割り切れるからである。

トリウム系列で、最も半減期の長いのは ^{232}Th（1.41×10^{10} 年）である。次に長いのは ^{228}Ra（5.76年）なので、トリウム系列の全核種は、生成後70年ぐらいで放射平衡となる。

5.1.3 アクチニウム系列［(4n+3)系列］

ウラン ^{235}U（7.038×10^8 年）から始まりプロトアクチニウム ^{231}Pa、アクチニウム ^{227}Ac、ラジウム ^{223}Ra、ラドン ^{219}Rn を経て最後は鉛 ^{207}Pb（安定核種）に終る。この壊変系列は、7回の α 壊変と4回の β^- 壊変を行う。(4n+3)系列ともよぶのは、この壊変系列の各核種の質量数を4で割ると3余るからである。

5.1.4 ネプツニウム系列［(4n+1)系列］

ネプツニウム ^{237}Np（2.14×10^6 年）に始まりタリウム ^{205}Tl（安定核種）に終る。この壊変系列は8回の α 壊変と4回の β^- 壊変を行う。(4n+1)系列ともよぶのは、各核種の質量数を4で割ると1余るからである。この壊変系列は地球生成時には存在していたが、46億年を経た現在では存在しない（消滅放射性核種）。

ネプツニウム系列が、ウラン系列、トリウム系列、アクチニウム系列と異なるのは、①希ガス元素である Rn の同位体を含まない、②最終壊変生成物が鉛ではなくタリウムであるの2点である。

ウラン系列の $^{234}U/^{238}U$、トリウム系列の $^{228}Th/^{232}Th$ の放射能比率は、放射平衡が成立していれば1になるはずである。しかし大抵の天然試料は1より大きく非平衡の状態にある。この理由は α 反跳によって娘核種の ^{234}U、^{228}Th のまわりの結晶格子が、大きい損傷をうけ水溶液に溶出するためとされている。

第5章 天然の放射性核種

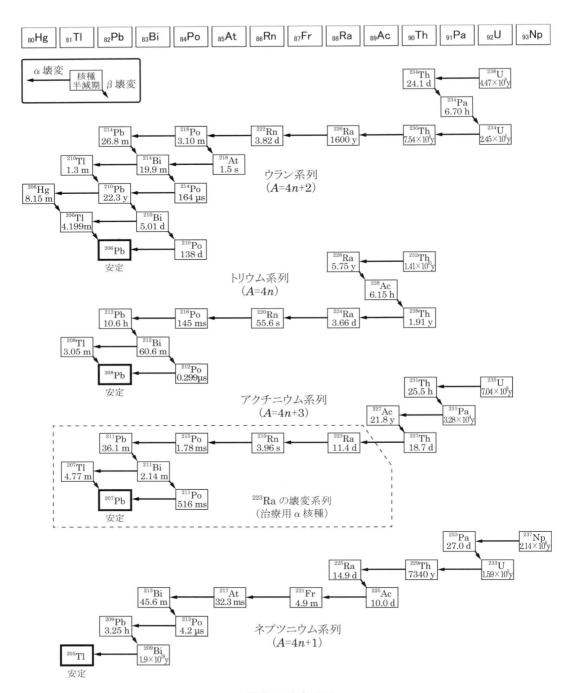

図 5.1 壊変系列

5.2 壊変系列をつくらない天然の放射性核種

5.2.1 種　類

カリウム ^{40}K（1.277×10^9 年）、ルビジウム ^{87}Rb（4.75×10^{10} 年）、カドミウム ^{113}Cd（9.3×10^{15} 年）、インジウム ^{115}In（4.41×10^{14} 年）、テルル ^{123}Te（$>1.0\times10^{13}$ 年）、ランタン ^{138}La（1.05×10^{11} 年）、ネオジム ^{144}Nd（2.29×10^{15} 年）、サマリウム ^{147}Sm（1.06×10^{11} 年）、^{148}Sm（7×10^{15} 年）、ガドリニウム ^{152}Gd（1.08×10^{14} 年）、ルテチウム ^{176}Lu（3.78×10^{10} 年）、ハフニウム ^{174}Hf（2.0×10^{15} 年）、レニウム ^{187}Re（4.35×10^{10} 年）、オスミウム ^{186}Os（2×10^{15} 年）、白金 ^{190}Pt（6.5×10^{11} 年）がある。これらの半減期は、$10^9\sim10^{15}$ 年と非常に長いのが特徴である。

5.2.2 ^{40}K

上記のうち ^{40}K が我々にとって最も関係が深く重要である。通常のカリウムは 0.0117 ％の割合で ^{40}K を含む。例えば塩化カリウム KCl の 0.5 グラムをとり、GM 計数管で測定すると大ざっぱにいって毎分約 20 カウント（20 cpm）程度の放射能を検出する。^{40}K は 2 種類の壊変（分岐壊変という）を並行して行い、β^-壊変（89 ％）では ^{40}Ca に、電子捕獲（11 ％）では ^{40}Ar になる。この ^{40}K と ^{40}Ar の存在量を定量して岩石などの年代を推定する方法をカリウム－アルゴン法といい、1 万年から 46 億年程度の年代を測定できる。

カリウムは、全身に分布している。全身計測装置で誰からでも ^{40}K を検出できる。成人男性の全身カリウム量は、日本人で約 130 g 程度で、年齢によって異なる。人々は自分の体内に存在する ^{40}K によって、年間 0.18 mSv 程度の放射線を被ばくする。

火成岩（地球内部に発生したマグマ（ケイ酸塩溶融体）からつくられた岩石の総称）のカリウム含有量は、ケイ酸（SiO_2）含有量によって変化する。ケイ酸含有量の多い酸性岩（花コウ岩、流紋岩など）の K_2O は、5 ％程度である。ケイ酸含有量の少ない塩基性岩（はんれい岩、玄武岩など）の K_2O は、2～3 ％程度に減少する。地球深部の岩石とされている超塩基性岩（カンラン岩）の K_2O は、0.6 ％程度である。

5.3 天然の誘導放射性核種

5.3.1 宇宙線

地球に絶えず降り注ぐ高いエネルギーの放射線（10^{20} eV 位から 10^9 eV 程度）は、一次宇宙線とよぶ。その大部分は陽子、α 粒子から成り、大気の上層部で酸素、窒素、アルゴンの原子核と衝突して、その原子核を破壊し、種々のエネルギーのミュオン、電子、光子、N 成分（陽子、中性子、π 中間子など）、中性微子などをつくる。

このように高エネルギー粒子がはたらき、原子核を破壊する反応を破砕反応（spallation reaction）とよび、ターゲットの質量数に近い核種から軽い核種に至るまでの種々の放射性核種を生成する。

5.3.2 天然の核反応でつくられる放射性核種

　これらの天然の誘導放射性核種は、宇宙線照射や地殻の放射性核種からの放射線による核反応によって生成する。宇宙線が大気中の酸素、窒素、アルゴンなどにはたらく破砕反応によって生成する誘導放射性核種は、トリチウム ^3H（半減期 12.33 年）、ベリリウム ^7Be（53.29 日）、^{10}Be（$1.6×10^6$ 年）、ナトリウム ^{22}Na（2.602 年）、ケイ素 ^{32}Si（約 650 年）、リン ^{32}P（14.26 日）、^{33}P（25.34 日）、硫黄 ^{35}S（87.51 日）などである。

　地殻に存在するベリリウム Be やホウ素 B に、地殻の α 放出体からの α 線が ^9Be にはたらき、核反応として ^9Be（α、n）^{12}C を起こして中性子（n）を放出する。^{238}U や ^{232}Th は α 線を放出する核種である。しかし、自発核分裂も起こし中性子を放出し、放出された中性子は、核反応に使われ次の誘導放射性核種を生成する。

① ^{14}N（n、t）^{12}C の核反応で生成した ^3H。ただし t はトリチウムの原子核の triton である。^{14}N（n、p）^{14}C および ^{35}Cl（n、γ）^{36}Cl の核反応で生成した ^{14}C（5730 年、$β^-$ 壊変）および ^{36}Cl [$3.01×10^5$ 年、$β^-$ 壊変（98.1 %）、EC（1.9 %）]。

② ^{238}U（n、2n）^{237}U で生成した ^{237}U（半減期 6.75 日）が、$β^-$ 壊変して生成した ^{237}Np（$2.14×10^6$ 年、α 壊変、娘核種 ^{233}Pa）。

③ ^{238}U（n、γ）^{239}U で生成した ^{239}U（23.45 分）が、$β^-$ 壊変して ^{239}Np（2.357 日）となり、これが $β^-$ 壊変して生成した ^{239}Pu（$2.411×10^4$ 年、α 壊変、娘核種は ^{235}U）。

5.3.3 人間活動で生成する天然の放射性核種

　人工放射線源の他にも、高められた自然放射線源（technologically modified natural radiation, TMNR）による被ばくも職業被ばくとして監視する必要性が「原子放射線の影響に関する国連科学委員会（United Nations Scientific Committee on the Effects of Atomic Radiation：略称 UNSCEAR）」などにより提唱されている。その放出源を以下に示す。

　石炭、その他の鉱山における採鉱物に含まれる天然の放射性核種。また、天然ガス、液化石油ガス（LPG）など化石燃料の燃焼による ^{222}Rn などの放射性核種が放出される。ラドンは吸収すると人体に悪影響を与えるおそれのある α 線を放出する。

　燐酸肥料に含まれるウラン系列の放射性核種。これらの核種は肥料として使用すると土壌、農作物、水などに移行する。

　航空機の利用によって被ばくする宇宙線由来の自然放射線。この放射線は、高度 1500 m 毎に約 2 倍の割合で高くなる。飛行機利用で受ける線量も緯度と高度に依存するが、中緯度の高度 9〜12 km のジェット機内では 4〜8 mSv/h（UNSCEAR 2008）と報告されている。

　[例題 1] 放射性炭素 ^{14}C は、大気上層で宇宙線から 2 次的に生ずる（ A ）と大気中の（ B ）との核反応（ C ）によってつくられる。半減期は 5730 年で、β 壊変して（ D ）になるが、宇宙線量が変わらなければ常に同じ割合で生成するので、大気中の ^{14}C の比放射能は一定に保たれる。

5.3 天然の誘導放射性核種

生成した ^{14}C は（ E ）の化学形で大気中を拡散し、生物体の中に取り込まれる。生物体が死ねば、新たな ^{14}C の（ F ）は途絶えるので、生物体中の ^{14}C の比放射能は半減期に従って減衰する。現在生きている同種の生物体中の ^{14}C の比放射能と死んだ生物体中のそれとの比較によって、死後の経過時間が求められる。

[解答] A——中性子，B——^{14}N，C——^{14}N(n, p)^{14}C，D——^{14}N，E——CO_2，F——供給

5.4 年代測定

5.4.1 放射性核種は天然の時計

放射性核種が壊変する速さは、半減期で示され、放射性核種は、それぞれ固有の半減期をもっている。この特性をもつ天然の放射性核種は、原則として温度、圧力、イオン価、化学形などが変わっても天然の時計としてクオーツよりも正確に時を刻み続けている。このため放射性核種は岩石、鉱物、考古学的試料などの年代測定に利用され、種々の重要な地球科学的現象の解析を行っている。年代測定と天然放射性核種とは切っても切れない密接な関係があるといえる。

5.4.2 年代測定に使用する放射性核種

放射性核種による年代測定は、経過時間が分かるので絶対年代測定とよぶ。これに対して地層の層序関係、化石などから、できごとの前後関係を決める年代測定は、相対年代測定とよぶ。

太陽系の惑星は、地球を含めて約 46 億年前に生成した。また地球上には、42 億年前や 38 億年前にできた古い岩石が存在する。このような古い年代が分かるのは、岩石に微量に含まれる天然の放射性核種によっている。

地球上の元素の大部分は安定で壊変しないので、その存在量は変わらない。しかし放射性核種は、壊変するので変化し、存在量に比例した一定の割合の放射性壊変によって、はじめと違った別の核種に変わる。

年代測定に使用するウラン ^{238}U、トリウム ^{232}Th、サマリウム ^{147}Sm、ルビジウム ^{87}Rb、カリウム ^{40}K などの放射性核種は 10 億年以上の長い半減期のため、古い岩石や地球の原料である隕石の年代推定に用い、地球の年齢推定の手がかりとなる。

一方炭素の同位体 ^{14}C の半減期は、5730 年と短いために数万年までの短い年代の推定ができる。

放射性核種を使用する年代測定法には、①カリウム・アルゴン法（K–Ar 法）のように親核種の量と、壊変した娘核種の量を測定して求める方法、②鉛・鉛法のように半減期が異なる ^{238}U、^{232}Th、^{235}U などの親核種から得られた娘核種（鉛）の量を比較して求める方法、③フィッション・トラック法のように放射性核種の量と壊変したあとの数を数える方法がある。何れも岩石ができたときの親核種の量と、それから生じて岩石が生成した年代を求める。

5.4.3 年代決定法の原理

$t=0$ のときの放射性の親核種の原子数を N_0、崩壊定数を λ とすると、t 時間経過後の親核種の原子数 N は、$N=N_0\exp(-\lambda t)$ となる（半減期 $T=0.693/\lambda$）。この式を変形すると式（5.4.1）が得られる。

$$N_0 = N\exp(\lambda t) \tag{5.4.1}$$

娘核種は、安定核種とすると t 時間の間に生成する娘核種の原子数 D^* は式（5.4.2）によって得られる。

$$D^* = N_0 - N = N_0\{1-\exp(-\lambda t)\} = N\{\exp(\lambda t)-1\} \tag{5.4.2}$$

はじめに娘核種（安定同位体）D_0 が存在していたとすると、経過時間（t）の間に生成した娘核種 D^* が追加されるので、全娘核種は式（5.4.3）から得られる。

$$D = D_0 + D^* = D_0 + N\{\exp(\lambda t)-1\} \tag{5.4.3}$$

娘核種と同じ原子番号の、放射性壊変に由来しない安定同位体を D_S として、式（5.4.3）の両辺を D_S で割ると式（5.4.4）が得られる。

$$D/D_S = (D_0/D_S) + (N/D_S)\{\exp(\lambda t)-1\} \tag{5.4.4}$$

式（5.4.4）は娘核種の同位体比を示し、式（5.4.3）の D、N のような絶対量から年代 t を求めるよりも、はるかに精度が高い。

式（5.4.4）の（D/D_S）および（N/D_S）は、現時点の測定値である。一方、（D_0/D_S）および t はこれから求める未知数なので、同一条件で同時に起こった事象群の（D/D_S）と（N/D_S）を測定すれば、未知の（D_0/D_S）および t は求められる。この測定は、主に質量分析計（試料分子をイオンの形に変えて、その質量／電荷の比（m/e）を精度良く分離・検出する装置。同位体存在度の測定、化合物の同定などに使う。）を用いる。

（D_0/D_S）は初生値（または初生比）とよび、試料のマグマなどが固化して岩石・鉱物を生成し、親核種、娘核種の出入りがなくなって閉鎖系になったときを起点とする。

本法はおよそ百万年を超える試料に適用する。

年代決定法では、年代 t と初生値すなわち t 年前の試料の同位体比（D_0/D_S）は未知なので、信頼性をチェックするため3個以上の N/D_S が異なる試料を用いて t を求める。このためアイソクロン（等時線または等年代線）法を用いる。

式（5.3.4）に示すように、同一の（D_0/D_S）をもち、N/D_S が異なる試料の値は、（D/D）－（N/D）図上で直線として得られるアイソクロン上に並ぶ。

その傾斜は $\exp(\lambda t)-1$ で、これから年代 t

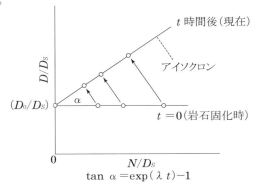

図5.2 アイソクロンの説明図

5.4 年代測定

を求める。(D_0/D_S) は、D/D_S 軸とアイソクロンの交点から求める。

a) ルビジウム Rb－ストロンチウム Sr 法

Rb は安定核種の ^{85}Rb（同位体存在度 72.17 %）と放射性の ^{87}Rb（27.83 %、半減期 4.8×10^{10} 年）とからできており、^{87}Rb は、β^- 壊変して ^{87}Sr になる。実際の年代測定では、^{87}Rb も ^{87}Sr も安定核種である ^{86}Sr に対する比率として求める（式 5.4.3）。

Rb－Sr 法を用いる年代測定の基本式を次に示す。

$$^{87}\text{Sr}/^{86}\text{Sr} = (^{87}\text{Sr}/^{86}\text{Sr})_0 + (^{87}\text{Rb}/^{86}\text{Sr})\{\exp(\lambda t)-1\} \tag{5.4.4}$$

b) カリウム K－アルゴン Ar 法

カリウムは、^{39}K（同位体存在度 93.26 %）、^{41}K（6.73 %）と放射性の ^{40}K（0.0117 %、半減期 1.28×10^9 年）とから構成されている。

^{40}K は、β^- 壊変（89 %）で ^{40}Ca に、電子捕獲（EC、11 %）で ^{40}Ar になる。^{40}Ca を使っても、年代測定はできる。しかし、Ca は地球上に非常に多いので、区別して測定できない。

一方、Ar は気体のため岩石中から集めやすいので、^{40}Ar を測定する。岩石や鉱物中の ^{40}Ar および ^{40}K の値から岩石生成後、気体の Ar が岩石の外に逃げなくなってからの年代が推定できる。実際には、K の定量と質量分析計による ^{40}Ar の定量によって行う。本法の特徴は、$(D/D_S)_0$ =295.5 として 1 個の試料でも年代測定できることである。

K－Ar 法の基本方程式を、式（5.4.5）に示す。

$$^{40}\text{Ar}/^{36}\text{Ar} = (^{40}\text{Ar}/^{36}\text{Ar})_0 + \lambda_e/\lambda\ (^{40}\text{K}/^{36}\text{Ar})\{\exp(\lambda t)-1\} \tag{5.4.5}$$

$$\lambda = \lambda_e + \lambda_\beta$$

ただし、λ_e と λ_β は、それぞれ ^{40}K の電子捕獲と β^- 壊変の崩壊定数を示す。

c) ウラン U－トリウム Th－鉛 Pb 法

^{238}U、^{235}U、^{232}Th は、次に示す一連の壊変系列によって、最後は ^{206}Pb、^{207}Pb、^{208}Pb になる。

^{238}U（半減期 4.468×10^9 年）$\rightarrow 8\alpha + 6\beta^- + ^{206}$Pb

^{235}U（半減期 7.038×10^8 年）$\rightarrow 7\alpha + 4\beta^- + ^{207}$Pb

^{232}Th（半減期 1.41×10^{10} 年）$\rightarrow 6\alpha + 4\beta^- + ^{208}$Pb

上記の各娘核種は、それぞれ放射平衡にあって閉鎖系であれば、U－Pb 法および Th－Pb 法として、式（5.4.3）に対応する基本方程式をつくり、年代測定に使用できる。

U－Pb 法、Th－Pb 法は、1 試料から 3 種類の Pb の同位体比 ^{206}Pb/^{204}Pb、^{207}Pb/^{204}Pb、^{208}Pb/^{204}Pb に対応する年代が得られ、これらを相互比較して年代の測定値の信頼性をチェックできる利点がある。これらの方法は、親核種の半減期が長く、U/Pb、Th/Pb 比が大きくないために、地球生成の年代や地殻の成長・進化のような $t=10^9$ 年程度の年代決定に使用する。このとき地球生成時の鉛の同位体存在度を知る必要がある。このため地球とほぼ同じ起源と年齢をもち、U や Th をほとんど含まない鉄いん（隕）石（Fe－Ni 合金より成るいん石。隕鉄ともいう。）の単硫鉄鉱（主成分 FeS）の鉛の同位体存在度が地球生成時の鉛（源始鉛）として採用されて

d) サマリウム Sm－ネオジム Nd 法

^{147}Sm（半減期 $1.06×10^{11}$ 年）は α 壊変して ^{143}Nd になる。生成した ^{143}Nd/^{144}Nd 比は地殻やマントルの進化の研究によく利用される。^{147}Sm－^{143}Nd は、ともにランタノイド元素なので、岩石が変成作用をうけて閉鎖系が破れても同じ化学的挙動をとるため測定に使用できる特徴をもつ。

e) ^{14}C による年代測定法

宇宙線と上層大気との相互作用で生じる中性子は、大気中の窒素原子核とは次の核反応、^{14}N (n, p) ^{14}C を起こし、^{14}C は定常的に生成し、地表の ^{14}C の量は、1.9atom/cm^{2}s^{-1} と推定されている。

この ^{14}C は、炭素循環に組み込まれて大気から生体に摂取される。しかし、生体の死後は ^{14}C の補給をうけないので、死後現時点まで、半減期 5730 年の割合で ^{14}C 濃度は減少する。この減少を放射能測定によって求め、死後の経過時間を求める。

なお、最近、長半減期の放射性核種の分析法として発達してきた**加速器質量分析法**（accelerator mass spectrometry, **AMS**）によって ^{14}C が測定されている。AMS は、加速器で加速して核種を1個1個計数識別分析する方法で、①検出感度が高く、バックグラウンドが極めて低い、②測定時間を数時間程度に短縮できる（放射能測定では数日～数十日必要）、③検出可能な濃度限界が非常に低い、④炭素量として数ミリグラム程度の微量の試料でよいなどの特徴をもつため注目されている。

f) その他の年代測定法

フィッショントラック（FT）法、熱ルミネッセンス（TL）法、電子スピン共鳴（ESR）法などがある。FT 法では鉱物やガラスに含まれるウランが自発核分裂するときに生じる飛跡の数が、試料生成後の時間に比例する現象を利用する年代測定法である。火山ガス、黒雲母、ジルコン、リン灰石などを対象として 10^4～10^8 年の試料を精度よく測定できる。TL 法および ESR 法は、自然放射能の照射によって結晶中の電子が高いエネルギー状態に変化するときの変化量が時間とともに増大する現象を利用する年代測定法である。

TL 法は土器の燃成年代、岩石、鉱物の年代測定に用い、ESR 法は、化石、鐘乳石、火山岩、火山灰の年代測定や断層粘土を用いて断層活動年代の測定に用いる。

5.4.4 地球の年齢

地球の年齢は $(45.5±0.7)×10^9$ 年と算出されている。天然の鉛は、4つの同位体 ^{204}Pb、^{206}Pb、^{207}Pb および ^{208}Pb から成る。^{204}Pb を除いた残りの鉛は放射性由来である（図 4.1、5.3 参照）。地球が誕生したばかりのときの鉛は源始鉛とよび、ウランやトリウムの娘核種の鉛は存在していなかった。したがって、地球上何処でも鉛の同位体存在度は同じ値であった。この源始鉛の同位体存在度を方鉛鉱（PbS）や単硫鉄鉱（FeS）などから求め、地球の年齢を計算している。約38億年前に形成されたグリーンランドの変成岩は磁場の存在を示すので、少なくとも38億

5.4 年代測定

年前には地球の中心にある外核(液体:地球の自転で流動して地磁気を生じる)は存在していたと考えられる。海嶺玄武岩中のガラス部分に含有されるアルゴン $^{40}Ar/^{36}Ar$ 比、キセノン $^{129}Xe/^{130}Xe$ 比と大気中の希ガスの同位体比から、現在の大気の大部分は約40億年以前に地球内部から脱ガスして生成したと推定されている。西オーストラリアの Mt.Narryer 地域の変成を受けた堆積岩から取り出したジルコンは41～42億年前と推定されている。このことは41～42億年前、既に大陸地殻が地球上にあったことを証明している。西グリーンランド Godthaab,Isua 地域の片麻岩や堆積岩は約38億年前のもので、このとき既に海洋が存在していたと推定されている。

これらの推定から、地球の年齢45.5億年は妥当な数値であると考えられている。

5.4.5 天然原子炉

天然ウラン中の ^{235}U の同位体存在度は0.72%である。

1972年6月フランスのピエールラットにあるウラン濃縮工場で ^{235}U の同位体存在度が極端に低い(0.44%)ウランが発見された。調査の結果、今から20億年前現在のアフリカのガボン共和国のオクロ地区にあるウラン鉱床の十数カ所でサマリウム Sm やネオジム Nd を含む鉱石が見つかり核分裂連鎖反応が発生し、現在の百万kW級の原子力発電所の原子炉5基が1年間に発生するエネルギーに等しい熱を放出していたことが明らかになった。ウランの同位体組成の異常は、この天然原子炉で ^{235}U が核分裂したためである。この現象を「オクロ現象」とよぶ。この天然原子炉の存在を早くから(1956年)予言したのは、米国で活躍した日本人化学者の黒田和夫博士である。^{235}U(半減期が約7億年)は、^{238}U(約45億年)より短寿命なので、20億年前の ^{235}U の同位体存在度は、3%程度で現在の原子炉の燃料とほぼ等しい。

このオクロ現象で重要な事実は、約20億年前に生成した核分裂生成物や超ウラン元素の大部分が移動しないでそのまま保持されていたことである。

1972年9月フランス原子力委員会は、世界初のウランの核分裂や連鎖反応は、1942年、人間が初めて行ったのではなく、既に太古の昔、天然に起こっていたと発表した。

5 演習問題

問題 1 天然放射性核種に関する次の記述のうち、正しいものの組合せはどれか。
A 安定核種のないウラン、トリウムにも原子量は与えられている。
B トリウム系列は 7 回 α 壊変、4 回 β 壊変して ^{208}Pb で終わる。
C 天然放射性系列の核種から放出される α 粒子のエネルギーは連続スペクトルである。
D 天然放射性核種には軌道電子捕獲（EC）で壊変するものがある。
　1　A と B　　2　A と C　　3　A と D　　4　B と C　　5　C と D

問題 2 次の核種と壊変系列の組合せのうち、正しいものはどれか。
1　^{233}U、ウラン系列　　　　　　2　^{230}Th、トリウム系列
3　^{223}Ra、アクチニウム系列　　4　^{231}Th、ネプツニウム系列
5　^{234}Th、トリウム系列

問題 3 次の文章の（　）の部分に入る適当な語句、式または数値を番号と共に記せ。
　放射性炭素 ^{14}C は、大気上層で窒素と 2 次宇宙線の（　1　）との核反応（　2　）でつくられる。常に同じ割合で生成しているとすれば、大気の ^{14}C 量は一定の平衡量になっている。この ^{14}C は（　3　）という分子として大気中に拡散し、（　4　）の過程を経て生物体中に取り込まれる。生物が死ぬと新たな ^{14}C の取り込みはとだえ、生物中の ^{14}C 量は半減期約（　5　）年に従って減少するので、死後の経過時間が求められる。^{14}C の放射能測定は、炭素を気体試料に変えて（　6　）によるか、液体試料に変えて（　7　）によって行われる。最近では加速器質量分析を用いて ^{14}C を同じ質量数の（　8　）と区別してイオン計数することが可能になり、感度の良い測定ができるようになった。

問題 4 次の文章の（　）の部分に入る適当な語句または記号を番号と共に記せ。
　天然の希ガスの同位体には、（　1　）、（　2　）、（　3　）など、放射性壊変の結果生成する核種がある。
　（　1　）は（　4　）などの長寿命核種を親とする壊変系列の（　5　）壊変に由来し、岩石中や天然ガス中に見出される。
　（　2　）は長寿命核種（　6　）の（　7　）壊変で生成する。
また（　6　）の β⁻ 壊変によって ^{40}Ca も生成する。このような壊変様式を（　8　）壊変という。
　（　3　）は岩石・鉱物中の（　9　）（半減期 1,600 年）の（　5　）壊変によって生成し、大気中に放出されるほか一部は地下水にも溶ける。

問題 5 次の核種は天然放射性核種である。

演習問題

A ^{14}C　B ^{40}K　C ^{232}Th　D ^{238}U

半減期の長い順に並んでいるものは、次のうちどれか。
1　ABCD　　2　BCDA　　3　CDBA　　4　DABC　　5　DCBA

問題 6　大気中に見出される次の放射性核種の主な壊変形式、その主な起源について正しいものの組合せは、次のうちどれか。
1　^{7}Be－β^+────── 宇宙線成分による ^{14}N の核破砕反応
2　^{14}C－β^-────── 宇宙線二次熱中性子による ^{13}C(n, γ)反応
3　^{36}Cl－β^-────── 宇宙線成分による ^{40}Ar の核破砕反応
4　^{137}Cs－EC────── 過去の大気圏核爆発実験等での核分裂反応
5　^{220}Rn－α────── ウラン系列の天然放射性核種

問題 7　核種についての次の記述のうち、正しいものの組合せはどれか。
A　^{3}H は天然に存在し β^+ 壊変して ^{3}He になる。
B　^{40}K の壊変生成物は ^{40}Ar と ^{40}Ca である。
C　^{10}Be は β^- 壊変して ^{10}B になる。なお Be は原子量 9.0 で単核種元素である。
D　^{100}Rh はウランの核分裂生成物の一つである。なお Rh は原子量 102.9 の単核種元素である。
1　AとB　　2　AとC　　3　AとD　　4　BとC　　5　CとD

問題 8　炭素の同位体に関する次の記述のうち、正しいものの組合せはどれか。
A　年代測定に用いられる ^{14}C は、宇宙線由来の中性子と大気中の ^{14}N との核反応で生ずる。
B　^{11}C は主に β^+ 壊変する。このため 0.511MeV の γ 線がよく観察される。
C　炭素の原子量は 12.01 であるが、これは安定同位体として ^{12}C のほかに、^{13}C が 2％ほど存在するからである。
D　炭素の放射性同位体のうち、半減期が 1 時間以上のものは ^{14}C と ^{11}C の 2 核種である。
1　AとB　　2　AとC　　3　AとD　　4　BとC　　5　CとD

問題 9　ウラン鉱石中の ^{230}Th と ^{238}U の原子数比は 1.7×10^{-5} である。^{230}Th の半減期に最も近い値は、次のうちどれか。ただし、^{238}U の半減期は 4.47×10^9 年とし、この鉱石は 1 億年前に生成し風化を受けていないものとする。
1　9.6×10^3 年　　　　2　7.5×10^4 年　　　　3　3.7×10^5 年
4　4.6×10^6 年　　　　5　5.7×10^7 年

問題 10　^{226}Ra に関する次の記述のうち、誤っているものはどれか。
1　化学的性質は Ba と類似している。
2　β^- 線源としても用いられることがある。
3　その最終壊変生成物は ^{206}Pb である。

4 ^{210}Pb は壊変生成物の一つで β^- 放射体である。
5 ^{210}Po は壊変生成物の一つで ^{226}Ra の壊変生成物のなかで最も半減期が長い。

第6章　RIのトレーサ利用における放射線の測定

　本項では、RIのトレーサ利用に主として用いられる^{3}H、^{14}C、^{32}P等のβ^-放出体と^{125}I、^{99m}Tc、^{111}In等のsingle photon（γ線）放出体および^{11}C、^{13}N、^{15}O、^{18}F等のpositron（β^+、511 keVの消滅放射線）放出体の放射線測定に関して簡単に述べることとする。また、放射能分布の測定に関しては別項（第11章）で、オートラジオグラフィーについて記載されているので参照されたい。また、医療用放射線測定装置および被ばく線量や空間線量率測定用の測定機器や放射線のエネルギー測定および放射線測定の検出原理や装置の詳細等については「放射線計測学」の成書を参考にされたい。

6.1　β^-放出体の液体シンチレーションカウンターによる測定

　^{3}Hや^{14}Cはトレーサ実験に最も繁用されているβ^-線放出体であるが、そのエネルギーが低いためにGM計数管で計測する際には、空気や端窓による吸収補正、試料による自己吸収補正等多くの問題があると同時に、GM計数管の分解時間（τ）が長いので数え落としの補正が必要とされる。一方、液体シンチレーションカウンターは図6.1に示すように試料を溶媒中に溶解させ、直接シンチレータに放射線のエネルギーを移行して、シンチレータからの発光量を測定することから、計数効率が比較的安定しており、簡便に^{3}H、^{14}Cの放射能測定ができることから広く用いられている。また、^{32}Pや^{35}Sの放射能測定も液体シンチレーションカウンターにて行うことができる。

　液体シンチレーションカウンターには、マルチチャンネル波高弁別回路がついており、^{3}H、

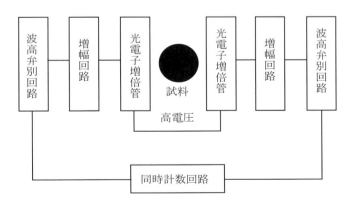

図6.1　液体シンチレーション計測器のブロック図

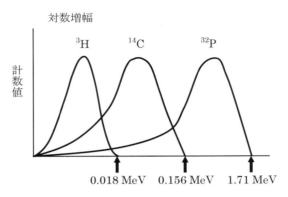

図6.2　β^-線のエネルギースペクトル

^{14}C、^{32}P のエネルギー分布は図 6.2 に示すように大きく異なることから、^{3}H、^{14}C の同時計数も可能でダブルトレーサ実験を比較的容易に実施することができる。

6.2　クエンチング（消光作用）とその補正

　β^-線のエネルギーが最終的にシンチレータによる発光に至る過程において、試料自身、溶媒その他の物質によりエネルギー移行過程が妨害され、計数効率が低下する現象をクエンチング（消光作用）という。大別して ⅰ) 光子消光、ⅱ) 化学消光、ⅲ) 酸素消光、ⅳ) 着色消光に分けられる。

　光子消光とは β^-線の内部吸収によるもので、懸濁法や固体支持法等の不均一系で顕著にみられる。化学消光とは種々の化合物が試料液中に存在することにより溶媒の励起エネルギーの溶質（シンチレータ）への移行過程や溶質からの蛍光の発生を妨げられることで、R-SH、R-NO$_2$、R-I、CCl$_4$ 等が強い消光作用を示す。また、溶媒中に存在する溶存酸素も強い消光作用を有している。着色消光は蛍光の一部が吸収される現象で、無色にみえる試料でも紫外部における吸収に留意する必要がある。

　一般にクエンチングを生じるとその程度に応じて β^-線のエネルギースペクトルが低位にシフトする。同時に外部から照射し γ 線と溶媒との相互作用によって生じるコンプトン電子によるスペクトルも低位にシフトする。この現象を利用して市販の計測器においては、自動的に計数効率を補正するようになっている。

6.3　試料の調製と化学発光

　動物の組織等は溶解法にて完全に液状にするか、もしくは燃焼法にて ^{3}H は [^{3}H]H$_2$O に、また ^{14}C は [^{14}C]CO$_2$ に変換させてそれぞれを回収する方法がとられる。血液や肝臓等の組織を溶解法により調整する際には着色することが多いので、過酸化水素等を用いて脱色するが、その際は化学発光による偽りの計数に留意する必要がある。β^-線により発光する光子数は ^{3}H で約

28個、^{14}C で約 250 個と複数であるのに対し、化学発光により発光する光子数は 1 個のみであるので、一方の光電子増倍管にしか入らない。従って、遅延同時計数回路を用いることにより、化学発光の有無を検出することができる。また、初回の計測より時間が経過した後、再計測して両者の計数値に大きな乖離があるときには化学発光が生じている可能性が高い。

6.4　γ線の放射能測定

　比較的大量（MBq程度）のγ線の放射能測定には電離箱型放射能測定装置（キューリーメーター）が用いられる。核種を指定すると、自動的にエネルギーを校正した放射能値が指示される。一方、比較的少量（kBq以下）の放射能測定にはNaI(Tl)井戸型シンチレーションカウンター（図 6.3）が用いられる。本装置は幾何学的計数効率が高く、容易にγ線の放射能測定を行うことができる。

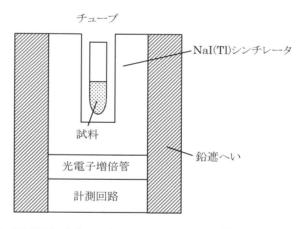

図6.3　井戸型NaI(Tl)シンチレーションカウンターの模式図

　計数効率に影響を与える因子として最も重要なものは試料の容量であり、容量が増加する程計数効率は低下する。また、^{125}I の場合はエネルギーが低いので、ガラスチューブを用いる場合とプラスティックチューブを用いる場合とで吸収される程度が異なるので注意を有する。^{11}C、^{18}F 等の短半減期核種の放射能測定に関しては半減期補正を必要とするが、必ずバックグラウンドの値を差し引いた正味の計数値に基づいて補正することが重要である。

6.5　計数値の統計的変動

　放射性壊変は確率的現象であるので、測定値には統計的変動が伴う。一般には計数値を N とするとその標準偏差は $\sqrt{N}$ で表すことができる。
　標準偏差を含む計数値の加減乗除は以下の式で表される。

　　$(A \pm a) + (B \pm b) = (A+B) \pm \sqrt{a^2 + b^2}$

第6章　RIのトレーサ利用における放射線の測定

$$(A\pm a) - (B\pm b) = (A-B) \pm \sqrt{a^2+b^2}$$
$$(A\pm a) \times (B\pm b) = AB \pm AB\sqrt{(a/A)^2+(b/B)^2}$$
$$(A\pm a) \div (B\pm b) = A/B \pm A/B\sqrt{(a/A)^2+(b/B)^2}$$

6 演習問題

問題1 次の文章の（　）の部分に入る適当な語句、式または数値を番号と共に記せ。

イ　原子質量から考えると、重い原子核は同程度の大きさの二つの核に分裂する可能性がある。例えば仮に $^{206}_{82}Pb$ が真二つに分裂した場合を考えてみる。

この時（　1　）の核が二つ出来ることになる。この核は安定核に比べて（　2　）過剰なので、（　3　）を放出して次々と壊変し、最後に安定核 $^{103}_{45}Rh$ になるであろう。$^{103}_{45}Rh$ 核の質量欠損は 88.0 MeV、また ^{206}Pb の質量欠損は 25.5 MeV であるので、^{206}Pb の核分裂で放出される全てのエネルギーは約（　4　）MeV となる。

ロ　放射性炭素 ^{14}C は、大気上層で窒素と2次宇宙線の（　5　）との核反応（　6　）でつくられる。常に同じ割合で生成しているとすれば、大気中の ^{14}C 量は一定の平衡量になっている。この ^{14}C は（　7　）という分子として大気中に拡散し、（　8　）の過程を経て生物体中に取り込まれる。生物が死ぬと新たな ^{14}C の取り込みはとだえ、生物中の ^{14}C 量は半減期約（　9　）年に従って減少するので、死後の経過時間が求められる。^{14}C の放射能測定は、炭素を気体試料に変えて（　10　）によるか、液体試料に変えて（　11　）によって行われる。最近では加速器質量分析を用いて ^{14}C を同じ質量数の（　12　）と区別してイオン計数することが可能になり、感度の良い測定が出来るようになった。

問題2 次の放射性核種の試料 I〜IV とその放射線を測定する検出器 A〜D との組合せのうち、最も適切なものはどれか。

＜試　料＞
- I　プラスチック製試験管に入れた $[^{125}I]$ヨウ化カリウム水溶液
- II　ろ紙上に集め、乾燥させた $[^{45}Ca]$硫酸カルシウム
- III　スミアテストでろ紙に付着した ^{14}C 標識有機化合物
- IV　血液中に含まれる微量元素を非破壊法で放射化分析するために、ろ紙上で乾燥させて原子炉で照射した試料

＜検出器＞
- A　液体シンチレーション検出器
- B　端窓型 GM 計数管
- C　Ge 検出器
- D　井戸型 NaI(Tl) 検出器

1　I－A、II－B、III－D、IV－C
2　I－B、II－C、III－A、IV－D
3　I－C、II－D、III－B、IV－A
4　I－C、II－A、III－D、IV－B
5　I－D、II－B、III－A、IV－C

問題3 水溶液中の放射性核種（I）の放射能を検出器（II）で測定する場合に、適切な測定試料作製

第6章　RIのトレーサ利用における放射線の測定

法（Ⅲ）として、正しいものの組合せはどれか。

	放射性核種（Ⅰ）	検出器（Ⅱ）	測定試料作製法（Ⅲ）
A	^{3}H	液体シンチレーション検出器	PPOを溶かしたトルエンを同じ体積の試料水溶液に加えて撹拌する
B	^{45}Ca	GM計数管	希硫酸を加えて、生成した沈殿をろ紙でろ過し、赤外線ランプで乾燥する
C	^{125}I	井戸型NaI(Tl)シンチレーション検出器	プラスチックバイアルに試料溶液を分取する
D	^{210}Po	表面障壁型Si半導体検出器	希塩酸を加えて、アルミニウム箔上に滴下し、赤外線ランプで乾燥する

1　AとB　　2　AとC　　3　BとC　　4　BとD　　5　CとD

問題4　放射性核種を含む測定試料とその放射線を測定する検出器に関する次の記述のうち、正しいものの組合せはどれか。
A　井戸型NaI(Tl)検出器を用いて^{125}Iで標識された化合物を含む溶液試料の放射能を測定する。
B　Ge検出器を用いて^{55}Feを含む溶液試料の^{55}Fe放射能を測定する。
C　BGO検出器を用いて^{22}Na、^{60}Co、^{137}Csおよび^{152}Euの混合溶液の核種濃度を分析する。
D　表面障壁型Si半導体検出器を用いて金属に電着された未知のα線放出核種を同定する。
E　液体シンチレーション検出器を用いて^{3}Hを含む水溶液の^{3}H濃度を測定する。
　1　ABCのみ　　2　ABEのみ　　3　ADEのみ　　4　BCDのみ　　5　CDEのみ

問題5　[^{3}H]チミジン，[^{3}H]H$_2$O，[^{125}I]NaI，[^{32}P]ATPを実験に使用している実験室で、不注意な手技によって内部被ばくのおそれが発生した。次のⅠ～Ⅲの文章の（　　）の部分に入る最も適切な語句、文節または記号を、それぞれの解答群から1つだけ選べ。
Ⅰ　[^{3}H]チミジンが体内に摂取された場合には、^{3}Hはチミジンばかりでなく、代謝されて（　A　）など低分子の化学形で体内を循環し排泄される可能性も考慮する必要がある。化学形がチミジンのままの場合には、細胞内（　B　）に取り込まれる可能性がある。取り込まれた場合には、細胞内に（　C　）とどまり、その壊変によって放出されるβ線の影響を受ける。さらに取り込んだ細胞が、（　D　）の場合には、時によっては（　E　）も考慮する必要が生じる。
＜Ⅰの解答群＞
　1　水　　2　炭酸ガス　　3　DNA　　4　RNA　　5　蛋白質　　6　長時間
　7　短時間　　8　生殖細胞　　9　骨髄細胞　　10　遺伝的影響　　11　白内障

演 習 問 題

II　吸入摂取のおそれが高いのは、（　A　）と（　B　）で、摂取後（　A　）は（　C　）が、（　B　）は甲状腺に集積する。

＜IIの解答群＞
1　チミジンからの ^3H　　2　H_2O からの ^3H　　3　NaI からの ^{125}I　　4　ATP からの ^{32}P
5　全身に広がる　　6　肺に集積する　　7　腎臓に集積する　　8　生殖腺に集積する
9　骨髄に集積する

III　壊変様式と放出放射線は、^3H が β 壊変で低エネルギーの β 線、^{125}I が（　A　）で（　B　）と（　C　）の（　D　）線、^{32}P が β 壊変で高エネルギーの β 線である。したがって、このすべての放射性核種の体内摂取量を総合的に推定するには、（　E　）法が適しているが、本法は（　F　）に個人差が大きく、高い精度が期待しにくい。

＜IIIの解答群＞
1　α 壊変　　2　β 壊変　　3　軌道電子捕獲　　4　核異性体転移　　5　低エネルギー
6　高エネルギー　　7　α　　8　β　　9　γ, X　　10　オージェ電子　　11　陽電子
12　体外計測　　13　バイオアッセイ　　14　排泄率　　15　計数効率

第7章 放射性核種の製造

7.1 核反応

a) 核反応

原子核 A に入射粒子 x を照射（または衝撃）することによって、原子核 A が原子核 B に変換し異なる原子核となり、粒子 y を放出する核反応を通常、式 (7.1.1) で示す。しかし、式 (7.1.2) で示すこともある。

$$A\ (x,\ y)\ B \tag{7.1.1}$$

$$A+x \rightarrow B+y+Q \tag{7.1.2}$$

ここに、x は入射粒子、A はターゲット、B は生成核（残留核ともいう）、y は放出粒子とよぶ。例えば ^{59}Co (n, γ) ^{60}Co では、^{59}Co がターゲット、^{60}Co は生成核、中性子 n は入射粒子、γ（γ線の略称）は放出粒子である。入射粒子は、中性子のほかに荷電粒子（陰電子、陽電子、陽子、重陽子、α粒子など）や光子（γ線）がある。

b) Q 値

式 (7.1.2) の Q は、Q 値または核反応エネルギーとよび、式 (7.1.3) に示すように核反応の初めの状態の質量エネルギーと終わりの状態の質量エネルギーの差である。

$$Q\ =\ (M_A+M_x)\ c^2-\ (M_B+M_y)\ c^2 \tag{7.1.3}$$

ここに、M_A、M_x、M_B、M_y は、それぞれターゲット A、入射粒子 x、生成核 B、放出粒子 y の質量で、c は光速度 3×10^8 m・s^{-1} である。

Q 値は、核反応の結果生ずるエネルギーで非常に大きいが、化学反応の反応熱に相当する。

$Q>0$ なら発熱反応、$Q<0$ なら吸熱反応である。

c) しきい値

化学反応とは異なり、核反応は $Q>0$ であっても、自発的には起こらない。入射粒子が、核の電荷との間のクーロン斥力を乗り越えなくては、核の中に入れず核反応は起こらない。クーロン障壁に打ち勝つエネルギーが最小限必要だからである。その必要最小限の値を核反応の「**しきい値**」(threshold value) という。

「しきい値」は、発熱反応（$Q>0$）では 0 である。しかし吸熱反応（$Q<0$）では $-Q\ \{(M_A+M_x)/M_A\}$ となり、Q 値より少し大きい値となる。発熱反応のときには、入射粒子や放出粒子に対するクーロン障壁があまり高くなければ、入射粒子のエネルギーが低くても、核反応は、ある程度は起こる。粒子のエネルギーが高くなると、起こる確率はだんだん高

7.1 核 反 応

くなる。そしてクーロン障壁の最高値に近づくとこの確率も限界に達し、それ以上になると競合する他の核反応のために確率は低くなる傾向がある。

クーロン障壁の高さは、荷電粒子の電荷の 2/3 乗に比例しており、重い原子核で α 粒子に対して 25 MeV 程度であり、陽子に対して 12 MeV 程度である。このクーロン障壁を乗り越えるためには、粒子にエネルギーを与えるため加速が必要で、このため加速器を用いる。核反応における放出粒子も、核外に出るときは、クーロン障壁を乗り越えなければならない。したがって、電荷を持たない光子（γ線）や中性子（n）は、放出粒子として核外に出やすい。この傾向は原子番号が大きく、大きな正電荷をもつ核ほど著しい。したがって（α, n）、（d, n）、（p, n）反応などは、低エネルギーで起こる。

陽子（$^1H^+$）、重陽子（$^2H^+$）、$^3He^{2+}$、α 粒子（$^4He^{2+}$）などの荷電粒子は、クーロン障壁が高いので、放出される確率は、荷電をもたない粒子よりも低い。しかし入射エネルギーを相当高くすると、（p, 2n）、（d, 2n）、（α, 2n）反応など電荷を持たない中性子（n）の複数を放出する核反応は起こる。しかし荷電粒子を放出する核反応は起こり難い。原子番号の小さい核では、陽子は中性子ほど強く複合核（入射粒子とターゲットが結合して一時形成される高い励起状態の原子核。入射粒子が原子核を通過する時間に比べると複合核の寿命は 1 千万倍から 1 億倍も長い。英名は compound nucleus）内に結合していないし、また原子番号が小さいので、陽子に対するクーロン障壁はそれほど高くはないので、陽子は中性子より核外に放出されやすい。陽子に次いで放出されやすいのは α 粒子で、特に原子番号の小さい核の α 粒子の放出確率はかなり高く、(n, α)、(d, α) 反応などは起こりやすい。しかし $^2H^+$（重陽子）、$^3H^+$、$^3He^{2+}$ などは入射粒子のエネルギーが相当高くないと、核外に放出されない。

7.2 核反応断面積と励起関数

a) 概　　要

エネルギー的に起こり得る核反応でも、その起こる割合は核反応によって異なる。核反応の起こりやすさは、断面積（cross section）で表す。

いま、入射粒子の進行方向に垂直な一原子の厚さの層を考えて、この $1\,cm^2$ あたりに N 個の原子が存在し、$1\,cm^2$ あたり 1 秒間 I 個の粒子が通過するとする。核反応が 1 秒間に P 回起こるとする。P は N と I の積に比例するから、その比例定数を σ（シグマ）とおくと

P（回・$cm^{-2}\cdot s^{-1}$）$= \sigma \times I$（粒子数・$cm^{-2}\cdot s^{-1}$）$\times N$（原子数・cm^{-2}） が成立し

$\sigma = (P/NI)\ cm^2$

が得られる。この σ を核反応断面積とよび、面積のディメンションをもつ。

b) 単　　位

原子核の半径 $10^{-12}\,cm$ の 2 乗の $10^{-24}\,cm^2$ にちなみ、核反応断面積の単位はバーン（barn、記号 b）と定められた。1 バーンの 10^{-3} を 1 ミリバーン（mb）とよぶ。

第7章　放射性核種の製造

$$1\,\text{b} = 10^{-24}\,\text{cm}^2 = 10^{-28}\,\text{m}^2$$

c) 原子断面積と同位体断面積

ターゲット元素が複数の同位体から成るときは、個々の同位体断面積と、その同位体存在度の積の和として原子反応断面積が得られる。例えばアンチモン ^{121}Sb に対する（n, γ）反応の同位体断面積は 5.7 barn で、^{121}Sb の同位体存在度は 57.25 %である。アンチモンの原子全体に対する ^{121}Sb (n, γ) 反応の断面積は $5.7 \times (57.25/100) = 3.3$ barn となる。この値を原子断面積とよぶ。

もう一つの同位体である ^{123}Sb に対する（n, γ）反応の同位体断面積は、3.9 barn で、^{123}Sb の同位体存在度は 42.75 %である。アンチモンの原子全体に対する ^{123}Sb (n, γ) 反応の原子断面積は $3.9 \times (42.75/100) = 1.7$ barn となる。そこでアンチモン全体では、$3.3 + 1.7 = 5.0$ barn となる。原子断面積と同位体断面積との関係は（原子断面積）＝（同位体断面積）×（その同位体の存在度）である。なお、熱中性子などによる放射化分析における同位体反応断面積は、放射化断面積（activation cross section）とよばれている。

d) 励起関数

RI の生成量は核反応断面積の値に比例するが、核反応断面積の値はターゲットの種類だけでなく、衝撃粒子の種類とエネルギーによって異なることに注意する必要がある。図 7.1 は銅に対する陽子の核反応（p, n）、（p, 2n）、（p, pn）、（p, p2n）の断面積が入射粒子のエネルギーによっていかに変化するかを示したものである。これらの核反応を次に示す。

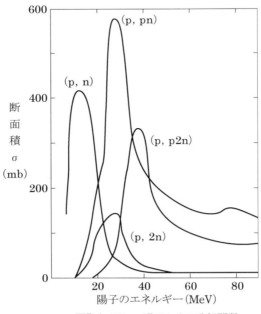

図7.1　^{63}Cuの陽子による励起関数

7.2 核反応断面積と励起関数

^{63}Cu (p, n) ^{63}Zn
^{63}Cu (p, 2n) ^{62}Zn
^{63}Cu (p, pn) ^{62}Cu
^{63}Cu (p, p2n) ^{61}Cu

一般に断面積とエネルギーとの関係を、**励起関数**とよぶ。

(p, n) の断面積は陽子エネルギー約 12 MeV でピークとなっている。ついでそれが減少すると、(p, pn) と (p, 2n) の断面積が増大する。この2つの反応は、それぞれ 10 MeV、11 MeV 以下では起こらない。この値を**しきい値**という。この両反応の励起関数は陽子エネルギーが、それぞれ 26 MeV、27 MeV においてピークとなり、それ以上では低くなる。(p, p2n) 反応のしきい値は 17 MeV で、ピークは 37 MeV である。

7.3 照射時間と生成放射能

一般に核反応では、照射によって新しく生成する核種が同時に壊変していくので、生成する核種の原子核数 N は次式で表される。

$N = N_0 \cdot f \cdot \sigma$ (cm^2・s^{-1})

N_0：1cm^2 あたりの標的核数
f：照射粒子の線束密度
σ：核反応断面積

$$\frac{dN}{dt} = N_0 \cdot f \cdot \sigma - \lambda N$$

$$N = \frac{N_0 \cdot f \cdot \sigma}{\lambda} \cdot (1 - e^{-\lambda t})$$

放射能 A は

$$A = \lambda N = N_0 \cdot f \cdot \sigma (1 - e^{-\lambda t})$$

一方、半減期 T は $T = \dfrac{0.693}{\lambda}$ であり、

$$A = N_0 \cdot f \cdot \sigma (1 - e^{-0.693 t/T})$$
$$= N_0 \cdot f \cdot \sigma \left[1 - (1/2)^{t/T}\right]$$

縦軸に生成核種の放射能を、横軸に生成核種の半減期で表示して示すと、図7.2のようになり、1半減期の照射で飽和放射能の約 50％、2半減期の放射能に約 70％の放射能が得られる。この関係式を念頭において、サイクロトロンの

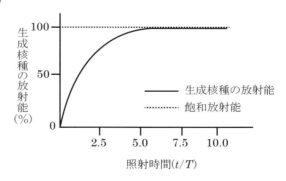

図7.2 生成する放射性核種の放射能と照射時間との関係

第7章　放射性核種の製造

効率的な運用計画を作ることにより、コストダウンが計れる。

　最近、小型サイクロトロンを病院内に設置して様々な PET 製剤を調製して、病気の診断に使用されているが、こうした小型サイクロトロンは通常陽子で 10 MeV～18 MeV、重陽子で 5 MeV～10 MeV まで加速できる装置が市販されており、最大ビーム電流は陽子で 50～80 μA、重陽子で 30～35 μA である。

　RI 製造のための標的核を封入する装置をターゲットと呼び、通常気体ターゲットと液体ターゲットとに分けられる。^{11}C の製造には内容積 1L 程度の気体ターゲット中に超高純度 N_2 ガスを 15 気圧程度封入したものが、また ^{18}F の製造には液体ターゲット中に[^{18}O]H_2O 水を 2 mL 程度封入したものを標的核として用いる。各ターゲットの交換、あるいはターゲット中への標的核の封入や生成核種の取り出し、ターゲットの制御等は全て遠隔操作で行われる。表 7.1 にサイクロトロンにより製造される主な核種を示す。^{67}Ga、^{111}In、^{123}I、^{201}Tl は、主に陽子を 30 MeV まで加速できる放射性医薬品企業所有のサイクロトロンで製造され、それぞれの製造方法に特色がある。^{123}I の製造では以前は ^{124}Te(p, 2n)^{123}I が使用された。しかしこの反応では半減期が長く (4.18 日) $β^+$ 壊変、EC 壊変を行う ^{124}I が不純物として混入するため、現在は ^{124}Xe を標的とする核反応が使用されている。

表 7.1　サイクロトロンにより製造される主な核種

核種	半減期	壊変形式	主なγ線エネルギー [keV]	主な製造方法
^{11}C	20.39 分	$β^+$, EC	511	^{14}N(p, α)^{11}C
^{13}N	9.97 分	$β^+$, EC	511	^{16}O(p, α)^{13}N
^{15}O	122.24 秒	$β^+$, EC	511	^{14}N(d, n)^{15}O
				^{15}N(p, n)^{15}O
^{18}F	109.77 分	$β^+$, EC	511	^{18}O(p, n)^{18}F
				^{20}Ne(d, α)^{18}F
^{67}Ga	3.26 日	EC	93, 185, 300	^{68}Zn(p, 2n)^{67}Ga
^{111}In	2.80 日	EC	171, 245	^{112}Cd(p, 2n)^{111}In
^{123}I	13.22 時間	EC	159	^{124}Xe(p, 2n)^{123}Cs→^{123}Xe→^{123}I
				^{124}Te(p, 2n)^{123}I
				^{127}I(p, 5n)^{123}Xe→^{123}I
^{201}Tl	72.91 時間	EC	135, 167	^{203}Tl(p, 3n)^{201}Pb→^{201}Tl

7.4　核分裂による放射性核種の製造

a) 核分裂現象

　核分裂 [(nuclear) fission] とは、トリウム、ウラン、プルトニウムなどのような質量数の非常に大きい原子核が 2 個（非常に少ないが 3 個または 4 個）の破片（核分裂片という）に分

7.4 核分裂による放射性核種の製造

裂する現象である。この核分裂は、1938年に、Otto Hahn および Fritz Strassmann によって発見された。

b）液滴模型による説明

1) 原子核は陽子と中性子からできている。陽子はプラスの荷電のため互いに相反発する力が働いている。しかし、中程度の質量数の原子核では、陽子と中性子との間の核力（核子間に作用する力、電荷に関係なく非常に短い距離でだけ働く）が強いため、ばらばらにならない。

ところが大きい質量数の原子核では、核子（原子核を構成する粒子である陽子と中性子の総称）1個当たりの核力が小さいので、外部からわずかな刺激を与えると、トリウム、ウラン、プルトニウムなどの元の原子核よりエネルギー的に安定な原子核をもつ2個または3個の原子核に分裂する。この現象を核分裂とよび、ボーアらは「液滴模型」でその機構を説明した。

2) 図7.3の (a) のように、外部から水滴に力を加えて刺激を加えると、(b) のように振動を起こして長円形になる。表面張力に打ち勝つエネルギーを外部から与えなければ、この水滴は元の形に戻る。しかし、表面張力より大きい外部の力を加えると、水滴は (c) のような亜鈴形になり元の水滴には戻らないで2個の水滴 (d) に分裂する。

図7.3 液滴模型による分裂の説明

上記と同様の考え方をウランに適用する。熱中性子を ^{235}U に照射すると、不安定な振動を起こしてエネルギー的に高い励起状態 (b.複合核) になる。もし励起エネルギーが低ければ、(a) の球状に戻る。しかし、励起エネルギーが十分に大きいと電気的反発力によって2個の球は互いに反発して分裂する (c→d)。このように核分裂を起こすために加える、外部からの最小限のエネルギーを核分裂の「しきい値」という。^{235}U の中性子捕獲による結合エネルギーは 6.8 MeV、複合核 ^{236}U の核分裂の「しきい値」は 5.57 MeV なので核分裂は進行する。

c）核分裂の種類

質量数の非常に大きいトリウム、ウラン、プルトニウムなどは、外部から人為的にエネルギーを与えなくても、自然の状態でごくわずかずつゆっくり核分裂を起こす。この現象を**自発核分裂**とよぶ。これに対して、外部から熱中性子や高速中性子などを照射して起こす核分裂を**誘導核分裂**という。通常、核分裂というのは、誘導核分裂のことをいっている。

7.4.1 自発核分裂

a）トンネル効果

古典力学では、粒子がある高さのポテンシャルの山をとび超えるためには、ポテンシャルの高さ以上のエネルギーを粒子に与えなければならない。しかし量子力学では与えられたエネル

ギーがポテンシャルの山の高さ以下でも、粒子は有限の確率で山を突き抜けることができるとされる。この効果を量子力学的なトンネル効果とよび、α崩壊を説明できる。このトンネル効果によって起こる核分裂を自発核分裂という。古典的な考えでは「しきい値」以下のエネルギーでは核分裂は起こらないとされていた。しかし、「しきい値」以下のエネルギーでもトンネル効果によってエネルギー障壁を通り抜けてゆっくりと核分裂を起こす。

b) 偶偶核の寿命

トリウム（Th）より軽い原子核では、核分裂障壁が十分高いので自発核分裂は起こせない。一般に偶偶核（陽子数、中性子数が偶数）の自発核分裂の寿命は、質量数の近い奇核[陽子数が偶数、中性子数が奇数の原子核（偶奇核）と陽子数が奇数、中性子数が偶数の原子核（奇偶核）の総称]や奇奇核（陽子数、中性子数が奇数の原子核）よりも短い。これは最外核の奇核子が核分裂障壁の場所で余分なエネルギーを必要としているためと考えられている。

c) 核分裂異性体の寿命

核分裂異性体（同一原子核が2つの異なる核分裂を行う核種。核分裂に対する原子核のポテンシャルに極小点が2個存在し、1個は原子核の基底状態に相当し、他の極小点は励起状態にある。すなわちポテンシャルの井戸が2個存在する。^{240}Pu の中性子による核分裂または、^{242}Am の自発核分裂に見られる）からも自発核分裂は起こるが、この寿命は、通常の核の自発核分裂よりもかなり短い。

d) 半減期

代表的な自発核分裂の半減期を次に示す。$^{238}_{92}$U（ウラン）は 8×10^{15} 年、$^{238}_{94}$Pu（プルトニウム）は 4.70×10^{10} 年、$^{244}_{96}$Cm（キュリウム）は 1.4×10^{7} 年、$^{252}_{98}$Cf（カリホルニウム）は 85.5 年、$^{254}_{100}$Fm（フェルミウム）は 200 日と比較的長いものもある。しかし、原子番号が高くなると急激に半減期が短くなる。原子番号の高い（例えば 103 以上）元素の製造がきわめて難しいことが理解できる。

7.4.2 誘導核分裂

a) 表記のしかた

中性子（n）、γ 線（光子）、陽子（p）、α 粒子を照射すると誘導核分裂を起こし、これらの核反応を(n, f)、(γ, f)、(p, f)、(α, f)と記す（f は fission の頭文字）。熱中性子（平均エネルギー 0.025 eV）による ^{235}U の誘導核分裂は、原子炉のエネルギー源となり、原子炉は、中性子放射化や RI の製造などに広く利用されている。

b) 放出するエネルギー

^{235}U の誘導核分裂で放出するエネルギーは、1 個の核子のエネルギー変化量を約 0.9 MeV と近似すると $0.9\times235=211$ (MeV) となる。^{235}U の原子 1 個あたり、およそ 210 MeV という莫大なエネルギーを放出するといえる。化学結合は、およそ数 eV 程度なので、核分裂は実に $10^{7}\sim10^{8}$ 倍もの大量のエネルギーを放出するといえる。

7.4 核分裂による放射性核種の製造

c) 核分裂性物質

　熱中性子を吸収して核分裂を起こす物質を、**核分裂性物質**（fissionable material）という。熱中性子で核分裂を起こす天然の核種は、^{235}U だけである。^{232}Th や ^{238}U は天然に存在する。これらは中性子を捕獲して、^{232}Th→^{233}U に、^{238}U→^{239}Pu に変わり、これらの核種が熱中性子によって核分裂を起こす。さらに ^{239}Pu は中性子を 2 回捕獲して ^{241}Pu になり核分裂を起こす。したがって ^{233}U、^{239}Pu、^{241}Pu は何れも核分裂性物質である。

　^{232}Th や ^{238}U は、核反応によって核分裂性物質に変化する親物質である。

$$^{238}_{92}\text{U}(n, \gamma) \,^{239}_{92}\text{U} \xrightarrow[23.5m]{\beta^-} \,^{239}_{93}\text{Np}（ネツプニウム）\xrightarrow[2.35d]{\beta^-}$$

$$^{239}_{94}\text{Pu}（プルトニウム）\xrightarrow[2.41\times10^4 y]{\alpha}$$

$$^{232}_{90}\text{Th}（トリウム）(n, \gamma) \,^{233}_{90}\text{Th} \xrightarrow[22.3m]{\beta^-} \,^{233}_{91}\text{Pa}（プロトアクチニウム）$$

$$\xrightarrow[27.0d]{\beta^-} \,^{233}_{92}\text{U}（ウラン）\xrightarrow[1.592\times10^5 y]{\alpha}$$

d) 核分裂の比率

　^{235}U に熱中性子を照射すると、中性子が捕獲されて、励起状態の［^{236}U］という複合核が生じる。励起状態の複合核は、不安定で 85 ％の確率で核分裂を起こし、15 ％の確率で（n, γ）反応を起こす。熱中性子を捕獲した約 7 個の ^{235}U のうち、6 個程度が核分裂を起こし、1 個程度が（n, γ）反応で ^{236}U（半減期 2.342×10^7）を生成する。

e) 核分裂の対称性

　核分裂では、同じ質量の 2 個の放射性核種に分かれる確率は小さく、重い核種と軽い核種の 2 つのピークに分かれる。これを非対称分裂とよぶ。しかし、中性子のエネルギーを大きくすると、熱中性子のときよりも等核分裂の確率は増加して、40 MeV 程度の高いエネルギーにすると、質量数 120 付近に 1 つだけのピークをもつ対称分裂となる。

f) 壊変系列

　核分裂生成物は、原子核内の中性子が過剰のため、β^- 崩壊して安定な原子核に落ち着く。

　このため、例えば次の崩壊系列のように、1 回ではなく、安定になるまで何回か壊変を繰り返す。

$$^{90}_{36}\text{Kr}（クリプトン）\xrightarrow[33s]{\beta^-} \,^{90}_{37}\text{Rb}（ルビジウム）$$

$$\xrightarrow[153s]{\beta^-} \,^{90}_{38}\text{Sr}（ストロンチウム）\xrightarrow[28.78年]{\beta^-} \,^{90}_{39}\text{Y}（イットリウム）$$

$\xrightarrow[64.1\text{h}]{\beta^-}$ $^{90}_{40}\text{Zr}$（ジルコニウム、安定）

$^{137}_{53}\text{I}$（ヨウ素）$\xrightarrow[24.5\text{s}]{\beta^-}$ $^{137}_{54}\text{Xe}$（キセノン）$\xrightarrow[38.2\text{m}]{\beta^-}$ $^{137}_{55}\text{Cs}$（セシウム）

$\xrightarrow[30.07\text{y}]{\beta^-}$ $^{137\text{m}}_{55}\text{Ba}$（バリウム）$\xrightarrow[2.552\text{m}]{\text{IT}}$ $^{137}_{56}\text{Ba}$（安定）

g）放出される中性子

核分裂によって放出される中性子には、全放出中性子の99％以上を占めて、核分裂と同時（4×10^{-14}秒以内）に放出される**即発中性子**（prompt neutron）と、全放出中性子のわずか1％以下で、核分裂後ある時間を経過して（約10^{-3}秒以上経過後）放出される**遅発中性子**（delayed neutron）がある。

即発中性子は、高速中性子に属しそのエネルギーは熱中性子（0.025 eV）程度から7 MeV程度以上の広い範囲に分布し、その平均値は約2 MeVである。

遅発中性子放出の主な原因は、中性子数Nと陽子数Zの比（N/Z）の大きい核分裂性核種から生じた核分裂片が、小さい質量数にもかかわらず、大きい（N/Z）比をもち、β^-壊変（$N\to N-1$、$Z\to Z+1$）によって（N/Z）比を小さくしようとする傾向をもっている。このとき余剰エネルギーが中性子の結合エネルギーより大きいと、中性子が放出されβ^-壊変を経由した分だけ放出が遅れる。

核分裂のときの即発中性子や遅発中性子の数、遅発時間は、原子炉の制御上重要な意味をもっている。

7.4.3　主な核分裂生成物

原子番号の分布

核分裂の結果生じる破片を核分裂生成物（fission product。略してFP）または核分裂片（fission fragment）とよぶ。^{235}Uの熱中性子による核分裂によって、亜鉛の$^{72}_{30}\text{Zn}$からテルビウム$^{161}_{66}\text{Tb}$まで、原子番号でいえば30から65までの数多くの核分裂生成物を生成する。

核分裂収率と質量数　これらの核分裂生成物は、質量数95付近および138付近に核分裂収率（fission yield）の極大（約6％程度）があり、^{90}Sr（ストロンチウム）、^{95}Zr（ジルコニウム）、^{99}Mo（モリブデン）、$^{99\text{m}}\text{Tc}$（テクネチウム）、^{137}Cs（セシウム）、^{140}Ba（バリウム）、^{144}Ce（セリウム）、^{147}Pm（プロメチウム）などの注目される放射性核種が存在する。核分裂収率の最も低い領域は、質量数118（約0.009％程度）付近である。なお**核分裂収率**とは、任意の核分裂生成物（FP）を生成する核分裂数（A）の全核分裂数（B）に対する割合（A/B）を百分率で示したものである。

核分裂生成物（fission product）のほとんどは放射性でその多くは中性子過剰核なので、β^-壊変を繰り返して、より安定な核種になる。^{235}Uの熱中性子による核分裂では80種以上の核

7.4 核分裂による放射性核種の製造

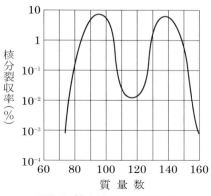

図7.4 熱中性子による$^{235}_{92}$Uの
核分裂破片の収量

分裂片を生じ、その質量数はおよそ 72〜160 である。核分裂収率の高い著名な核分裂生成物を次に示す。

1) ^{90}Sr（ストロンチウム）

^{90}Sr は、最大エネルギー 0.546 MeV の β^- 線を放出する放射性核種（β^- 放出体）で、その半減期は 28.78 年である。娘核種 ^{90}Y（64.10 h）を全く生成していない ^{90}Sr（純粋な ^{90}Sr）を放置すると、^{90}Y が次第に生成して親核種の ^{90}Sr と娘核種の ^{90}Y とは約 1 ヶ月で永続平衡の関係が成立する。（通常の ^{90}Sr は長期間放置されているので、永続平衡が成立している。）したがって、^{90}Sr と単独には記さないで ^{90}Sr−^{90}Y と記す場合が多い。^{90}Sr の β^- 線の最大エネルギーは、0.546 MeV と低いのに比べて、^{90}Y の β^- 線の最大エネルギーは 2.282 MeV と高いので、^{90}Sr 線源とはいうものの、実際には ^{90}Sr と ^{90}Y の放射線を利用しているようなことになる。

2) ^{137}Cs（セシウム）

^{137}Cs の半減期は 30.01 年で、Cs 自身は β^- 放出体である。純粋な ^{137}Cs を半時間以上放置すると、娘核種の ^{137m}Ba（バリウム）（2.552 分）と ^{137}Cs とは永続平衡が成立する。したがってこの場合も、^{137}Cs と単独に記さないで、^{137}Cs−^{137m}Ba と記すことが多い。

^{137m}Ba は核異性体転移（IT）を起こして 0.662 MeV の γ 線を放出して、安定核種の ^{137}Ba となる。γ 線源として ^{137}Cs を利用しているのは、この 0.662 MeV の γ 線である。

3) ^{144}Ce（セリウム）

^{144}Ce の半減期は、284.9 日で、低い最大エネルギーの β^- 線を 3 本出し娘核種 ^{144}Pr（プラセオジム）（17.28 分）と永続平衡の関係が成立する。^{144}Pr は、最大エネルギー 2.997 MeV という強いエネルギーの β^- 線と 2.186 MeV という強い γ 線を放出して、^{144}Nd（2.29×10^{15} 年、α 放出体）となる。

4) ^{147}Pm（プロメチウム）

第7章 放射性核種の製造

^{147}Pm は、半減期 2.623 年、純 β^- 放出体である。プロメチウムは天然に存在しない元素である。1947 年、米国の J.A.Marinsky らが核分裂生成物から単離確認した。^{238}U の自発核分裂によって、ウラン鉱石中ウラン 1 g 当たり 10^{-17} g 程度の ^{147}Pm を生成する。また宇宙線起源の中性子による核反応によって、希土類元素を含む鉱石中、希土類元素 1 g 当たり 10^{-18} g 程度の ^{147}Pm を生成している。

5) ^{99}Mo（モリブデン）

娘核種である ^{99m}Tc は、核異性体転移（IT）によって 141 keV という放射線測定が容易なエネルギーの γ 線を放出し、かつ半減期 6 時間と短いので、診断用の放射性医薬品として最適で、種々化学形を変えた化合物をつくり広く使用されている。なおテクネチウムは人工的につくられた元素で、天然には存在しない。使用済核燃料 1 トン当たり約 800 g の ^{99}Tc（約 $5×10^{11}$ Bq、約 14 Ci）を含む。

6) ^{95}Zr（ジルコニウム）

^{95}Zr は、^{95}Nb（ニオブ）と過渡平衡になるので ^{95}Zr－^{95}Nb と書くことがある。

7) ^{106}Ru（ルテニウム）

^{106}Ru は、^{106}Rh（ロジウム）と永続平衡になるので ^{106}Ru－^{106}Rh と書くことがある。

8) $^{131}_{53}$I（ヨウ素）の半減期は 8.021 日、大部分が β^- 壊変して $^{131}_{54}$Xe（キセノン、安定）となる。しかし、残りの 1.1 ％が β^- 壊変して気体の ^{131m}Xe（11.77 d、IT）となるので吸入しないよう取扱に注意を要する。I^- は人体に投与すると甲状腺に集まる。ヨウ素には I_2、I^-、IO_3^-、IO_4^- の化学種がある。I_2 は揮発しやすい。^{131}I は放射性医薬品に用いる（12.4 参照）。

9) $^{85}_{36}$Kr（クリプトン）の半減期は 10.76 年で β^- 壊変する。β^- 線の最大エネルギーは 0.687 MeV（100 ％）と低く、わずかではあるが、γ 線 0.517 MeV（0.43％）を放出して $^{85}_{37}$Rb（ルビジウム：安定）となる。^{85}Kr は厚さ計の放射線源に使用する。放射性気体の核分裂生成物である。原子炉や再処理工場の運転によって生成し大気中に拡散する。

7 演習問題

問題1 無担体の ^{55}Fe（半減期 2.6 年）の製造を、サイクロトロンによる ^{58}Ni（p, α）^{55}Co（半減期 18 時間、EC、$β^+$壊変）を利用して行った。Ni ターゲットを溶解し、Co をイオン交換分離により精製したところ、^{55}Co の放射能は 10^9Bq であった。充分な時間が経過したのち、^{55}Co の壊変で得られる ^{55}Fe の放射能（Bq）に最も近いものは、次のうちどれか。
   1 $8×10^5$ 2 $3.7×10^7$ 3 $1×10^9$ 4 $3.7×10^{10}$ 5 $1.2×10^{12}$

問題2 次の核反応のうち、^{18}F を直接生じる正しいものの組合せはどれか。
   A ^{16}O（^{3}He, p）   B ^{16}O（d, n）
   C ^{19}F（d, t）   D ^{14}N（α, n）
   1 A と B 2 A と C 3 A と D 4 B と C 5 C と D

問題3 核反応とその生成核の壊変、^{124}Xe（n, γ）M $\xrightarrow{EC, β^+}$ M´、でつくられる核種 M´ は、次のうちどれか。
   1 ^{125}Te 2 ^{125}I 3 ^{125}Xe 4 ^{125}Cs 5 ^{126}Cs

問題4 次の放射性核種の製造に関する記述のうち、正しいものの組合せはどれか。
   A ^{11}C は窒素に陽子を照射して、（p, α）反応で製造できる。
   B ^{24}Na はナトリウム化合物を原子炉で中性子照射すれば、中性子捕獲反応によって製造できる。
   C ^{99}Mo はモリブデンの中性子捕獲反応では製造できない。
   D ^{57}Co を無担体で製造するには、^{56}Fe の（d, p）反応で ^{57}Fe を作り、その $β^-$壊変生成物を化学分離すればよい。
   1 A と B 2 A と C 3 A と D 4 B と C 5 B と D

問題5 （n, γ）反応で生成する放射性核種とその分離のための沈殿形の組合せとして正しいものは、次のうちどれか。
   1 ^{140}Ba－BaSO$_4$ 2 ^{127}I－AgI 3 ^{27}Al－Al(OH)$_3$
   4 ^{64}Cu－Cu$_2$(NCS)$_2$ 5 ^{20}F－AgF

問題6 次の核反応のうち、^{57}Co を生ずる正しいものの組合せはどれか。
   A ^{55}Mn（α, 2n） B ^{59}Co（n, 2n） C ^{56}Fe（d, n） D ^{58}Ni（n, α）
   1 A と B 2 A と C 3 A と D 4 B と C 5 C と D

第7章　放射性核種の製造

問題 7　次の核種のうち、β⁻壊変するものの組合せはどれか。
　A　単核種元素アルミニウムの（α, n）反応で生成する ³⁰P
　B　単核種元素コバルトの（p, n）反応で生成する ⁵⁹Ni
　C　単核種元素ヨウ素の（n, γ）反応で生成する ¹²⁸I
　D　²³⁵U の（n, f）反応で生成する ¹⁴⁰Cs
　　1　AとB　　2　AとC　　3　AとD　　4　BとC　　5　CとD

問題 8　次の文章の（　　）の部分に入る適当な語句または数値を番号と共に記せ。
　A　1895年、レントゲンにより（　1　）が発見されたことに続き、1896年ベクレルが（　2　）化合物から放射線が出ていることを発見した。
　　さらに、1898年、キュリー夫妻によりウラン鉱物ピッチブレンドから（　3　）と（　4　）の2つの元素が発見された。
　B　天然ウランは、核燃料等エネルギー源として用いられている質量数（　5　）と、このほか質量数（　6　）と（　7　）の3種類の同位体混合物である。
　C　1940年、最初の（　8　）元素として93番元素（　9　）が人工的に合成され、その後94番元素（　10　）以後の多数の元素が合成された。

問題 9　自然界には、同位体存在度が約0.7％の質量数（　A　）のウランと存在比が99.3％の質量数（　B　）のウランが存在する。この天然ウラン中においては、核分裂で放出される（　C　）は、減速過程でそのほとんどが質量数（　D　）のウランに共鳴吸収されて（n, γ）反応に消費されてしまい、連鎖反応は起こらない。
　　核燃料用のウラン加工施設では、高速増殖炉等のために質量数（　E　）のウランの濃縮度が高いウラン溶液を取り扱うことがある。このとき、一度に多量のウラン溶液を容器に入れ、その容器の周辺に水などの（　F　）材があると、臨界に達することがある。臨界に達したことにより周辺の環境に中性子が放出されたとき、その積算量を推定する方法の一つとして、リンと硫黄を分析する方法がある。

問題 10　次の核反応のうち、正しいものの組合せはどれか。
　A　²⁴Mg(d, α)²²Na　　B　²⁴Mg(α, n)²⁷Al　　C　¹⁴N(n, p)¹⁴C　　D　⁴⁰Ca(n, α)³⁶Cl
　　1　AとB　　2　AとC　　3　AとD　　4　BとC　　5　BとD

問題 11　熱中性子による ²³⁵U の核分裂生成物の組合せとして、核分裂収率の値が最も近いものは次のうちどれか。
　　1　⁹⁵Zrと¹⁴⁰Ba　　2　⁹⁰Srと¹⁰³Ru　　3　⁸⁵Krと¹⁴⁷Nd　　4　¹²⁹Iと¹³¹I　　5　⁸⁵Krと¹³⁷Cs

問題 12　核分裂に関する次の記述のうち、正しいものの組合せはどれか。
　A　熱中性子による ²³⁵U の核分裂片の質量数の和は235である。

演 習 問 題

B ^{238}U では熱中性子による核分裂はほとんど起こらない。
C ^{232}Th では速中性子によって核分裂が起こる。
D 天然放射性核種には自発核分裂するものはない。
 1 AとB 2 AとC 3 AとD 4 BとC 5 CとD

問題 13 ^{235}U の核分裂に関する次の記述のうち、正しいものの組合せはどれか。
A 熱中性子による核分裂で生成する核分裂片の質量数は同じではなく、軽い核分裂片は質量数86～106に、重い核分裂片は130～150に核分裂収率のピークがある。
B 中性子のエネルギーが高くなるにつれ、2つの核分裂片の質量数の差は大きくなる。
C 核分裂の反応断面積は熱中性子よりも、高速中性子に対して大きい。
D 高エネルギーの陽子やヘリウム原子核でも起こる。
 1 AとB 2 AとC 3 AとD 4 BとC 5 BとD

問題 14 ^{90}Sr および ^{137}Cs 両核種に関する次の記述のうち、正しいものの組合せはどれか。
A 両核種ともにβ⁻、γ放射体である。
B 両核種とも娘核種は放射性である。
C 周期表の同族であり、化学的性質が似ている。
D ^{235}U の熱中性子による核分裂で高い収率で生成する。
 1 AとB 2 AとC 3 AとD 4 BとC 5 BとD

問題 15 核分裂に関する次の記述のうち、正しいものの組合せはどれか。
A 核分裂生成物 ^{90}Sr の娘核種も放射性である。
B 核分裂収率の総和は約100%である。
C 核分裂生成物の分離には、陰イオン交換クロマトグラフィーが有効である。
D ^{233}U, ^{235}U, ^{239}Pu は、熱中性子によって核分裂を起こし易い。
 1 AとB 2 AとC 3 AとD 4 BとD 5 CとD

第8章 放射性核種の分離・精製

8.1 共 沈 法

8.1.1 RIの分離法の特徴

RIとは、radioisotope（放射性同位体）の略称である。厳密さを要求されないときは、放射性核種（radionuclide）の意味にも用いられ、便利なので我が国では広く使用されている。したがって、同じ意味として、ここでもRIという術語を使用する。

a）RIの質量は超微量である

RIはその質量が極めてわずかでも検出感度の高い放射能によって存在がわかる。したがって、

表8.1 おもな放射性核種の1kBqあたりの原子数、グラム数および比放射能（kBq/g）

核種	半減期	1kBqあたりの原子数	1kBqあたりのグラム数	1gあたりのkBq数（比放射能）
^{3}H	12.33 y	5.61×10^{11}	2.80×10^{-12}	3.58×10^{11}
^{14}C	5.730×10^{3} y	2.61×10^{14}	6.06×10^{-9}	1.65×10^{8}
^{18}F	109.8 m	9.50×10^{6}	2.84×10^{-16}	3.52×10^{15}
^{24}Na	14.96 h	7.77×10^{7}	3.10×10^{-15}	3.23×10^{14}
^{32}P	14.26 d	1.78×10^{9}	9.45×10^{-14}	1.06×10^{13}
^{35}S	87.51 d	1.09×10^{10}	6.34×10^{-13}	1.58×10^{12}
^{45}Ca	163.8 d	2.04×10^{10}	1.53×10^{-12}	6.55×10^{11}
^{51}Cr	27.70 d	3.45×10^{9}	2.92×10^{-13}	3.42×10^{12}
^{54}Mn	312.1 d	3.89×10^{10}	3.49×10^{-12}	2.87×10^{11}
^{59}Fe	44.50 d	5.55×10^{9}	5.43×10^{-13}	1.84×10^{12}
^{60}Co	5.271 y	2.40×10^{11}	2.39×10^{-11}	4.18×10^{10}
^{90}Sr	28.78 y	1.31×10^{12}	1.96×10^{-10}	5.11×10^{9}
^{99m}Tc	6.01 h	3.12×10^{7}	5.13×10^{-15}	1.95×10^{14}
^{125}I	59.41 d	7.41×10^{9}	1.54×10^{-12}	6.51×10^{11}
^{131}I	8.021 d	1.00×10^{9}	2.17×10^{-13}	4.60×10^{12}
^{137}Cs	30.07 y	1.37×10^{12}	3.11×10^{-10}	3.21×10^{9}
^{226}Ra	1.600×10^{3} y	7.28×10^{13}	2.73×10^{-8}	3.66×10^{7}
^{232}Th	1.405×10^{10} y	6.40×10^{20}	2.46×10^{-1}	4.06
^{238}U	4.468×10^{9} y	2.03×10^{20}	8.04×10^{-2}	12.4
^{241}Am	432.2 y	1.97×10^{13}	7.87×10^{-9}	1.27×10^{8}

8.1 共 沈 法

常用量とは桁違いの超微量の元素の化学的挙動をみることができ、超微量の元素の挙動は常用量とは著しく異なることが分かる。半減期が長く質量数の大きい ^{232}Th や ^{238}U のような天然の RI とは異なり、半減期や質量数が比較的小さい人工の RI の質量（グラム数）は極めて微量である（表8.1）。非常に強い放射能の RI でも五感に感じないが、放射線と物質との相互作用を利用することにより、極微量でも検出できるようになった。このような超微量は、トレーサ量 (tracer scale) とよび、常用量の元素と比べて全く異なる挙動をとる場合が多い。例えば水を加えたとき、完全に溶けきれなくて真の溶液の性質を示さず、ラジオコロイドとよぶコロイド的な中間的性質を示したりすることがある。

また、トレーサ量の RI は、容器や器具の表面、微細粒子、ろ紙などに吸着したり、長期間放置すると容器の底に沈着したりする。トレーサ量の RI は、そのままでは沈殿法、溶媒抽出法、イオン交換法などの化学的な分離操作を行うときの 0.1～1 g 程度の試料の分析とは全く異なる挙動を示すものが多いので、化学的操作には注意する必要がある。

b) RI の分析では時間が重要である

1) RI は減衰する

非放射性物質の化学分離は、変質したり分解しない限りは、分離時間が多少長くても問題にはならない。しかし、RI の分離では半減期が短いときには、分離時間が長すぎると問題が起こる。短半減期の RI は、取り扱う間にどんどん減衰するからである。どんなに化学的な収率の良い分離法でも、操作に長時間かかっては、利用価値は少なくなる。例えば 25 分の半減期をもつ ^{128}I を 25 分で 50 ％の化学的収率で分離できる方法は、数時間かかって 99 ％の化学的収率をあげる方法よりはるかに優れている。化学的収率よりも放射化学的収率が重要だからである。

2) 放射平衡にある親核種と娘核種の経過時間

例えば親核種 ^{90}Sr（半減期 28.78 年、β^- 放出体）とその娘核種 ^{90}Y（64.1 時間、β^- 放出体）とは永続平衡の関係にある。いま、純粋な ^{90}Sr を放置すると娘核種 ^{90}Y が生成し、だんだん娘核種が多くなり、約 2 週間ほどで両者は永続平衡となる。また ^{140}Ba（12.75 日、β^- 放出体）とその娘核種 ^{140}La（1.678 日、β^- 放出体）とは過渡平衡の関係にある。純粋な ^{140}Ba は放置すると減衰するが、その娘核種 ^{140}La は次第に多くなり、約 1 週間程度で両者は過渡平衡となる。この間、親核種は減衰し、逆に娘核種は次第に多くなり、両者の比率は経過時間によって大きく変化する。このため、放射平衡を含む系では、分離したときの時間を正確に記録しておく必要がある。

c) 放射性同位元素等規制法などの遵守の必要性

放射線や RI を取り扱うときには、放射性同位元素等規制法（旧放射線障害防止法）および関係法令ならびに放射線障害予防規程などの厳しい規程があり、法定の基準を満たす管理区域内の作業室で放射線業務従事者は、安全管理担当者の指示の下で放射線取扱作業をするので問

題はほとんど起こらない。しかし、業務従事者は、個人の心得として放射線をできるだけ浴びないような注意が必要である。このため外部被ばく防護の3原則、すなわち、①線源に遮へいをほどこす。②できるだけ線源から距離を離す。③できるだけ短時間に取り扱う。また、RIは、体内に取り込まないように注意して取り扱う必要がある。

d) 放射化学的分離法の概要

放射化学的分離法とは、放射性核種を対象とする化学分離操作である。原理的には通常の化学分離と大きく変わらない。操作としては①常用量の非放射性物質から目的とする超微量の放射性核種を分離する。②超微量の放射性核種を相互分離するに大別できる。

通常の化学分離と異なる点は、①RIなので減衰する。②RIを取り扱っているので超微量を取り扱っていることになる。③放射線を計測してRIを定量する。④場合によっては強い放射線下で化学操作を行うこともあるなどである。

RIの分離に主に使用する方法として、沈殿法（共沈法）、溶媒抽出法、イオン交換法が利用されている。共沈法は、土壌中の ^{90}Sr の定量のように、目的のRI以外の物質が多量に共存している試料からのRI分離に適している。目的RIの沈殿生成の至適条件を多少外れていても、高い回収率を保ち、汚染係数をあまり落とさないでRIを分離精製できるからである。したがって、土壌、農作物、海水、河川水などの環境試料中の微量のRIの捕集濃縮（前処理ともいう）に最適である。

イオン交換法は、イオン交換樹脂カラムにRIを吸着させて溶離液を流して分離するカラム法を通常使用する。イオン交換樹脂に対する吸着機構に合わせた至適条件で操作すると、かなり多くのRIを再現性よく相互分離できる。特に無担体のRIは、超微量となるので、イオン交換樹脂のもつ吸着による分離の特性を活かすことができる。カラム法として使用すると、遠隔操作による分離や自動化が可能である（8.3参照）。

溶媒抽出法は、水に混じらない有機溶媒を使ってRIを分離するが、イオン交換樹脂以上に厳密な分離条件を守る必要がある。一般に溶媒抽出は、担体量に関係なしに、迅速かつシャープに分離できる特徴がある（8.2参照）。

放射化学的分離で取り扱うRIの質量は見ることも量ることもできない超微量（トレーサ量）である。このような超微量ではイオンの溶存状態が常用量と異なり、溶媒抽出法やイオン交換法や吸着、透析、拡散、遠心分離、電気泳動などによって無担体RIを分離すると、常用量から予想される化学的行動と異なる行動をとるので注意を要する。

8.1.2 共沈現象

トレーサ量のRIの質量は、超微量なので秤量できないし、全く肉眼では見えない状態で存在している。したがって溶液中のRIに沈殿剤を加えて沈殿をつくろうとしても、沈殿そのものが極めて微量なので完全には沈殿しない。このようなとき、担体（carrier）を加えて、沈殿剤を加えて、その担体を沈殿させると、RIは担体とともに沈殿に移る。すなわち、はじめ水溶

8.1 共 沈 法

液中にある物質の陰イオンと陽イオンの濃度の積が、溶解度積を超過しない状態にあるとき、他の沈殿ができると誘い出されるように沈殿する。このような現象を共沈（coprecipitation）とよぶ。

共沈の生成機構は複雑であり、明らかではない部分がある。1913 年に、K.Fajans は、RI の共沈に関して、「陽イオンとしての放射性元素と沈殿剤の陰イオンとがつくる化合物の溶解度が小さいほど、放射性元素の共沈される量は増大する」という沈殿生成の経験法則を提案した。例えば ^{210}Bi は炭酸バリウム $BaCO_3$ や水酸化鉄（Ⅲ）$Fe(OH)_3$ とは共沈するが、酸性溶液から硫酸バリウム $BaSO_4$ または硫酸鉛 $PbSO_4$ とは共沈しない。ビスマスの炭酸塩や水酸化物の溶解度は小さいが、酸性溶液では硫酸塩の溶解度が大きいからである。^{210}Pb や ^{212}Pb などはこれらの何れとも共沈するが、塩化銀 AgCl には共沈しない。鉛の炭酸塩、水酸化物、硫酸塩の溶解度は小さいが、塩化物の溶解度は大きいからと考えられる。

Fajans の法則が出て間もなく、このような単純な基本法則では予想できないような例外が分かった。例えば、^{212}Pb ではヨウ化鉛 PbI_2 およびフマル酸鉛 $Pb(C_4H_2O_4)$ が何れもかなり溶解度が小さいにもかかわらず、ヨウ化水銀 HgI_2 またはフマル酸銅（Ⅱ）$Cu(C_4H_2O_4)$ に共沈しない。常用量ではあるが、硝酸カリウム KNO_3 は硫酸バリウム $BaSO_4$ とかなり共沈する。これらは何れも Fajans の沈殿法則だけでは説明できない現象である。

8.1.3 共沈による無担体分離

無担体分離とは、RI をその安定同位体を含まない状態で分離することである。このため、第 1 段で目的の RI とは異なる原子番号の非放射性同位体を担体として加えて、共沈によって目的の RI を分離し、加えた担体は不用なので、第 2 段で RI から分離、除去する。

このときに加える担体は、第 1 段で RI の共沈率が高く、第 2 段で RI から分離しやすいものを選ぶ。第 2 段の分離は、一般に溶媒抽出法、イオン交換法、沈殿法などを用いる。

8.1.4 担　体

一般に、人工の RI の質量は半減期が比較的短く、質量数が小さいので、超微量である。よほど注意して取り扱わないと、器具や容器の表面に吸着したり、ラジオコロイドになったりして、通常用いられる濃度範囲（常用量）のイオンとは全く異なる行動を示すことがある。このため常用量で永年積み重ねてきた化学的知識が全く役立たなくなる。

このようなとき、非放射性同位体の適当量を加えると、RI は常用量として取り扱えるようになり、永年の化学的知識を活用でき、分離操作も容易となる。このような目的で加える非放射性同位体は、目的の RI を担い運ぶ役割をするので担体とよぶ。担体が目的の RI の安定同位体であるときは**同位体担体**（同じ原子番号の担体）、そうでないときは**非同位体担体**（異なる原子番号の担体）とよぶ。例えば、$[^{140}Ba]Ba^{2+}$ に $BaCl_2$ を加え、かき混ぜて均一な溶液としたのち、SO_4^{2-} を加えると、$BaSO_4$ が沈殿する。^{140}Ba は Ba^{2+} と同じように行動し、$BaSO_4$ の沈殿に均一に入り込み、沈殿した ^{140}Ba のパーセントは、沈殿した全 Ba 担体と同じパーセントとなる。

第8章 放射性核種の分離・精製

この操作で Ba は ^{140}Ba の同位体担体である。しかし、Ba^{2+} は ^{140}La（^{140}Ba の娘核種）にとっては非同位体担体となる。

担体は沈殿する RI に対して加えるだけではなく、溶液の方にとどめておきたい RI に対しても加える。例えば ^{90}Sr－^{90}Y を含む溶液に Fe^{3+} を加え水酸化ナトリウム溶液を加え水酸化鉄（Ⅲ）$Fe(OH)_3$ の沈殿をつくり、$[^{90}Y]Y^{3+}$ を $Y(OH)_3$ として共沈させて、$[^{90}Y]Y^{3+}$ を分離するときに、非放射性の Sr^{2+} イオンを担体として加えておくと、$[^{90}Sr]Sr^{2+}$ は沈殿しないで溶液に残る。Sr^{2+} イオンは、相当に濃いアルカリ溶液にしてももともと沈殿し難いが、担体を加えると常用量として行動するからである。この Sr^{2+} のように、目的の RI を溶液にとどめるために加える担体を**保持担体**（hold-back carrier）という。また、目的とする RI を溶液中に残し、不純物など不要の RI を除去するために加える担体を、清掃という意味で**スカベンジャー**（scavenger）という。水酸化鉄（Ⅲ）$Fe(OH)_3$ の沈殿をつくって、不要な不純物の RI を除去するために加える Fe^{3+} は、スカベンジャーである。環境試料中の ^{90}Sr の分析法の操作で、不用の希土類元素などの除去のために、Fe^{3+} をスカベンジャーとして加え、アンモニア水または水酸化ナトリウム溶液を加えて、アルカリ性として $Fe(OH)_3$ の沈殿に共沈させて除去している。

一般に担体の量は、通常 $10 \sim 20\,mg$ である。しかし、場合によっては増減する。溶液中に種々の RI が混在しているときは、全部の担体を加える必要はない。化学的性質の似た RI の1種類を代表として加えればよい。例えば銅、スズ、アンチモン、カドミウム、ビスマスの RI に対しては、非放射性の銅の塩類を代表の担体として加えると、何れも酸性溶液で硫化銅と共沈する。

水酸化鉄（Ⅲ） の沈殿は、3価の鉄（Fe^{3+}）溶液を加え、水酸化ナトリウム溶液またはアンモニア水でアルカリ性にするとできる。この沈殿は単位重量当たりの表面積が大きく、特定のイオンだけを選択的に吸着する。例えばリン酸イオンと硫酸イオンが共存する溶液に鉄（Ⅲ）塩（第二鉄塩：Fe^{3+}）を加えてアンモニア水でアルカリ性にすると、水酸化鉄（Ⅲ）が沈殿する。この沈殿はリン酸イオン（$[^{32}P]PO_4^{3-}$）をほとんど完全に共沈する。しかし、硫酸イオン（$[^{35}S]SO_4^{2-}$）はほとんど共沈しない。したがって、この2つは分離できる。Fe^{3+} の代わりに La^{3+} を用いることもあるが、Fe^{3+} は着色しているので沈殿生成が肉眼で分かりやすく、化学操作が容易である。

8.1.5　$[^{32}P]PO_4^{3-}$ と $[^{35}S]SO_4^{2-}$ からの $[^{32}P]PO_4^{3-}$ の無担体分離

塩素の同位体存在度は、^{35}Cl が $75.77\,\%$、^{37}Cl が $25.23\,\%$ である。塩化アンモニウムを中性子照射すると、^{35}Cl(n, γ)^{36}Cl の核反応で ^{36}Cl（半減期 3.01×10^5 年）が生成し、^{35}Cl(n, α)^{32}P の核反応で ^{32}P（14.26 日）が生成し、^{35}Cl(n, p)^{35}S の核反応で ^{35}S（87.51 日）が生成し、^{37}Cl(n, γ)^{38}Cl の核反応で ^{38}Cl（37.24 分）が生成する。このうち、^{36}Cl は極めて長半減期なので生成量は少なく無視でき、^{38}Cl は短半減期なので長時間放置すると減衰して消滅する。結局全体として ^{32}P

8.1 共沈法

と ^{35}S だけが残ることなる。このような塩化アンモニウム中の ^{32}P と ^{35}S を化学分離する方法を次に示す。

中性子照射した NH_4Cl を水に溶かし、薄い塩酸溶液にすると、空気中の酸素に酸化されて、^{32}P は $[^{32}P]PO_4^{3-}$ に、^{35}S は $[^{35}S]SO_4^{2-}$ の形となる。これに Fe^{3+} を担体として加え、水酸化ナトリウム溶液またはアンモニア水を加えると水酸化鉄（III）の沈殿が生成し、$[^{32}P]PO_4^{3-}$ の形の ^{32}P は $[^{32}P]FePO_4$ となってこの沈殿に共沈し、$[^{35}S]SO_4^{2-}$ の形の ^{35}S は、共沈しないで溶液にとどまる。これをろ過すると、$[^{35}S]SO_4^{2-}$ の形の ^{35}S はろ液に存在し、$[^{32}P]FePO_4$ は水酸化鉄（III）の沈殿とともに、ろ紙上に残る。（ろ過の代わりに遠心分離してもよい。そのときは、上澄み液には $[^{35}S]SO_4^{2-}$ が存在し、下部の沈殿には、$[^{32}P]FePO_4$ が存在する）

得られた沈殿に濃塩酸を加えると瞬間的に溶解しさらに濃塩酸を加えて8M塩酸溶液に調製し、分液漏斗に移し、等容量のジイソプロピルエーテル（イソプロピルエーテルともいう）を加えて激しく振とうする（この操作を溶媒抽出法という）。褐色の Fe^{3+} は、ジイソプロピルエーテル層に移り、Fe^{3+} を除去した8M塩酸相は無色となる。

この8M塩酸相を赤外線ランプ下で加熱蒸発して濃塩酸を除去し、乾固寸前で少量の濃塩酸を加えて所定の濃度の塩酸溶液とすると無担体の ^{32}P 塩酸溶液ができる。

8.1.6　$^{90}Sr-^{90}Y$ からの ^{90}Y の分離

約1ヶ月以上放置した ^{90}Sr（28.78年）は、その娘核種の ^{90}Y（64.1時間）と放射平衡となっている。一方、^{140}Ba（12.75日）は、その娘核種の ^{140}La（1.678日）と過渡平衡となっている。このような放射平衡では、^{90}Sr には ^{90}Y が、^{140}Ba には ^{140}La が共存している。^{90}Sr と ^{140}Ba は、ともにアルカリ土類金属元素であり、^{90}Y と ^{140}La は、ともに希土類元素なので、この2組の化学分離は全く同じ化学操作でよい。そこで ^{140}Ba と ^{140}La は括弧の中に併記して示す。

$^{90}Sr-^{90}Y$（または $^{140}Ba-^{140}La$）の薄い濃度の塩酸溶液に ^{90}Sr（または ^{140}Ba）および Fe^{3+} を担体として加え、さらに CO_2 不含のアンモニア水を加え加温して、水酸化鉄（III）の沈殿を作る。

$[^{90}Y]Y^{3+}$（または $[^{140}La]La^{3+}$）は水酸化鉄（III）$Fe(OH)_3$ の沈殿に共沈する。溶液を遠心分離すると、上部は上澄み液、下部は沈殿となる。$[^{90}Y]Y(OH)_3$（または $[^{140}La]La(OH)_3$）を含む水酸化鉄（III）の沈殿（下部）に濃塩酸の少量を加えると瞬間的に溶解する。さらに濃塩酸を加えて8M塩酸溶液を調製する。分液漏斗に移して、等容積のジイソプロピルエーテル（イソプロピルエーテルともいう）を加えて激しく振とうして、しばらく静置すると、Fe^{3+} はジイソプロピルエーテル層（上部）に移る。8M塩酸層（下部）には ^{90}Y（または ^{140}La）が残る（この操作は溶媒抽出法である）。塩酸相を蒸発乾固すると無担体の ^{90}Y（または ^{140}La）を得る。これに所定の濃度の塩酸溶液を加えると無担体の ^{90}Y（または ^{140}La）塩酸溶液が得られる。

第8章 放射性核種の分離・精製

8.1.7 金属イオンの系統分離と沈殿生成

a）系統的分離

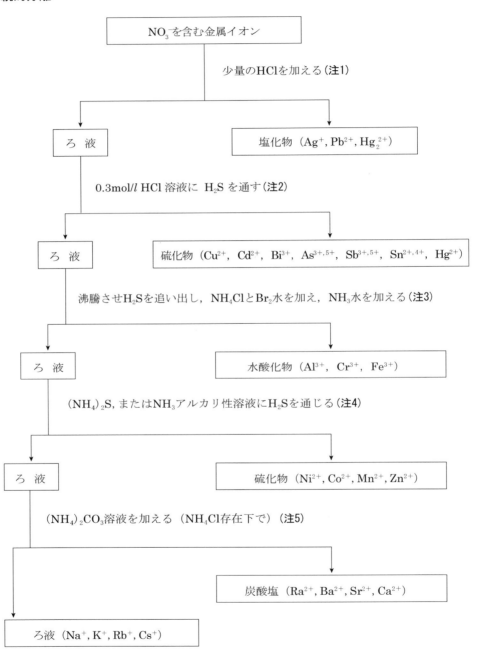

図8.1 陽イオンの系統的分離

8.1 共沈法

(注1) 塩化物沈殿の生成

$Ag^+ + Cl^- \rightarrow AgCl$ （白色、紫外線で紫黒色）

$Hg_2^{2+} + 2Cl^- \rightarrow Hg_2Cl_2$ （白色）

$Pb^{2+} + 2Cl^- \rightarrow PbCl_2$ （白色）

(注2) 硫化物沈殿の生成

約 0.3 mol/l 塩酸溶液で硫化水素 H_2S を通したときに生じる硫化物の沈殿

$Hg^{2+} + S^{2-} \rightarrow HgS$ （黒色）

$Cu^{2+} + S^{2-} \rightarrow CuS$ （黒色）

$2Bi^{3+} + 3S^{2-} \rightarrow Bi_2S_3$ （褐色）

$2Ag^+ + S^{2-} \rightarrow Ag_2S$ （黒色）

$Pb^{2+} + S^{2-} \rightarrow PbS$ （黒色）

$Cd^{2+} + S^{2-} \rightarrow CdS$ （黄色または橙色）

(注3) NH_4Cl 共存下で NH_3 水の添加で生じる沈殿

$Al^{3+} + 3OH^- \rightarrow Al(OH)_3$ （白色）

$Cr^{3+} + 3OH^- \rightarrow Cr(OH)_3$ （灰緑色）

$Fe^{3+} + 3OH^- \rightarrow Fe(OH)_3$ （赤褐色）

Al^{3+}、Cr^{3+}、Fe^{3+} の酸性溶液に H_2S を通じても沈殿は生じない

(注4) 酸性では沈殿を生じないが、アンモニア・アルカリ性で硫化物の沈殿を作るもの

$Zn^{2+} + S^{2-} \rightarrow ZnS$ （白色）

$Ni^{2+} + S^{2-} \rightarrow NiS$ （黒色）

$Co^{2+} + S^{2-} \rightarrow CoS$ （黒色）

$Mn^{2+} + S^{2-} \rightarrow MnS$ （肉紅色）

酸性でもアルカリ性でも沈殿しないもの

Mg^{2+}、Ca^{2+}、Sr^{2+}、Ba^{2+}、Na^+、K^+、Cs^+

(注5) 炭酸塩の生成

$Ba^{2+} + CO_3^{2-} \rightarrow BaCO_3$ （白色）

$Sr^{2+} + CO_3^{2-} \rightarrow SrCO_3$ （白色）

$Ca^{2+} + CO_3^{2-} \rightarrow CaCO_3$ （白色）

NH_4Cl の添加は $MgCO_3$ の沈殿生成阻止のためである。

b) 水溶液中での沈殿生成

(1) 硫酸塩沈殿の生成

$Ca^{2+} + SO_4^{2-} \rightarrow CaSO_4$ （白色）

$Sr^{2+} + SO_4^{2-} \rightarrow SrSO_4$ （白色）

$Ba^{2+} + SO_4^{2-} \rightarrow BaSO_4$ （白色）

第8章　放射性核種の分離・精製

$Pb^{2+} + SO_4^{2-} \rightarrow PbSO_4$（白色）

$2Ag^+ + SO_4^{2-} \rightarrow Ag_2SO_4$（白色）

(2) リン酸塩沈殿の生成

$Ba^{2+} + HPO_4^{2-} \rightarrow BaHPO_4$（白色、中性溶液から）

$3Ba^{2+} + 2OH^- + 2HPO_4^{2-} \rightarrow Ba_3(PO_4)_2 + 2H_2O$（白色、アルカリ性溶液から）

〔Sr^{2+}、Ca^{2+}もBa^{2+}と同じような反応を呈する〕

$3Ag^+ + PO_4^{3-} \rightarrow Ag_3PO_4$（黄色）

$Fe^{3+} + PO_4^{3-} \rightarrow FePO_4$（白色）

(3) クロム酸塩沈殿の生成

$2Ag^+ + CrO_4^{2-} \rightarrow Ag_2CrO_4$（赤褐色）

$Ba^{2+} + CrO_4^{2-} \rightarrow BaCrO_4$（黄色）

$Pb^{2+} + CrO_4^{2-} \rightarrow PbCrO_4$（黄色）

表8.2　水溶液中での沈殿生成のめやす

陰イオン ＼ 陽イオン	Ag^+	Hg_2^{2+}	Hg^{2+}	Pb^{2+}	Bi^{3+}	Cu^{2+}	Cd^{2+}	Al^{3+}	Cr^{3+}	Fe^{3+}
OH^-（水酸化物）	—	—	—	●	●	●	●	●	●	●
SO_4^{2-}（硫酸塩）	◐	◐	○	●	○	○	○	○	○	○
PO_4^{3-}（リン酸塩）	●	●	●	●	●	●	●	●	●	●
S^{2-}（硫化物）	●	●	●	●	●	●	●	●	●	●
Cl^-（塩化物）	●	●	○	◐	◐	○	○	○	○	○
CO_3^{2-}（炭酸塩）	●	●	●	●	●	●	●	—	—	◐

陰イオン ＼ 陽イオン	Ni^{2+}	Co^{2+}	Zn^{2+}	Mn^{2+}	Ba^{2+}	Sr^{2+}	Ca^{2+}	Na^+	K^+
OH^-（水酸化物）	●	●	●	●	○	◐	◐	○	○
SO_4^{2-}（硫酸塩）	○	○	○	○	●	●	●	○	○
PO_4^{3-}（リン酸塩）	●	●	●	●	●	●	●	○	○
S^{2-}（硫化物）	●	●	●	●	○	○	◐	○	○
Cl^-（塩化物）	○	○	○	○	○	○	○	○	○
CO_3^{2-}（炭酸塩）	●	●	●	●	●	●	●	○	○

●：沈殿生成　　◐：少し溶解　　○：溶解

＊この沈殿生成はめやすであり、条件によっては多少異なるときもある。

8.2 溶媒抽出法

8.2.1 溶媒抽出の特徴

　水と油、水とエーテルのようにたがいに混じり合わない溶媒に溶質（溶ける物質）を加え、分液漏斗に入れよく振り混ぜると溶質は2つの溶媒に移り、溶質の濃度の比は一定となる。この現象は古く、1872年にBerthelotらにより研究され、その後Nernstにより、熱力学的観点から理論的に確立され、Nernstの分配法則とよばれるようになった。その分配平衡の法則を利用する抽出は、有機化学では古くから利用され、放射化学の分野でも溶媒抽出法（solvent extraction method, liquid-liquid extraction：液液抽出）が広く活用されている。この理由は次の特徴があるからである。

① 操作が簡単であること。
② 抽出が迅速であること。
③ シャープに分離できる。例えば、沈殿法よりもきれいに分離できる利点がある。沈殿法は、共沈現象によって沈殿が多少汚染されるが、溶媒抽出法は、このようなことはない。
④ 遠隔操作が可能である。放射化学的操作では、高放射能の試料を取り扱うときがある。このようなときには都合がよい。
⑤ 常用量でもトレーサ量でも同じ条件で適用でき、いわゆる無担体分離ができる。

8.2.2 溶媒抽出法の分類

　ここで取り扱う溶液相は主として水溶液であるので、液-液抽出、すなわち、水-有機溶媒の対による抽出法について考える。一般に誘電率（$+e$と$-e$の電気量がrの距離にあるとき、両者に働く力Fは$F=e^2/\varepsilon r^2$となる。εは誘電率とよび真空中では1、水は約80）の低い有機溶媒で抽出するには、荷電していない化学種でなければならない。このような化学種には、配位化合物（ふつうの共有結合では各原子から1個ずつ電子が供給される。これに反して配位結合は一方から電子を2つとも出して結合する）、および静電的な引力でイオン会合して電荷が中和、生成されるイオン会合化合物がある。配位化合物の生成による抽出は、ほとんどキレート化合物（多座配位子によって作られる配位化合物で金属イオンは配位子によって狭まれるような形となる化合物）に限られる。そこで抽出は原理的にキレート抽出系と、イオン会合抽出系の2つに分類できる。

a) **キレート抽出系**（chelate extraction system）オキシン、ジチゾン、クペロンのようなキレート剤は金属とキレート化合物をつくる。これらの化合物の多くは有機溶媒に溶け、水に溶けないので溶媒抽出で分離できる。

b) **イオン会合抽出系**（ion association extraction system）この種の抽出は次の3つの型に区別できる。

　① 金属イオンが大きな有機の基をもつイオンと結合するか、あるいは大きいイオンと会合

するような過程を経るもの。例えば、Cu(I)は 2、9-ジメチルフェナントロリン（ネオクプロイン）と反応して大きな1価の陽イオンをつくり、硝酸や過塩素酸の陰イオンと会合してクロロホルムに抽出される化合物をつくる。

② ハロゲン、チオシアン酸、硝酸イオンなどと、アルコール、エーテル、ケトンおよび、エステルのような酸素を含んでいる有機化合物とが、金属イオンに配位している水分子を置換して抽出できる化学種を生ずる過程を経るもの。例えば、Fe(Ⅲ)が8M塩酸溶液中で、ジイソプロピルエーテルまたはジエチルエーテルで抽出されるようなもの。

③ 金属イオンが高分子の塩になって、セッケンが水に溶けるように有機溶媒に溶けているもの。ウラン、モリブデンなどを、ケロセンに溶かした高分子アミンで抽出する場合がこの例に相当する。

8.2.3 分配の法則

　一定温度において、2つの液相の間に1つの溶質が溶けるとき、各液層中におけるその濃度の比は、溶質の分量に関せず一定である。このことを分配の法則とよび、希薄溶液の特性の一つである。もしも溶質が各液層において、異なった分子量を有するような場合には、この法則は適用されない。常に両層中で同じ分子量を有するものだけについて適用される。したがって、これを利用して、溶液中での分子の会合または解離を知る手段に用いられることがある。もしも両液層における溶質が同じ分子量を有する場合には、第1液層中の溶質の濃度を C_1、第2液層中のそれを C_2 とすると、分配の法則は

$$\frac{C_1}{C_2} = K_D$$

となる。ここに K_D は溶質の濃度に無関係な定数で**分配係数**（partition coefficient）といわれる。ただし、温度が変われば K_D の値も変わる。またもし両液層で、違った分子量がある場合、すなわち、第1液層では化学式どおりの分子量であるが、第2液層中では n 分子会合して存在すると分配の法則から計算して

$$\frac{C_1}{\sqrt[n]{C_2}} = K_D$$

となる。

　分配係数の方法は、太い共栓の試験管に、互に混じりあわない2つの溶媒を入れ、これに溶質を入れ、密栓して恒温槽に浸して一定温度で振りまぜる。分配平衡に達したときに液を静置し、上下各層より一定量の液をとり出し、これを分析して各層の中における溶質の濃度を測定し、C_1/C_2 の比を算出すればよい。次に溶質の量をさらに増加し、同じ操作を繰りかえし、各層の濃度を定める。こうして一連の C_1/C_2 比を測定してみて、それが溶質の分量に関せず、常に一定の値であれば、その溶質は各液層中で同一の分子量を有することがわかる。いま、水とベンゼンとの間における安息香酸（benzoic acid）の分配を調べた Nernst の測定値を、表8.3

8.2 溶媒抽出法

に示す。

表8.3 水(1)とベンゼン(2)の間の安息香酸の分配

C_1	C_2	C_1/C_2	$C_1/\sqrt{C_2}$
0.0596	0.444	0.134	0.089
0.0976	1.050	0.092	0.095
0.1952	4.12	0.047	0.096
0.289	9.7	0.029	0.092

C_1/C_2 が一定にならないで、$C_1/\sqrt{C_2}$ が一定値となる（表8.3）。このことは、安息香酸は、水中では C_6H_5COOH となるが、ベンゼン中ではこれらの2倍、すなわち、$(C_6H_5COOH)_2$ となることを示す。前述したように、同じ分子量の化学種の濃度についてのみ、一定の分配係数 K_D が存在する（有効にはたらいている濃度、すなわち、活量係数を1とする）。実際、安息香酸の分配でみられるように、両液相において重合がおこったり、または会合反応がおこったりして分配の状態は非常に複雑となる。そこで実用的な目的から、分配比（distribution ratio）D が次式のように定義されている。

$$D = \frac{C_O}{C_W}$$

式中、C_O は有機相中の溶質の全濃度、C_W は水相中の溶質の全濃度である。また抽出率（extractability）E は、溶質が目的成分のうちでどれだけ有機相に抽出されたかを表わす比率であり、分配比 D と抽出率 E とは次の式で示す関係にある。分配比は主に抽出の機構をしらべるため利用され、抽出率はどれだけ抽出されるか一見して知ることができる。

$$E = \frac{D}{D + (V_W/V_O)}$$

ここに V_W は水相の容積、V_O は、有機相の容積を示す。

8.2.4 分離例

a) ベリリウム7 ^{7}Be（53.29d）

^{7}Be は ^{7}Li (p, n) ^{7}Be、^{12}C (p, 3p 3n) ^{7}Be の反応によって生ずる。試料を溶かし水溶液とし、pH5〜6に調節し、テノイルトリフルオロアセトン（2-thenoyl trifluoroacetone, 以下TTAと略称する）のベンゼン溶液と振りまぜ、^{7}Be だけをベンゼン相に抽出する。ベンゼン相に濃塩酸を加えてストリッピングする。

b) リン32 ^{32}P（14.26d）

^{32}P は、^{32}S (n, p) ^{32}P 反応で生ずる。ターゲットのSを融解。120〜130℃で沸騰している濃硝酸中に注ぎこむ。冷却後Sをろ過して除き、ろ液に3価の鉄イオン（Fe^{3+}）の溶液を加えアンモニア水を加えたのち、^{32}P を水酸化鉄と共沈させる。この沈殿を塩酸に溶解し、その濃度

を8Mとする。共沈させるために加えたFe^{3+}をジイソプロピルエーテルで溶媒抽出除去する。水相に^{32}Pが残る。その後、陽イオン交換樹脂に通し、不純物として含む陽イオンを除去し、^{32}Pを精製する。

c）カルシウム45　^{45}Ca（163.8d）

スカンジウム^{45}Sc(n, p)^{45}Ca反応で得られる。

Sc_2O_3を12M塩酸に溶解し、蒸発乾固後、水を加え、水酸化ナトリウムでpHを4に調整する。TTAのベンゼン溶液でScを溶媒抽出して除去する。^{45}Caは水相中に無担体で残る。水相をpH9にして、^{45}CaをTTAベンゼン中に溶媒抽出し、そのTTAベンゼン相を水で逆抽出すると^{45}Caは水相に移る。

d）鉄59　^{59}Fe（44.50d）

コバルトの（d, 2p）および（n, p）反応によって^{59}Feが生成する。このとき同時に（n, γ）反応で大量の^{60}Coが副成し、その放射能は、^{59}Feに比べてきわめて大きい。^{59}Feを精製、分離するにはコバルトターゲットを3M硝酸に溶解する。できるだけ硝酸を追い出し、残りの酸をアンモニアで中和する。これに酢酸アンモニウム緩衝溶液を加え、pHを4～7とする。アセチルアセトン飽和水溶液を加え、全体を分液漏斗に移し、キシレンを加えて^{59}Feを抽出する。^{59}Feを含むキシレン相を蒸発乾固する。残った有機物を少量の過塩素酸と硝酸で分解し、蒸発乾固し塩酸に溶かすと^{59}Feの塩酸溶液となる。

e）銅64　^{64}Cu（12.7h）

亜鉛、Zn（n, p）およびZn（d, 2p）反応で^{64}Cuは生成する。^{64}Cuを精製、分離するにはZnターゲットを塩酸に溶解しpHを1.0～1.2に調節する。ジチゾン-四塩化炭素溶液で^{64}Cuを抽出する。四塩化炭素相を蒸発乾固し、500℃に熱して有機物を除去する。

f）亜鉛65　^{65}Zn（245d）

銅、Cu（α, 2n）およびCu（p, n）反応で^{65}Znは生成する。^{65}Znを精製、分離するにはCuターゲットを硝酸に溶解する。硝酸を除き、0.25 M塩酸溶液にする。硫化水素（H_2S）を通じて硫化銅（CuS）を沈殿させる。^{65}Znを含む上澄み液に、酢酸ナトリウムを加えてpHを5.0～5.5にし、チオ硫酸ナトリウム（$Na_2S_2O_3$）の共存でジチゾン-四塩化炭素溶液を加えて^{65}Znを抽出する。四塩化炭素相を薄い塩酸と振り混ぜれば、^{65}Znは塩酸相に移る。

g）ヨウ素131　^{131}I（8.021d）

核分裂生成物の成分である。^{131}Iを精製、分離するには核分裂生成物の1～2M硝酸溶液に過酸化水素を加え、四塩化炭素でヨウ素I_2を抽出したのち0.5％亜硫酸ナトリウム溶液を加えて逆抽出する。

h）セリウム144　^{144}Ce（284.9d）

核分裂生成物の成分である。^{144}Ceを精製、分離するには核分裂生成物にCe担体を1 mg加え、臭素酸ナトリウム（$NaBrO_3$）を加えて溶液の酸度が8～10 Mになるように濃硝酸を加え

る。使う水相で予め予備平衡に達せしめたメチルイソブチルケトン（MIBK）を、分液漏斗に入れて30秒間振り混ぜる。水相を捨てMIBK相を数滴の2M NaBrO₃溶液を含む9M硝酸で洗う。そして少量の過酸化水素を含む水と振り混ぜて有機相からCeを逆抽出する。次に沈殿が生成するまで、濃アンモニア水を滴下し、水溶液を中和し、6M HNO₃を加えて、シュウ酸セリウムの沈殿を作り、その重量と放射能をはかる。この方法で^{95}Zr（^{95}Nb）、^{106}Ruなどから、^{144}Ceを分離できる。

[例題1] ある水-有機溶媒抽出系での、^{55}Feの分配比は20である。20 MBqの^{55}Feを含む水相を同容量の有機相で抽出したとき、水相に残る^{55}Feの放射能（MBq）は、いくらか。

[解答] 有機相に抽出された抽出率（E）と分配比（D）は、水相の容量と有機相の容量が等しいので次式のようになる。

$$E = \frac{D}{D+1} = \frac{20}{20+1} = \frac{20}{21}$$

水相に残る^{55}Feの放射能は

$$20 \times \left(1 - \frac{20}{21}\right) = 0.95 \text{（MBq）} = 9.5 \times 10^{-1} \text{（MBq）}$$

8.3 イオン交換法

8.3.1 イオン交換

塩化バリウム（BaCl₂）の溶液に固体の硫酸カリウム（K₂SO₄）を加えると、硫酸カリウムが溶けると同時に硫酸バリウム（BaSO₄）の沈殿ができる。

$$Ba^{2+} + 2Cl^- + K_2SO_4 \longrightarrow BaSO_4\downarrow + 2K^+ + 2Cl^-$$

このように硫酸イオン（SO_4^{2-}）と結合していたカリウムイオン（K^+）は、溶液中のバリウムイオン（Ba^{2+}）と入れ換わる。

例えば、陽イオン交換樹脂のように水素イオン（H^+）を電気的に捕捉している固体（R）もナトリウムイオン（Na^+）を含む塩溶液では、次のような反応が起こり

$$NaCl + R-H = R-Na + HCl$$

溶液中のNa^+が陽イオン交換樹脂中のH^+と交換する。このように固相中に静電気的に捕捉されているイオン（ここではH^+）が固相と接触する液相中のイオン（ここではNa^+）と交換して液相に出て、そのかわり

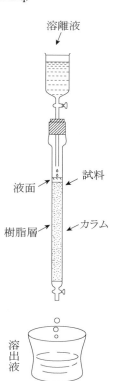

図8.2 イオン交換クロマトグラフィー

に液相中のイオン（ここでは Na^+）が固相中に入る現象を**イオン交換**という。

8.3.2 イオン交換樹脂の分類

イオン交換樹脂（以下樹脂と略称する）とは、イオン交換できる酸性基（スルホ基 $-SO_3H$、カルボキシル基 $-COOH$ など）、または塩基性基（アミノ基 $-NH_2$、第4級アンモニウム基 $-R_3N^+Cl^-$ など）をもつ有機の不溶性の合成樹脂の総称である。化学的に不活性な樹脂基体（スチレンとジビニルベンゼン（DVB）との共重合体など）と、化学的に活性な交換基（上記の酸性基、塩基性基など）から樹脂は構成されている。

樹脂のDVB含有量を架橋度といい、架橋度の低いもの（1～2％程度）では、水中で膨潤したり、収縮したりして取り扱い難い。通常 DVB 含量8％（-X8 という）を用いる。

樹脂は、陽イオン交換樹脂、陰イオン交換樹脂、キレート樹脂などに分類できる。無機のRIの分離は、強酸性陽イオン交換樹脂と強塩基性陰イオン交換樹脂を通常使用する。

a) **陽イオン交換樹脂**は、溶液中の陽イオンを吸着して、樹脂のもつ陽イオンと交換して溶液中に放出する。いま、水素型にした陽イオン交換樹脂 RH を、NaCl 溶液に入れると

$$R-H + NaCl \longrightarrow R-Na + HCl$$

の反応によって溶液中の Na^+ が、陽イオン交換樹脂の H^+ と交換吸着し、H^+ が溶液に放出される。同様に $MgSO_4$ 溶液に陽イオン交換樹脂 RH を入れると、Mg^{2+} は樹脂に吸着し、H^+ は樹脂から放出されて H_2SO_4 が得られる。

陽イオン交換樹脂には、強酸性陽イオン交換樹脂と弱酸性陽イオン交換樹脂がある。強酸性陽イオン交換樹脂はスルホン酸基をもち、あらゆる pH で $-SO_3H \longrightarrow SO_3^- + H^+$ に解離する。したがって特に pH の低い溶液中でも陽イオン交換能力がある。弱酸性陽イオン交換樹脂は、主に交換基にカルボキシル基 $-COOH$ をもち、pH の高いところだけで $COOH \longrightarrow COO^- + H^+$ に解離する。したがって、強酸性陽イオン交換樹脂とは異なり、pH の高い溶液中だけで陽イオン交換能力をもつ。

b) **陰イオン交換樹脂**は、溶液中の陰イオンを樹脂に取り入れ吸着して、樹脂のもっている陰イオンを溶液中に放出する。いま、OH 型にした陰イオン交換樹脂 ROH を、NaCl 溶液に入れると

$$ROH + NaCl \longrightarrow RCl + NaOH$$

の反応によって溶液中の Cl^- が、陰イオン交換樹脂の OH^- と交換する。陰イオン交換樹脂の交換基は塩基性である。陰イオン交換樹脂は、強塩基性陰イオン交換樹脂（前者）と弱塩基性陰イオン交換樹脂（後者）に分類できる。

前者は、$-N^+(CH_3)_3Cl^-$（typeⅠ）または $-N^+(CH_3)2C_2H_4OHCl^-$（typeⅡ）を交換基にもち、ほとんどあらゆる pH で解離し、あらゆる pH で陰イオン交換能力をもつ。後者は、交換基にアミノ基をもち pH の低いところだけで解離し、低い pH のところだけで陰イオン交換の能力を発揮する。

8.3 イオン交換法

8.3.3 強酸性陽イオン交換樹脂に対する金属イオンの吸着傾向

a) **選択性**（イオン交換吸着されやすさ）の順番は、元素の原子番号、イオンの荷電とともに増大し、水和イオン半径の増大とともに減少する。強酸性陽イオン交換樹脂のDowex50、X－8に対する選択性の順番を次に記す。

Li^+（リチウム）$< H^+$（水素）$< Na^+$（ナトリウム）$< NH_4^+$（アンモニウム）$< Rb^+$（ルビジウム）$< Cs^+$（セシウム）$< Ag^+$（銀）；

Be^{2+}（ベリリウム）$< Mg^{2+}$（マグネシウム）$< Ca^{2+}$（カルシウム）$< Sr^{2+}$（ストロンチウム）$< Ba^{2+}$（バリウム）；

Hg^{2+}（水銀）$< UO_2^{2+}$ 注*1) $< Be^{2+}$（ベリリウム）$< Mn^{2+}$（マンガン）$< Mg^{2+}$（マグネシウム）$= Zn^{2+}$（亜鉛）$< Co^{2+}$（コバルト）$< Cd^{2+}$（カドミウム）$< Cu^{2+}$（銅）$= Ni^{2+}$（ニッケル）$< Ca^{2+}$（カルシウム）$< Sr^{2+}$（ストロンチウム）$< Pb^{2+}$（鉛）$< Ba^{2+}$（バリウム）；

Li^+（リチウム）$< H^+$（水素）$< Na^+$（ナトリウム）$< K^+$（カリウム）$= NH_4^+$（アンモニウム）$< Cd^{2+}$（カドミウム）$< Rb^+$（ルビジウム）$= Be^{2+}$（ベリリウム）$< Cs^+$（セシウム）$< Ag^+$（銀）$< Mn^{2+}$（マンガン）$< Mg^{2+}$（マグネシウム）$= Zn^{2+}$（亜鉛）$< Cu^{2+}$（銅）$= Ni^{2+}$（ニッケル）$< Co^{2+}$（コバルト）$< Ca^{2+}$（カルシウム）$< Sr^{2+}$（ストロンチウム）$< Pb^{2+}$（鉛）$< Ba^{2+}$（バリウム）$< Al^{3+}$（アルミニウム）$< Fe^{3+}$（鉄）$< Th^{4+}$（トリウム）；

注*1 Uはウランであるが、UO_2^{2+}はウラニルイオンという。

b) **ランタノイド元素**、すなわち $_{57}La$（ランタン）、$_{58}Ce$（セリウム）、$_{59}Pr$（プラセオジム）、$_{60}Nd$（ネオジム）、$_{61}Pm$（プロメチウム）、$_{62}Sm$（サマリウム）、$_{63}Eu$（ユウロピウム）、$_{64}Gd$（ガドリニウム）、$_{65}Tb$（テルビウム）、$_{66}Dy$（ジスプロシウム）、$_{67}Ho$（ホルミウム）、$_{68}Er$（エルビウム）、$_{69}Tm$（ツリウム）、$_{70}Yb$（イッテルビウム）、$_{71}Lu$（ルテチウム）の15元素は、原子番号の増加とともに水和イオン半径が増大して、イオン交換樹脂への選択性は逆に減少する。

［例題1］強酸性陽イオン交換樹脂の交換吸着能の一般的傾向として<u>誤っているもの</u>は、次のうちどれか。

1. $[^{24}Na]Na^+ < [^{88}Y]Y^{3+} < [^{232}Th]Th^{4+}$
2. $[^{24}Na]Na^+ < [^{42}K]K^+ < [^{86}Rb]Rb^+$
3. $[^{45}Ca]Ca^{2+} < [^{90}Sr]Sr^{2+} < [^{140}Ba]Ba^{2+}$
4. $[^{141}La]La^{3+} < [^{144}Ce]Ce^{3+} < [^{144}Pr]Pr^{3+}$
5. $[^{46}Sc]Sc^{3+} < [^{88}Y]Y^{3+} < [^{141}La]La^{3+}$

［解答］4が誤りである。ランタノイド元素の原子番号の増加とともに水和の程度が高くなるので、水和イオン半径が増大して、イオンの吸着性は逆に小さくなる。

c) **強酸性陽イオン交換樹脂による核分裂生成物の分離**

1) 試料のRI溶液に過塩素酸と硝酸を加えて加熱し有機物を分解した後、濃塩酸を加えて蒸発乾固し、さらに塩酸を加えて塩化物に変える。最少量の塩酸を加えて 0.1～0.2 M 塩酸溶液とした後、少量の臭素水を加え、100～200 メッシュの RH 型の強酸性陽イオン交換樹脂

第8章 放射性核種の分離・精製

(Dowex 50WX8、Amberlite CG120 など) をつめたカラム (内径 0.5～1 cm, 長さ 10～20 cm 程度) に 1 分間 0.5 ml の速さで試料溶液を流す。

2) 次に 0.2 M 塩酸を通す。溶出液には (ヨウ素) I、(ルテニウム) Ru、(アンチモン) Sb(V) が存在し、塩酸処理が不十分であると (テルル) Te(VI) が混入する。

3) 0.5～1 M 塩酸を通すと、(テルル) Te(IV) が溶出する。塩酸処理が不十分であると (ルテニウム) Ru も混入する。(スズ) Sn、(カドミウム) Cd も溶出するが微量である。

4) 0.5%シュウ酸を通すと (ジルコニウム) Zr と (ニオブ) Nb が溶出する。(ウラン) U、(トリウム) Th、(アンチモン) Sb、(鉄) Fe も溶出する。

5) 5%クエン酸アンモニウム (pH3.5) を通すと、(セシウム) Cs と希土類元素[注*2] が溶出する。

6) pH6 の 5%クエン酸アンモニウムを通すと、アルカリ土類金属元素[注*3] が溶出する。溶出した各フラクションを蒸発乾固する。もし有機物が存在すれば分解した後、蒸発乾固する。溶離液にクエン酸アンモニウムを使用すると、加熱灰化のとき灰分が膨張飛散したりするので取扱いが困難である。

7) クエン酸アンモニウムの代わりに、ギ酸アンモニウムを用いると、揮発性なので蒸発乾固したときに、残留物を残さないので、後の加熱灰化が非常に容易となる。

注*2 希土類元素とは、(スカンジウム) $_{21}$Sc および (イットリウム) $_{39}$Y ならびにランタノイド (原子番号 57～71) の 17 元素である。

注*3 アルカリ土類金属元素とは、(ベリリウム) Be、(マグネシウム) Mg、(カルシウム) Ca、(ストロンチウム) Sr、(バリウム) Ba、(ラジウム) Ra の 6 元素である。

[例題2] それぞれ放射平衡にある ^{90}Sr と ^{137}Cs を含む薄い塩酸溶液を、強酸性陽イオン交換樹脂カラムに通し、水で洗浄した後、pH3.5 および pH6.0 の 5%クエン酸アンモニウムを通したところ、それぞれ放射性核種を溶出した。これらの核種名を記せ。

[解答] ストロンチウム ^{90}Sr (28.78 年) からは、その娘核種 ^{90}Y (64.1 時間) が生成し、約 2 週間を超えると両者は永続平衡となる。

セシウム ^{137}Cs (30.07 年) からは、その娘核種バリウム ^{137m}Ba (2.552 分) が生成し、約半時間を超えると両者は永続平衡となる。それぞれ、放射平衡 (放射平衡には永続平衡と過渡平衡がある) が成立しているので、^{90}Sr－^{90}Y (ストロンチウム－イットリウム) または ^{137}Cs－^{137m}Ba (セシウム－バリウム) と記すことがある。これは、^{90}Sr の塩酸溶液には、[^{90}Sr]Sr^{2+} と [^{90}Y]Y^{3+} がともに存在し、^{137}Cs の塩酸溶液には、[^{137}Cs]Cs$^+$ と [^{137m}Ba]Ba^{2+} とがともに存在していることを意味している。この 2 種類の溶液を図 8.3 に示す強酸性陽イオン交換樹脂カラムに通して分離する。

この例題では、いきなり 5%クエン酸アンモニウム (pH3.5) および 5%クエン酸アンモニウム (pH6) で分離するので、これ以前の操作は省略して、この 2 つの操作だけを考える。

8.3 イオン交換法

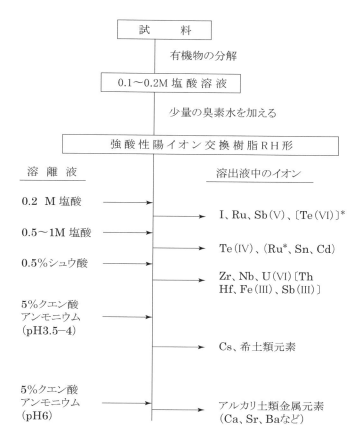

図8.3 核分裂生成物の分離

答は「pH3.5 では（希土類元素の）^{90}Y と（アルカリ金属元素の）^{137}Cs が溶出し、pH6 では（アルカリ土類金属元素の）^{90}Sr と ^{137m}Ba が溶出する」である。

8.3.4 強塩基性陰イオン交換樹脂に対する金属イオンの吸着傾向

重金属イオンは塩酸溶液中でクロロ錯体（陰イオン）をつくり、強塩基性陰イオン交換樹脂に吸着するものと、クロロ錯体をつくらないで陽イオンのまま存在して吸着しないものがある。また、クロロ錯体をつくってもその吸着性に強弱が存在する。この吸着性の差を利用して重金属イオンを分離分別する。

強塩基性陰イオン交換樹脂に対する各種元素の吸着性は、次の4グループに分類できる（図8.4）。

1) **ほとんど吸着しない、または全然吸着しないグループ**。アルカリ金属、アルカリ土類金属、（スカンジウム）Sc、（イットリウム）Y、ランタノイド元素、（アクチニウム）Ac、（タリウム）Tl(I)、（ニッケル）Ni、（アルミニウム）Al などがこれに属する。

2) **高い塩酸濃度ではじめて吸着するグループ**。（チタン）Ti(IV)、（ジルコニウム）Zr(IV)、

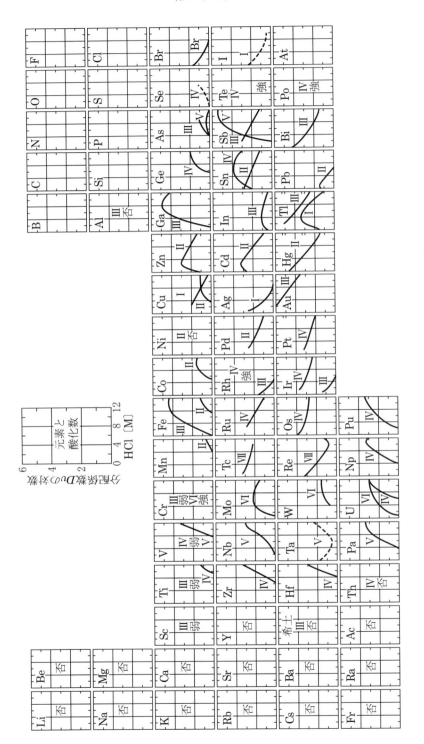

図8.4 塩酸溶液からの諸元素の陰イオン交換樹脂への吸着

否：0.1〜12M HClから吸着されない元素
弱：12M HClからでも弱い吸着（0.3＜D＜1）の元素
強：強い吸着の元素
強塩基性陰イオン交換樹脂：Dowex-1

(ハフニウム) Hf(IV)、(バナジウム) V(IV)、(鉄) Fe(II)、(ゲルマニウム) Ge(IV)、(ウラン) U(IV)、U(VI)などがこれに属する。

3) 塩酸のある特定の濃度で吸着が最大になるグループ。(鉄) Fe(III)、(コバルト) Co(II)、(亜鉛) Zn、(カドミウム) Cd、(ガリウム) Ga、(インジウム) In、(スズ) Sn(IV)、(鉛) Pb(II)、(アンチモン) Sb(III)、Sb(V)などがこれに属する。

4) 塩酸濃度の増加に伴い吸着曲線が減少するグループ。(ビスマス) Bi(III)、(水銀) Hg(II)、(金) Au(III)、(銀) Ag(I)、(パラジウム) Pd(II)、(白金) Pt(IV)、(レニウム) Re(III)、(テクネチウム) Tc(VII)などがこれに属する。

8.3.5 強塩基性陰イオン交換樹脂カラムによる重金属イオンの分離

図8.4は、各金属イオン（6 mg）を含む濃塩酸溶液（0.85 ml）をDowex-1（200〜230メッシュ）26 cm×0.29 cm^{2}の樹脂層に加え、図8.5に示した濃度の塩酸で0.5 cm／minの流速で溶出したときの結果である。塩化物イオンが共存していると、Fe^{3+}イオンは$FeCl_4^-$にCo^{2+}は$CoCl_4^{2-}$に、Zn^{2+}は$ZnCl_4^{2-}$などの**クロロ錯体**となるので、強塩基性陰イオン交換樹脂に吸着するようになる。

いったん陰イオン交換樹脂カラムに吸着したクロロ錯体を塩酸溶液で溶出するとき、陽イオンと塩化物イオンのつくるクロロ錯体の樹脂に対する吸着性が強いものほど、塩酸溶液の濃度は、薄いものを使用して溶出しなければならない。図8.5で示すように、Ni^{2+}は何れの塩酸濃

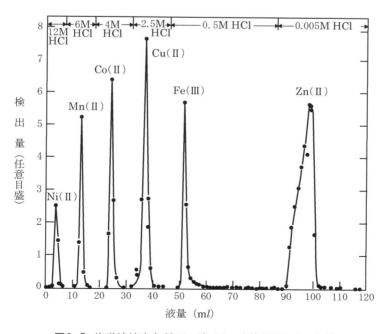

図8.5 塩酸溶液中各種RIの陰イオン交換樹脂による分離

度でもクロロ錯体を形成しないで陽イオンのままなので、12 M HCl（市販の濃塩酸の濃度）のような濃い塩酸溶液で溶出する。次に、Mn^{2+}は 6 M HCl、Co^{2+}は 4 M HCl、Cu^{2+}は 2.5 M HCl、Fe^{3+}は 0.5 M HCl、Zn^{2+}は 0.005 M HCl の順番で溶出する。これらのうち、Zn^{2+}が最も吸着性の強いクロロ錯体を形成している。

強塩基性陰イオン交換樹脂は、陰イオンは吸着するが Cs^+ のような陽イオンは吸着しない。そして上記の Fe^{3+}、Co^{2+}、Zn^{2+} も、陽イオンのままで存在しているとすれば吸着しない。クロロ錯体となって陰イオンとなったからこの樹脂に吸着するのである。

[例題 3] 陰イオン交換樹脂カラムにクロロ錯体として吸着させた Mn(II)、Fe(III)、Co(II) および Cu(II) を、溶離液の塩酸濃度を順次低下させて分離するとき、溶離する順番を示せ。

[解答]　塩酸濃度 (M) [注*4]　　6　　　　4　　　　2.5　　　0.5
　　　　溶出金属イオン [注*5]　Mn(II)　Co(II)　Cu(II)　Fe(III)

したがって、Mn(II)、Co(II)、Cu(II)、Fe(III) の順番に溶出する（図 8.5 参照）。

注*4　M とは、mol/l（リットル）を意味する古い単位であるが、分かりやすいので使用した。正しくは mol/dm^3 がよい。

注*5　Mn(II) は Mn^{2+} であり、Co(II) は Co^{2+} で、Cu(II) は Cu^{2+} で、Fe(III) は Fe^{3+} である。この両方が使用されている。

[例題 4] 陰イオン交換樹脂カラムに Ni(II)、Fe(III)、Co(II) および Cu(II) を含む 6 M 塩酸溶液を通したときに、溶出するイオンを記せ。

[解答] Ni(II) だけ溶出する。他は陰イオン交換樹脂に吸着するので溶出しない。Ni(II) は、塩酸溶液中でクロロ錯体にならないで、Ni^{2+} イオン（陽イオン）として存在しているため、陰イオンしか吸着しない陰イオン交換樹脂には吸着しない。塩酸濃度が 6 M なので、6 M 以下で溶出するイオンはすべてカラムに吸着する。

8.4 その他の分離法

8.4.1 ラジオコロイド法

トレーサー濃度の RI は、しばしばコロイド状、またはさらに粗大な粒子状態にあると考えられる。この濃度は大体 10^{-10} M 程度でありその物質の溶解度に比してはるかに小さいところである。例えば、0.1 M アンモニア水中での鉛 ^{212}Pb（10.64 h, β^-）の溶解度は 10^{-4} M であり、当然真の溶液となるべき 10^{-11} M でコロイド状にある。このような特殊なコロイドを**ラジオコロイド**（以下 RC と略称）という。

1912 年に Paneth によって、酸性溶液中の RaD、RaE（図 5.1、ウラン系列）は半透膜を通るが、アルカリ性では通らないことから RC が発見された。これ以来、この現象は多くの人達により注目され、かなりの RC が発見されている。RC ができているかどうかは、溶液中に存在している RI の吸着の異常性を調べたり、透析、電気透析、電気泳動、拡散、遠心分離、オー

8.4 その他の分離法

トラジオグラフィなどの技術を利用して確かめることができる。RC の成因には真コロイド説と、不純物説の 2 つの説がある。いずれが妥当であるか、今日まだ決まっていない。**真コロイド説**は Paneth、Starik などの主張であって、RC 粒子は粒子全体が同一物質の RI からできているという考えである。その根拠は、

(1) 常用量の RI が溶けない条件ではトレーサー量の RI は RC を生成すること。

(2) RI の可溶性錯塩をつくりやすいような条件は、いったん生成した RC を解消する作用があることなどである。

真コロイド説だけではコロイド粒子がその物質の溶解度より、はるかに低い濃度では、コロイドとして存在しないはずであるが、実際には安定して存在するという矛盾を説明できない所から**不純物説**が生れた。溶液中に不純物として存在する浮遊物に、RI が吸着したものを RC と考えている。RI を溶かす前に、水を充分遠心分離して浮遊粒子を除去すると、RC ができなくなることが、この説の有力な根拠である。しかし、遠心分離だけでは RC の生成を抑えることができないことがある。浮遊粒子以外 RC の生成の因子があるかの結論のきめてはない。Hahn、Werner がこの説を支持している。

次に RC の生成に果して放射能が必要であろうかということであるが、一般的には放射能は RC 生成をうながす一因であると考えられている。しかし、RC を生成している ^{111}Ag (7.45d, β^-, γ) を含む溶液をろ過して除いたのち約 1 時間溶液を放置した場合、新しい壊変がさほど起こっていないはずなのに相当量の RC が生じている。RC の生成に放射能が必要であると解釈すると、その現象は説明できない。したがって RC の生成には必ずしも放射能が必要でないという説もある。また微量の非放射性同位体が RC に相当するコロイド粒子をつくっていることは、微量の非放射性同位体の検出ができないので確認できない。現在のところ、このような非放射性のコロイドが存在するならば、RC とは放射能のために生成するコロイドというより、放射能のために生成の確認ができるコロイドということができる。

RI が RC を生成する性質は、しばしば無担体 RI の調製に利用される。例えば、アルカリ性にすると、難溶性の化合物を作る元素は、そのアルカリ性溶液の RI もまた、RC を形成しやすい。（この傾向が真コロイド説の 1 つの根拠となっている）。この溶液をろ紙でろ過すると、RI は RC としてろ紙上に吸着される。真の溶液は、ろ紙を通過する。ここではろ紙に残ったものを RC と考える。このろ紙を水で洗浄したのち、薄い塩酸で処理すれば、RC をつくっていた RI は、溶けてろ紙からはずれ、塩酸に移り分離される。ラジオコロイドになっている RI は原理的には透析、限外ろ過、拡散、電気泳動、遠心分離、吸着などの操作で、ラジオコロイドを作らない RI と分離することができる。しかし、これらの操作は比較的はん雑であるため、現実には手軽な遠心分離、または吸着の性質を利用した分離方法が用いられている。

8.4.2 蒸発法

揮発性の RI は、蒸留により不揮発性物質から分離できる。一般に無担体の RI を液相から蒸

第8章 放射性核種の分離・精製

留するときの最適の実験条件は、常用量を取り扱うときの最適の条件とほとんど同じである。蒸留法は揮発性化合物をつくる RI に対し、有力な無担体分離の手段となる。

このとき、目的の RI と異なる元素の不活性の気体、炭酸ガス、空気などを担体として通じ、捕集の効率をよくする方法も行なわれている。固体表面からの揮発は複雑であり、能率もよくない。したがってターゲット物質などの試料は、いったん溶液の形、あるいは融解状態にしておいて、液相から蒸留することが望ましい。

蒸留法による分離の長所は、①選択的に分離できる。②留出した RI を少量の水、または水溶液に受けることにより、RI を濃縮して集めることができる。③遠隔操作が可能である。などである。その反面欠点として、①この方法は、RI をいったん気体の形にするので、操作の途中、冷却、凝結が足りなかったり、受器中の液体に完全に吸収されなかったりすると、回収率が悪くなる。②蒸留中、共通摺合わせの摺合わせ部分からの漏れや器具の破損などがあると、気体の RI が放出されるので注意する必要がある。

分離例

a） ポロニウムの分離

ポロニウム（Po）のジフェニルカルバジド化合物が低温で揮発性があること、ジフェニルカルバジドが水に可溶であることを利用して、ポロニウムを水溶液から蒸留できる。試料を 0.3 M HNO_3 溶液、ジフェニルカルバジド濃度 1×10^{-4} M 以上で蒸留すると、ほとんど 100 ％の回収率で Po を留出できる。またこの方法を利用して、

$$^{210}\text{Pb}\ (22.3\text{y}) \xrightarrow{\beta^-} {}^{210}\text{Bi}\ (5.013\text{d}) \xrightarrow{\alpha} {}^{210}\text{Po}\ (138.4\text{d}) \xrightarrow{\alpha} {}^{206}\text{Pb}\ (安定)$$

から ^{210}Po を純粋に分離できる。

b） ^{71}Ga (d, 2n) ^{71}Ge で生じた ^{71}Ge （11.43d）の分離

ガリウム（Ga）ターゲットを 48 ％の臭化水素酸（HBr）に溶解し、溶液を蒸留する。留出液に硝酸（HNO_3）を加えて HBr を分解しながら、ほとんど乾固するまで蒸発する。水を加えてさらに蒸発を繰り返し、HNO_3 を除く。

c） Mo (p, n) 反応で生じた ^{95m}Tc （61d）および、^{97m}Tc （90d）の分離

モリブデン（Mo）ターゲットに濃硝酸を加え、加熱し、テクネチウム（Tc）を 7 価（TcO_4^-）に酸化する。溶液を 4 M 水酸化ナトリウム溶液とし、ピリジンで抽出を繰り返し、ピリジン相を湯浴上で蒸発させる。この残留物に濃硫酸および、濃硝酸を加えて Tc を蒸留する。この方法は、核分裂生成物からの Tc の分離にも応用できる。

d） ^{77}Ge からの ^{77}As （38.83h、娘 ^{77m}Se）の分離

ゲルマニウム（Ge）ターゲットを王水（濃塩酸 3 容、濃硝酸 1 容の混液。白金や金を溶かす）に溶かし、四塩化ゲルマニウム（$GeCl_4$）を蒸留除去する。窒素ガスを通し塩素ガスを除去したのち、10 M HCl と 9 M 臭化水素酸（HBr）の共存下で留出した三塩化ヒ素（$AsCl_3$）を氷冷

8.4 その他の分離法

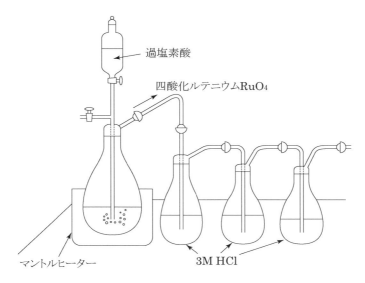

図8.6 ルテニウムの蒸留

した水で捕集する。

e) 核分裂生成物からの ^{103}Ru（39.26d、娘 ^{103m}Rh）および ^{106}Ru（373.6d、娘 ^{106m}Rh）の分離

ウランの核分裂生成物を HNO_3 に溶解し、少量のヨウ化ナトリウムを加えて煮沸し、ヨウ素（I_2）を留出させる。次に過塩素酸を加えて蒸留すれば、ルテニウム（Ru）は四酸化ルテニウム（RuO_4）として留出する。留出液は3M HClに受ける。なお硫酸酸性で重クロム酸カリウム（$K_2Cr_2O_7$）、過硫酸アンモニウム｛$(NH_4)_2S_2O_8$｝、過マンガン酸カリウム（$KMnO_4$）などで酸化、蒸留する方法がある。

f) 核分裂生成物からの ^{131}I（8.021d、娘 ^{131m}Xe）の分離

核分裂生成物の HNO_3 溶液に少量の過酸化水素（H_2O_2）を加えて ^{131}I を蒸留し、水酸化ナトリウム（NaOH）溶液を入れた受器に受ける。留出液を20％ H_2SO_4 で酸性とし、過マンガン酸カリウム（$KMnO_4$）を加えて蒸留すれば、五二酸化窒素（N_2O_5）などが留出、除去され、^{131}I は蒸留フラスコに残る。残留液に亜リン酸（H_3PO_3）を加え、再び ^{131}I を蒸留して、水酸化ナトリウムと亜硫酸ナトリウム（Na_2SO_3）の混液にうける。

g) ^{32}S（n, p）反応によって生じた ^{32}P（14.26d）の分離

二硫化炭素（CS_2）ターゲットに少量の水、および臭素水（Br_2 水）を加えて蒸留する。残留液に ^{32}P が残る。

h) ^{14}N（n, p）で生じた ^{14}C（5730y）の分離

硝酸アンモニウムの水溶液をターゲットとして、中性子を照射すると、一酸化炭素（[^{14}C]CO）および、二酸化炭素（[^{14}C]CO_2）が生成する。CO_2 を含まない空気をターゲット溶液に通じながら吸引し、熱した酸化第二銅（CuO）に通したのち、[^{14}C]CO_2 を水酸化バリウム溶液

{Ba(OH)$_2$} に捕集する。

8.4.3 イオン化傾向による RI の分離

金属が電子を放出してイオンになって、溶液中に溶けようとする傾向を、イオン化傾向（ionization tendency）という。イオン化傾向の大小を金属について順番に並べた列をイオン化列という。主要な元素のイオン化列を次に記す。

K＞Ca＞Na＞Mg＞Al＞Zn＞Fe＞Ni＞Zn＞Pb＞（H）＞Cu＞Hg＞Ag＞Pt＞Au

この順番を記憶するには、K（カ）リウム、Ca（カ）ルシウム、Na（ソ）ーダ、Mg（マ）グネシウム、Al（ア）ルミニウム、Zn（ア）エン、Fe（テ）ツ、Ni（ニ）ッケル、Sn（ス）ズ、Pb（ナ）マリ、H（ヒ）、Cu（ド）ウ、Hg（ス）イギン、Ag（ギ）ン、Pt（ハ）ッキン、Au（キン）というように頭文字だけを並べ、「カネカソマアアテニスナヒドスギハキン」即ち「金貸そうまあ当てにすな酷過ぎは禁」とすればよい。イオン化列で、先にある金属ほどイオン化傾向が大きい。すなわち酸化されやすく、陽イオンになろうとする傾向が大きい。

金属イオン（例えば銅イオン Cu^{2+}）溶液にその金属よりイオン化傾向の大きい金属（例えば亜鉛 Zn）を加えると、イオン化傾向の大きい金属がイオンとなり溶解して、イオン化傾向の小さい金属はイオンでなくなり、金属として析出する。

上記のイオン化列で水素原子より左側にある金属は酸に溶けてイオンとなり同時に水素ガスを出す。一方、水素よりイオン化傾向の小さい金属は、酸化力をもたない酸には溶解しない。イオン化列は定性的な目安にすぎない。定量的にこの序列を表すものは、標準電極電位である。

標準電極電位とは、標準状態（気体では1気圧、溶液では活量が1）にある電極の平衡電位で、通常は標準水素電極（水素イオンの活量が1の溶液に1気圧の水素ガスを不活性電極上に流す電極）を基準にして示す。すなわち、25℃で $2H^+ + 2e \rightleftarrows H_2$（ゼロボルト）を基準として、例えば、$K^+ + e \rightleftarrows K$（標準電極電位 E_0/V：－2.925）、$Ca^{2+} + 2e \rightleftarrows Ca$（$E_0/V$：－2.84）、$Na^+ + e \rightleftarrows Na$（－2.714）のように示す。これらの式のように、反応式の左辺にイオンと電子を書き、右辺に金属を書いたとき、標準電極電位がマイナスということは還元電位が高く、その金属が強力な還元剤であることを示す。

一方、$Cu^{2+} + 2e \rightleftarrows Cu$（$E_0/V$：＋0.337）または $Au^{3+} + 3e \rightleftarrows Au$（$E_0/V$：＋1.50）のように、標準電極電位がプラスのときは、その金属は酸化剤としてはたらくことを示す。標準電極電位がゼロ以上の金属は、H^+ を還元して H_2 にする能力がある。しかし、プラスのときは H によって金属イオンの方が還元されて金属を遊離する。

イオン化列は、標準電極電位による結果と一致して、簡便なのでよく使用されている。

［例題1］^{59}Fe を含む硫酸鉄（II）と、^{65}Zn を含む硫酸亜鉛の弱酸性混合溶液に、銅板を入れるときに見られる現象を記せ。

［解答］イオン化傾向は、Zn（亜鉛）＞Fe（鉄）＞Cu（銅）の順番である。したがって、^{65}Zn、^{59}Fe および Cu の間では何ら変化は認められない。

8.4 その他の分離法

[例題2] (n, γ) 反応でつくった[^{64}Cu]Cu^{2+}および[^{65}Zn]Zn^{2+}に、担体として微量のCu^{2+}およびZn^{2+}を加えた弱酸性混合溶液がある。この溶液に、表面をきれいにした鉄片を入れたとき、鉄片の表面でみられる現象を記せ。

[解答] 金属イオン溶液M^{n+}に、その金属よりイオン化傾向の大きい金属Mを加えると、Mは溶けてイオンとなる。一方、イオン化傾向の小さい金属は、イオンでなくなり金属として析出する。イオン化傾向は、Zn＞Fe＞Cuである。したがって、[^{65}Zn]Zn^{2+}はそのまま溶液中に存在して変化しない。鉄は微量溶解して、[^{64}Cu]Cu^{2+}は鉄片の表面に金属として析出し赤銅色となる。

[例題3] 塩化亜鉛に中性子を照射して (n, p) 反応で[^{64}Cu]Cu^{2+}を生成した後に、水に溶解し、微酸性溶液として1粒の金属亜鉛を加えるときにみられる現象を記せ。

[解答] イオン化傾向は、Zn＞Cuである。したがって、[^{64}Cu]Cu^{2+}は亜鉛粒の表面に金属として析出し、微量ではあるが、亜鉛は溶解する。

第8章 放射性核種の分離・精製

8 演 習 問 題

8.1 共 沈 法

問題1 次の文章の（　）の部分に入る適当な語句または数式を番号と共に記せ。

放射性同位元素〔RI〕の化学的挙動は、（ 1 ）濃度で存在する場合はしばしばマクロ量の場合に比べ異常を示す。こうした異常のうち特に知られているものは器壁などへの RI の（ 2 ）や、溶液中での溶解度積と矛盾を示す（ 3 ）の現象などである。こうした異常性は、（ 1 ）など RI の利用上不便なことが多いので（ 4 ）同位体を（ 5 ）として加えて、通常の化学的挙動として扱えるようにすることが多い。RI に（ 5 ）を加える場合、（ 5 ）と RI の原子価あるいは化学形を一致させる必要がある。原子価をそろえるためには（ 6 ）を繰り返す。水溶液において沈殿生成によって分離を行うような場合、共存する RI を溶液に残すため加えるものを（ 7 ）といい、また共存する目的外の RI を除くために加えるものを（ 8 ）という。（ 9 ）の状態でRIを分離したいときには非同位体の（ 5 ）を加えることもしばしば行われる。一般に RI を完全に（ 9 ）の状態で得ることは難しい。（ 9 ）の RI の比放射能〔Bq/g〕は、半減期を T〔s〕、原子質量を M〔g〕とすると（ 10 ）で表わされる。

問題2 放射性核種の化学分離に関する次の記述のうち、正しいものの組合せはどれか。
A　目的の放射性核種の沈殿を防ぐために、スカベンジャーを加える。
B　同位体担体を加えたあとの化学操作では、目的の放射性核種の比放射能は変化しない。
C　同位体担体を加える場合は、目的の放射性核種との化学形をよく一致させる。
D　無担体での放射性核種の分離には溶媒抽出、イオン交換法が適している。
　1　AとB　　2　AとC　　3　AとD　　4　BとC　　5　CとD

問題3 担体を伴う ^{65}Zn、^{90}Sr、^{110m}Ag、^{140}La を含む硝酸微酸性水溶液がある。この溶液に次の操作 1〜5 をそれぞれ行うとき、沈殿を生ずる場合を○、生じない場合を×で示してある。正しいものは、次のうちどれか。

		Zn	Sr	Ag	La
1	NH$_3$ 水を十分に加えてアルカリ性にする。	○	×	×	○
2	NaOH を十分に加えてアルカリ性にする。	×	×	○	○
3	NH$_3$ 水でアルカリ性にして H$_2$S を通じる。	○	○	○	○
4	希塩酸を加える。	×	×	○	×
5	微酸性溶液に H$_2$S を通じる。	×	×	○	○

問題4 次の化学操作のうち、放射性核種が主に沈殿に集まる操作の組合せはどれか。

演習問題

A [^{35}S]硫酸ナトリウム溶液に塩化バリウム溶液を加える。
B [^{24}Na]塩化ナトリウム溶液に硝酸銀溶液を加える。
C [^{38}Cl]塩化アルミニウム溶液にアンモニアを加えアルカリ性にする。
D [^{14}C]炭酸ナトリウム溶液に塩化カルシウム溶液を加える。
 1 AとB　　2 AとC　　3 AとD　　4 BとC　　5 CとD

問題 5 次の操作のうち、放射性気体が発生するものの組合せはどれか。
A [^{131}I]ヨウ化カリウムに亜硝酸ナトリウム水溶液を加える。
B [^{3}H]塩化アンモニウム水溶液に水酸化ナトリウム水溶液を加える。
C [^{52}Mn]二酸化マンガンに希塩酸を加え、加熱する。
D 硝酸ウラニルに熱中性子を照射する。
 1 AとB　　2 AとC　　3 BとC　　4 BとD　　5 CとD

問題 6 下線を付した元素の放射性同位体で標識された化合物Ⅰ、Ⅱ、Ⅲについて、次のことがわかった。Ⅰ、Ⅱ、Ⅲの化学形として正しいものの組合せはどれか。
イ　Ⅰの水溶液のpHは7より小さい。
ロ　Ⅱの水溶液のpHは7より大きい。酸性にして加熱すると放射性残渣が残る。
ハ　Ⅲの希塩酸酸性水溶液に硫化水素を通ずると放射性の沈殿を生じる。

	Ⅰ	Ⅱ	Ⅲ
1	$\underline{C}$H$_3$COOH	CH$_3$COO$\underline{Na}$	$\underline{Ca}$Cl$_2$
2	$\underline{N}$H$_4$Cl	Na$\underline{H}$CO$_3$	$\underline{Cu}$SO$_4$
3	H$_2$$\underline{S}O_4$	Na$_2$$\underline{C}O_3$	$\underline{Pb}$(NO$_3$)$_2$
4	H$_3$$\underline{P}O_4$	$\underline{Ba}$(OH)$_2$	($\underline{C}$H$_3$COO)$_2$Pb
5	$\underline{Na}$Cl	$\underline{Na}$OH	$\underline{Cd}$Cl$_2$

問題 7 次の操作のうち、放射性気体が発生するものの組合せはどれか。
A [^{32}P]リン酸カルシウムに濃塩酸を加える。
B [^{13}N]塩化アンモニウムに濃い水酸化ナトリウム水溶液を加える。
C 中性子照射した酸化ウランに希硝酸を加える。
D [^{45}Ca]炭酸カルシウムに希硫酸を加える。
 1 AとB　　2 AとC　　3 AとD　　4 BとC　　5 CとD

問題 8 放射性気体の発生する操作の組合せとして正しいものは、次のうちどれか。
A [^{59}Fe]FeSに塩酸を加え加温する。
B [^{125}I]NaI水溶液にヨウ素片を加える。
C [^{137}Cs]CsClに硫酸を加え加温する。
D [^{14}C]BaC$_2$に水を加える。

第 8 章　放射性核種の分離・精製

1　AとB　　2　AとC　　3　AとD　　4　BとD　　5　CとD

問題9　核分裂生成物として得られた永続平衡に達している ^{90}Sr-^{90}Y の無担体塩酸溶液に関する次の記述のうち、誤っているものの組合せはどれか。

A　担体を加えず、塩酸を加えろ別すると、^{90}Y の一部がろ紙上に捕集される。

B　担体を加えず、アンモニア水および錯体形成剤を加えろ別すると、^{90}Y の一部がろ紙上に捕集される。

C　担体として Sr^{2+} と Fe^{3+} を加え、温めながらアンモニア水を加えて水酸化鉄(III)の沈殿をつくると、^{90}Y はこの沈殿に共沈する。

D　担体として Fe^{3+} のみを加えて、上記 C と同様な操作をすると、沈殿に ^{90}Sr の一部が混入することがある。

1　AとB　　2　AとC　　3　AとD　　4　BとC　　5　BとD

問題10　それぞれの異なった放射性同位元素で標識された化合物Ⅰ、Ⅱ、Ⅲについて、次のようなことがわかった。Ⅰ、Ⅱ、Ⅲの化学形として、正しいものの組合せはどれか。

イ　Ⅰの水溶液は塩基性で、塩酸を加えて乾固した残渣は放射性である。

ロ　Ⅱの水溶液に硝酸銀水溶液を加えると沈殿を生じ、これは放射性である。また、Ⅱの水溶液に硫酸を加えて加熱を続けると放射性物質は揮散して失われる。

ハ　Ⅲの水溶液は有色である。塩酸を加えて 6 M とした水溶液を塩化物形強塩基性陰イオン交換樹脂に通すと、放射性物質は樹脂に吸着される。

	Ⅰ	Ⅱ	Ⅲ
1	[^{45}Ca]CaCl$_2$	[^{24}Na]Na$_2$CO$_3$	[^{55}Fe]FeCl$_3$
2	[^{45}Ca]Ca(OH)$_2$	[^{131}I]NaI	[^{64}Cu]CuCl$_2$
3	[^{14}C]Na$_2$CO$_3$	[^{36}Cl]CaCl$_2$	[^{60}Co]CoCl$_2$
4	[^{24}Na]NaOH	[^{90}Sr]SrCl$_2$	[^{63}Ni]NiCl$_2$
5	[^{22}Na]NaHCO$_3$	[^{35}S]Na$_2$SO$_4$	[^{65}Zn]ZnCl$_2$

問題11　^{82}Br でラベルされた臭化物イオン 4.0 g を含む水溶液から、臭化物イオンを沈殿させるのに必要な 1.0 mol/l 硝酸銀溶液の量（ml）は、いくらか。ただし、臭素の原子量は 80、硝酸銀の式量は 170 とする。

問題12　次の実験操作のうち、放射性気体を発生するものの組合せはどれか。

A　銅の単体に ^{35}S で標識した濃硫酸を加えて加熱する。

B　^{45}Ca で標識した炭酸カルシウムを加熱する。

C　熱中性子照射した硝酸ウラニルを希硝酸に溶かす。

D　^{76}As で標識したヒ酸ナトリウム水溶液に塩化マグネシウムのアンモニア性水溶液を加え

演習問題

る。
1 AとB　2 AとC　3 BとC　4 BとD　5 CとD

8.2 溶媒抽出法

問題13 放射性物質の化学操作に関する次の記述のうち、正しいものの組合せはどれか。
A　イオン交換分離法は無担体放射性核種の分離・精製には適さない。
B　溶媒抽出法はトレーサーレベルからマクロのレベルまで広く用いることができる。
C　ラジオコロイドの生成は担体を加えても防ぐことはできない。
D　EDTAやクエン酸の塩は錯形成剤として用いられ、放射性核種の除染にも有効である。
1 AとB　2 AとC　3 AとD　4 BとC　5 BとD

問題14 純粋な鉄ターゲットにサイクロトロンで加速したα粒子を照射したところ、放射性コバルトと放射性ニッケルを生じた。これを濃塩酸溶液としたのち酸化剤で鉄を Fe^{3+} とした。この溶液から鉄、コバルト、ニッケルを分離する方法として、正しいものは次のうちどれか。
1　アンモニア水でFe沈殿→ジメチルグリオキシムでNi沈殿→ろ液中Co残存
2　アンモニア水でFe沈殿→硫化アンモニウムでCo沈殿→ろ液中Ni残存
3　8M塩酸からFeをイソプロピルエーテル抽出→強塩基性陰イオン交換樹脂にCo吸着、Ni通過→4M塩酸でCo溶離
4　強酸性陽イオン交換樹脂にFe、Co、Ni吸着→3M硫酸でCo溶離→5M硫酸でNi溶離→8M硫酸でFe溶離
5　8M塩酸からFeをイソプロピルエーテル抽出→中性とし1−ニトロソ−2−ナフトールでCo沈殿→ろ液中Ni残存

問題15 100mlの[^{131}I]I_2水溶液がある。50mlの有機溶媒による1回の抽出で90％以上の$^{131}I_2$を抽出したい。このための最低の分配比の値は、次のうちどれか。
ただし、分配比＝（有機相中のヨウ素の濃度）／（水相中のヨウ素の濃度）である。
1　9　2　18　3　45　4　90　5　180

問題16 次の核反応を行った後、ターゲットを濃硝酸で酸化分解し、蒸発乾固後、8M塩酸酸性溶液にした。ジイソプロピルエーテル抽出により無担体状態で生成核種が得られるのは次のうちどれか。

	ターゲット	核反応	生成核
1.	コバルト	(n, γ)	^{60}Co
2.	コバルト	(n, 2n)	^{58}Co
3.	鉄	(n, γ)	^{59}Fe
4.	鉄	(d, n)	^{59}Ni

第 8 章　放射性核種の分離・精製

5.　硫　黄　　　　　　(n, p)　　　　^{32}P

問題17　次の文章の（　）の部分に入る適当な語句、数字または記号を番号とともに記せ。

イ　1箇月以上放置しておいた ^{90}Sr と ^{140}Ba の薄い塩酸酸性水溶液に Sr^{2+}、Ba^{2+} および Fe^{3+} を担体として加え、水酸化ナトリウム溶液で弱アルカリ性にして（　1　）の沈殿を作り、放射性核種を共沈させた。沈殿を遠心分離して上澄み液を除去し、塩酸を加えて溶かし 8 M 塩酸溶液とし、8 M 塩酸で飽和したジイソプロピルエーテルと振り混ぜてジイソプロピルエーテル層を除去した。8 M 塩酸溶液中に存在している放射性核種は（　2　）と（　3　）であった。

ロ　担体を含む $[^{22}Na]Na^+$、$[^{59}Fe]Fe^{2+}$、$[^{60}Co]Co^{2+}$ および $[^{137}Cs]Cs^+$ の薄い塩酸溶液が、別々に 4 個の溶液に入っている。それぞれに $K_3Fe(CN)_6$ 溶液を加えたところ、沈殿が生じた容器が 2 個あった。沈殿が生じた容器に存在している放射性核種は（　4　）と（　5　）である。

ハ　^{90}Sr と ^{90}Y の壊変図式は図示のとおりとする。ストロンチウムの原子番号は（　6　）である。また、長年月放置して放射能が全く認められなくなったと仮定したとき、^{90}Zr の質量を 90 mg とすれば、もとの ^{90}Sr は（　7　）Bq である。ただし、^{90}Sr の壊変定数は 7.85×10^{-10} (s^{-1}) とし、アボガドロ数は 6×10^{23} とする。

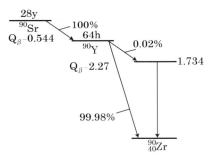

問題18　ある水－有機溶媒系における ^{59}Fe, ^{60}Co の分配比をそれぞれ 20, 0.4 とする。5 MBq の ^{59}Fe と 1 MBq の ^{60}Co の混合物を含む水溶液から、同容積の有機溶媒で抽出したとき、有機溶媒中の ^{59}Fe の放射能純度(%)に最も近い値は、次のうちどれか。

　　ただし、^{59}Fe(^{60}Co)の分配比＝$\dfrac{(有機溶媒中の^{59}Fe(^{60}Co)の濃度)}{(水溶液中の^{59}Fe(^{60}Co)の濃度)}$

　1　73　　2　80　　3　87　　4　94　　5　99

演習問題

問題19 次のⅠの文章の（　）の部分に入る最も適切な語句または記号を、解答群より1つだけ選べ。また、Ⅱの文章の□の部分に入る最も適切な数を、解答群より1つだけ選べ。

Ⅰ　溶媒抽出法は、水とエーテルのように混じり合わない二つの（　A　）に、（　B　）が分配する現象を利用した分離法である。この方法は、トレーサー量において常用量と（　C　）条件を適用して分離ができること、その操作が簡単であること等から、放射性核種の無担体分離によく利用される。

　電荷をもたない簡単な分子の溶媒抽出法の例として、水とトルエンを用いるヨウ素の分離法がある。I^- や（　D　）のように電荷を持っている化学種は、強く水和されており、（　E　）に抽出されにくい。一方、電荷を持たない化学種（　F　）は、（　G　）よりも有機相への溶解度が（　H　）。このことから、ヨウ素は、（　I　）のような酸化剤または（　J　）のような還元剤を用いて、その化学種を変化させることで、水相から有機相へ、有機相から水相へと抽出することが可能である。

＜Ⅰの解答群＞
1　水相　　2　有機相　　3　溶媒　　4　溶質　　5　小さい　　6　大きい
7　亜硫酸イオン　　8　亜硝酸イオン　　9　I_2　　10　IO_3^-　　11　同じ
12　異なる

Ⅱ　ある水-有機溶媒抽出系での、^{60}Co の分配比は50である。^{60}Co 10 MBq を含む水相を同容量の有機相で抽出したとき、有機相に抽出される ^{60}Co の放射能は、 A . B ×10 C MBq である。ただし、有効数字2桁（3桁目を四捨五入）で求めよ。

＜Ⅱの解答群＞
A　1　1　　2　2　　3　3　　4　4　　5　5　　6　6　　7　7　　8　8　　9　9　　10　0
B　1　1　　2　2　　3　3　　4　4　　5　5　　6　6　　7　7　　8　8　　9　9　　10　0
C　1　−6　　2　−5　　3　−4　　4　−3　　5　−2　　6　−1　　7　0　　8　+1
　　9　+2

8.3　イオン交換法

問題20 次の実験を行ったときの、下線を付けた放射性イオンの挙動を、簡潔に述べよ。ただし、放射性イオンは少量の担体を含むものとする。

A　$\underline{K^+}$、$\underline{Rb^+}$ および $\underline{Cs^+}$ が吸着している陽イオン交換樹脂カラムに、0.2 M 塩酸を樹脂量の40倍流す。

B　$\underline{Cl^-}$、$\underline{Br^-}$ および $\underline{I^-}$ を含む塩酸溶液に、塩化パラジウム溶液を加える。

C　$\underline{Cl^-}$、$\underline{Br^-}$ および $\underline{I^-}$ を含む硝酸溶液を、四塩化炭素とともに分液漏斗に入れ、亜硝酸ナトリウム溶液を加えたのち、振とうする。

D　$\underline{Mg^{2+}}$、$\underline{Ca^{3+}}$、$\underline{Sr^{2+}}$ および $\underline{Ba^{2+}}$ を含む溶液（pH5.3）にクロム酸カリウム溶液を加える。

第8章 放射性核種の分離・精製

問題 21 次の実験を行ったときの下線を付けた元素の放射性同位体の挙動を簡潔に述べよ。

A 純粋な Al 箔に中性子を照射し、^{27}Al(n, p)^{27}Mg および ^{27}Al(n, γ)^{28}Al の核反応を起こさせた。Al 箔を水酸化ナトリウム水溶液に溶かし、溶液をろ紙を用いてろ過した。

B 純粋な鉄ターゲットに加速した α 粒子を照射したところ、放射性の Ni と Co とを生じた。これを濃塩酸に溶かしたのち、鉄を酸化し、エーテル抽出して除き、水溶液相を 8mol/l 塩酸酸性で陰イオン交換樹脂カラムに通した。

C クロム酸アンモニウム$(NH_4)_2$CrO$_4$ の結晶を熱中性子で照射した。これを水溶液としたのち、陰イオン交換樹脂カラムに通した。

D 塩化銀 AgCl とヨウ化銀 AgI の混合沈殿にアンモニア水を加えた。

E 塩化アンモニウム NH$_4$Cl を中性子照射し、(n, α) 反応で P、(n, p) 反応で S を生じる。この水溶液に硫酸鉄(Ⅲ)を加えて温め、アンモニア水を加える。

問題 22 次の文章の（　）の部分に適当な語句または記号を記せ。

イ ^{35}S で標識した硫酸ナトリウムと ^{131}I で標識したヨウ化ナトリウムの混合溶液に、^{133}Ba で標識した塩化バリウム溶液を加え遠心して沈殿と上澄み液に分離した。沈殿に存在する放射性核種は（ 1 ）、上澄み液中の放射性核種は（ 2 ）である。

ロ ^{32}P で標識したリン酸と ^{35}S で標識した硫酸の弱酸性溶液に、塩化鉄(Ⅲ)（俗称は塩化第二鉄）を加え水酸化ナトリウム溶液で弱アルカリ性とし（ 3 ）の沈殿を作った。この操作によって沈殿に共沈する放射性核種は（ 4 ）である。

ハ ^{45}Ca で標識した炭酸カルシウムと ^{14}C で標識した炭酸カルシウムの等量混合物に塩酸を加えて静かに加温し蒸発乾固した。残留物中の放射性核種は（ 5 ）、気体として放出された放射性核種は（ 6 ）である。

ニ あらかじめ 4 M 塩酸を十分通した強塩基性陰イオン交換樹脂カラムに、[^{59}Fe]Fe^{3+}、[^{60}Co]Co^{2+} および [^{65}Zn]Zn^{2+} を含む 4 M 塩酸溶液を通し流出液をとり、4 M 塩酸溶液でカラムを洗浄し洗液と合した。4 M 塩酸溶液中に存在する放射性核種は（ 7 ）であった。つぎに同じカラムに 0.5 M 塩酸溶液を通したところ、溶出した放射性核種は（ 8 ）であった。

問題 23 トレーサー量の[^{59}Fe]Fe^{3+}、[^{60}Co]Co^{2+} および [^{68}Ni]Ni^{2+} を含む 12M の塩酸溶液がある。この溶液についての次の記述のうち、正しいものはどれか。

1. 陽イオン交換樹脂に通したが、流出液には放射能が検出されなかった。
2. 陽イオン交換樹脂に通したが、流出液には β 線しか検出されなかった。
3. 陰イオン交換樹脂に通したが、流出液には β 線および γ 線が検出された。
4. 陰イオン交換樹脂に通したが、流出液には β 線しか検出されなかった。
5. 陰イオン交換樹脂に通したが、流出液には放射能が検出されなかった。

問題 24 次の文章の（　）の部分に入る適当な語句を下記の（イ）～（ナ）のうちから選び番号と共に記せ。

演 習 問 題

放射化学分離法のいくつかを概観する。

1　陽イオンの分属などにみられる沈殿法は、金属イオンの分離などに有効な方法であるが、放射性核種に応用する場合、注意が必要である。放射性核種が（　1　）またはそれに近い状態では、その濃度は非常に小さく、通常の沈殿条件では、（　2　）に達せず、沈殿を起こさない可能性がある。この場合、目的の放射性核種と化学的に挙動を共にする物質を（　3　）として加える。

2　2種の互いに溶け合わない溶媒相に対する溶存化学種の濃度の比は一定温度で一定となる。（　4　）法は、一方の溶媒に溶存化学種の分配比が大きいことを利用した分離法である。例えば、核分裂生成物中のセリウムを他の核種から迅速に分離するのに（　5　）を用いる方法がよく知られている。

3　イオン交換法も有力な分離法である。イオン交換樹脂カラムを用いた（　6　）法が用いられる。（　7　）を用いた核分裂生成物の分離や、（　8　）を用いた鉄、コバルト、ニッケルなどの（　9　）イオンの分離など、多くの応用例がある。

4　親と娘の核種の間で放射平衡が成立した後、娘核種を分離し、再び親核種から娘核種が生じた後、分離を繰り返す操作は（　10　）と呼ばれる。これには種々の化学的方法が用いられるが、繰り返しの簡単な方法が望ましい。

　　（イ）バッチ　　　　　　　（ロ）クロマトグラフ　　　（ハ）反　跳
　　（ニ）共　沈　　　　　　　（ホ）陽イオン交換樹脂　　（ヘ）陰イオン交換樹脂
　　（ト）担　体　　　　　　　（チ）無担体　　　　　　　（リ）スカベンジャー
　　（ヌ）保持担体　　　　　　（ル）溶解度積　　　　　　（ヲ）溶媒抽出
　　（ワ）ミルキング　　　　　（カ）電気分解　　　　　　（ヨ）メチルイソブチルケトン
　　（タ）ジエチルエーテル　　（レ）遷移金属　　　　　　（ソ）典型元素
　　（ネ）ラジオコロイド　　　（ナ）フォールアウト

問題 25　放射化学分離に関する次の記述のうち、正しいものはどれか。
　A　酸化マンガン(IV)は水溶液中に存在する ^{137}Cs の捕集剤として使われる。
　B　[^{125}I]ヨウ化カリウム水溶液に[^{125}I]ヨウ素酸カリウムを加えると ^{125}I の放射性核種純度は低くなる。
　C　^{90}Sr と ^{137}Cs とを含む希塩酸水溶液を陽イオン交換樹脂のカラムに通すと、前者の方が樹脂に強く吸着する。
　D　^{51}Cr を含む水溶液に同位体担体を加えるときには、両者の化学形が同じになるよう注意する。

8.4　その他の分離法

問題 26　次の実験を行ったときの放射性核種（物質）の挙動を簡潔に答えよ。ただし、放射性核種（物質）は少量の担体を含む。

イ [^{59}Fe]Fe^{3+}と[^{64}Cu]^{64}Cu^{2+}を含む水溶液に、アンモニア水を少しずつ加える。
ロ それぞれ微量の[^{3}H]標識有機化合物と[^{14}C]標識有機化合物を含む混合気体を、約800℃に加熱した酸化銅と還元鉄を充填した燃焼管（下図）中を通過させる。

　　混合気体の流れ　　　酸化銅　　　還元鉄

ハ [^{3}H]ニトロベンゼンと[^{14}C]アニリンの混合物のエーテル溶液を希塩酸と振り混ぜる。
ニ [^{64}Cu]Cu^{2+}と[^{65}Zn]Zn^{2+}を含む水溶液に磨いた鉄片を挿入する。
ホ 気体状態の[^{131}I]I$_2$と[^{133}Xe]Xeの混合物をチオ硫酸ナトリウム水溶液と振り混ぜる。

問題 27 次の実験を行ったときの放射性核種（物質）の挙動を簡潔に述べよ。ただし、放射性核種（物質）は少量の担体を含む。

イ [^{99}Mo]モリブデン酸イオンをアルミナカラムに吸着させ一夜放置後、生理食塩水を流す。
ロ [^{14}C]炭酸ナトリウムと[^{35}S]硫酸ナトリウムを含む水溶液に希塩酸を加える。
ハ 中性子照射した銅板を希硝酸に溶解し、アンモニア水で中和した後、亜鉛板を挿入する。
ニ 数日間放置した[^{90}Sr]Sr^{2+}溶液をpH9とした後、ろ紙でろ過する。
ホ [^{14}C]ニトロベンゼンと[^{3}H]アニリンの混合物に希塩酸を加えた後、水蒸気を通ずる。

問題 28 ^{90}Sr-^{90}Y混合物をペーパークロマトグラフ法で展開した。展開溶媒の先端が原点から10 cmに達したとき、^{90}Yは原点から2 cm、^{90}Srは原点から8 cmそれぞれ移動していた。^{90}SrのR_f値として正しい値は、次のうちどれか。

1　0　　　2　0.4　　　3　0.8　　　4　4　　　5　8

問題 29 ラジオコロイドに関する次の記述のうち、<u>誤っているもの</u>はどれか。
1　アルカリ性よりも酸性の溶液で、生成しやすい。
2　溶解度以下であっても、難溶性化合物をつくる条件では生成しやすい。
3　核種の濃度と溶液の放置時間が、生成に関係する。
4　錯イオン形成剤を加えることが、生成を防ぐ有効な方法の1つである。
5　ラジオコロイドが生成する条件では、吸着も起こりやすい。

問題 30 （n, γ）反応でつくった^{64}Cuと^{65}Znとを含む微酸性溶液がある。この溶液に錆のついていない鉄片をいれたとき、鉄片の表面にみられる現象について、次の記述のうち、正しいものはどれか。
1　亜鉛が析出して白くなる。
2　銅が析出して赤銅色となる。
3　表面から鉄が溶ける以外の変化はない。

演習問題

4 特に目立つような変化は見られない。
5 表面に銅と亜鉛が同時に析出する。

問題 31 放射化学分離に関する次の記述のうち、正しいものの組合せはどれか。

A $[^{65}Ni]Ni(II)$ と $[^{60}Co]Co(II)$ を含む 6 mol/l 塩酸溶液を陰イオン交換樹脂カラムに通すと、^{65}Ni は流出し、^{60}Co は吸着される。

B ^{90}Sr と ^{90}Y を分離するには、Fe^{3+} と Sr^{2+} の担体を加え、アンモニア水を加えて ^{90}Y を水酸化鉄(III)と共沈させる。

C ^{137}Cs と ^{140}Ba を分離するには、酸性溶液に Cs^+ と Ba^{2+} の担体を加え、炭酸塩を加えると ^{140}Ba が沈殿として分離される。

D $[^{59}Fe]Fe^{3+}$ と $[^{65}Zn]Zn^{2+}$ を分離するには、Fe^{3+} の担体を加え、水酸化ナトリウムの溶液を加えると、$[^{59}Fe]Fe^{3+}$ は水酸化物として沈殿し、$[^{65}Zn]Zn^{2+}$ は溶液に残る。

1 AとB 2 AとC 3 BとC 4 BとD 5 CとD

問題 32 放射性同位元素の性質を利用した分析手法に関する次の記述のうち、正しいものの組合せはどれか。

A ^{238}U は中性子放射化分析では定量できない。
B Cl^- の放射分析では ^{110m}Ag で標識した硝酸銀水溶液を用いる。
C ^{151}Eu をアクチバブルトレーサーとして用いた野外調査では、放射性物質による汚染は発生しない。
D 温泉水中の ^{222}Rn の放射化学分析には電解濃縮が用いられる。
E ^{252}Cf を用いた水分計では、非密封の状態で ^{252}Cf を使用する。

1 ABのみ 2 AEのみ 3 BCのみ 4 CDのみ 5 DEのみ

第9章 標識化合物の合成

　標識化合物とは、化合物中の特定の原子をその元素の安定同位体または放射性同位体で置き換えることによって、その化合物を識別し易くし、トレーサとして用いることができるようにしたものである。ラベル付き化合物ともいう。標識する核種が放射性のときは、放射性トレーサ（radiotracer）とよび、標識化合物からの放射線を検出することにより、その動態を追跡できる。これは、移動する船舶や航空機からの電波によって位置や動きが分かるのと全く同じである。

　トレーサに使う標識化合物の種類は2つに分けられる。その1つは、化合物の構成元素を同位体で置き換えた同位体標識、他の1つは構成元素以外の核種で構成した非同位体標識である。**同位体標識**は同じ元素の同位体を使用するため、元の化合物と全く同じ化学的性質をもち、同じような挙動を取るため、トレーサとしては理想的な標識である。これに対して**非同位体標識**は、元の化合物にない異種原子を新たに導入することになるため、非同位体標識の化合物は異種物質となる。このため物理的、化学的性質または生理学的、生体内挙動が元の化合物と異なるおそれがある。このようなときはトレーサとしては使用できない。

9.1　合成法の分類

a) 化学的合成法

　出発物質である無機標識化合物（ときに中間標識化合物）から、種々の有機化学的合成操作を経て目的の標識有機化合物を合成する方法である。比放射能が高く、標識位置のよく分かった化合物が合成できる。しかし複雑な化合物の合成は困難で手数と時間がかかる欠点がある。

b) 生合成法

　複雑な生体構成物質の標識に使われる。$[^{14}C]CO_2$でクロレラを培養したり、酵素や微生物を用いたりして合成する。このように生物試料、細胞または酵素などを用いる生化学反応を利用して目的の標識化合物を得る方法である。長所は、①化学合成の難しいホルモン、アルカロイド、タンパク質などが合成できる。②標識が均一にされている。③化学的合成法で得られない光学的活性体（右形または左形の何れか一方の鏡像異性体から成る物質。その溶液は偏光面を回転させる能力をもつ）をつくることができるなどである。欠点は、①標識位置、②比放射能、③収率のコントロールが難しいことである。

c) 同位体交換法

　$AX+B^*X \rightleftarrows A^*X+BX$ 反応のように放射性核種$^*X$が、安定核種と入れ換わる反応を利用して

標識化合物 A*X を合成する。ただし、逆反応も起こりやすいので、*A が標識化合物から遊離しないように保存や使用法には注意を要する。

d) 反跳合成法

核反応によって生ずる生成核または放射性核種の崩壊によって生ずる放射性の娘核種は、反跳され反跳エネルギーが大きいと、化学結合を切って元の化合物から飛び出し、近くにできた遊離基などと種々の化学反応を起こして標識化合物をつくる。このように核反応などによって生成する、大きな反跳エネルギーをもつホットアトムで標識する合成法である。直接標識法、または放射合成法ともいう。

この合成法の長所は①複雑な化合物が簡便に標識できる。②比較的短寿命の放射性核種の標識ができる。③比放射能の高いものが得られる。欠点は、①放射化学的収率が低い。②標識位置が一定しない。③反跳によって飛び出した原子は、化学反応性に富むので多数の副反応生成物を伴い分離が難しいなどである。

9.2 ^{3}H（同位体交換反応、接触還元）

^{14}C 標識ベンゼンの比放射能(^{14}C)と ^{3}H 標識ベンゼンの比放射能(^{3}H)の比放射能の比率 $\{(^3H)/(^{14}C)\}$ は約 400 となり、^{3}H の比放射能は非常に大きい。

^{3}H 標識は、トリチウムガス（[^{3}H]H$_2$ ガス）およびトリチウム水（[^{3}H]H$_2$O）を原料とし、化学的合成法と同位体交換によって行う。

トリチウムガスによる接触還元法：不飽和結合（二重結合および三重結合をいう）をもつ化合物は、トリチウムガスによって接触還元（触媒共存、水素で還元する反応）されてトリチウム標識される。使用するトリチウム(T)と水素(H)の混合比率(T/H)を大きくすれば、比放射能は大きくなる。この方法によるトリチウム標識の位置は不飽和結合に限定される。しかし、その他の位置もわずかに標識される。アミノ酸や複雑な構造のステロイド類をはじめ多くの化合物がこの方法で標識される。

a) 標識金属水素化物による還元

還元剤であるトリチウム化アルミニウムリチウム(LiAlT$_4$)、トリチウム化ホウ素リチウム(LiBT$_4$)、トリチウム化ホウ素ナトリウム(NaBT$_4$)などを用いて、アルデヒド、ケトン、エステルなどを還元する糖類の還元による標識などが行われている。

グリニャール試薬 RMgX をトリチウム水 HTO で分解して、[^{3}H]ベンゼン、[^{3}H]トルエンなど（下記にまとめて RT と記す）を合成する。

$$RMgX + HTO \rightarrow RT$$

b) トリチウムガス接触法

有機化合物をデシケータなどに入れて、粉末またはフィルム状にして、表面積をできるだけ広くして[^{3}H]H$_2$ ガスと接触させて 1 週間くらい密閉しておくと、有機化合物の水素が ^{3}H と同

位体交換して標識される。この方法は**ウィルツバッハ**（Wilzbach）**法**とよばれ、1957年、Wilzbach が報告したもので、多くの化合物が標識されている。現在までの経験で以下のことがいえる。

Wilzbach 法は同位体交換であり、^{3}H に特有の方法である。その反応機構は明らかではないが、^{3}H からの β^- 線による放射線化学的作用によるか、または[^{3}H]H_2 ガスの壊変によって生成する ^{3}H・ラジカルが作用して交換がおこるものと推定されている。

同位体交換による ^{3}H 標識は、低分子の有機物から酵素、タンパク、ホルモンのような高分子までの多くの化合物に適用されてきた。しかし、高い比放射能の[^{3}H]H_2 ガスに長時間被ばくするので、放射線分解を起こし、分解物がさらに ^{3}H 標識されるため、放射線分解物を含めて種々の化合物が共存することが多い。化合物によっては分解物ばかりで目的の標識化合物を認めないものもある。したがって多くの場合、同位体交換による ^{3}H 標識化合は、カラムクロマトグラフィーまたはガスクロマトグラフィーによって精製し、ペーパークロマトグラフィーまたは薄層クロマトグラフィーなどで化学的純度を確認して使用する必要がある。しかし、多くの ^{3}H 標識芳香族化合物やステロイド類は、十分な純度と比放射能で得られる。

Wilzbach 法は標識化合物のあらゆる位置を ^{3}H 標識するが、分子内のすべての水素が均一に ^{3}H に置換されるわけではなく、位置によって濃度にばらつきが見られる。例えばトルエンの T：H は、メチル基よりもベンゼン環に 10 倍も多く、オルト位は、メタ位とパラ位の約 2 倍多かった。また、脂肪族オレフィンは、トリチウムガス接触法では標識が困難である。

標識率は、圧力、温度、添加気体などに左右されるので、ここの化合物について適した反応条件を選定する必要がある。^{60}Co γ 線照射、無声放電、紫外線または水銀灯照射などでトリチウム接触標識速度は促進できることがある。

9.3 ^{14}C

^{14}C 標識化合物は、通常[^{14}C]$BaCO_3$ を出発原料として合成する。すなわち、[^{14}C]$BaCO_3$ を出発原料として生成した[^{14}C]CO_2 に、グリニャール試薬 RMgX を反応させてカルボン酸[^{14}C]RCOOH（カルボキシル基-COOH をもつ有機化合物）を合成できる。この[^{14}C]カルボン酸を水素化アルミニウムリチウム LiAlH$_4$ で還元して[^{14}C]メタノール（[^{14}C]CH_3OH）を合成したり、[^{14}C]カルボン酸から[^{14}C]アミン類（R_3N で表せる有機化合物）を合成したりして一次原料とする。

[^{14}C]メタノールはヨウ素化すると[^{14}C]ヨウ化メチル（[^{14}C]CH_3I）となり、酸化すると[^{14}C]ホルムアルデヒド（[^{14}C]HCHO）のような反応性に富んだ有用な合成中間体となる。

[^{14}C]$BaCO_3$ から炭化バリウム（[^{14}C]BaC_2）をつくり、次に[1,2-^{14}C]アセチレン（H^{14}C≡^{14}CH）を合成する。ニッケルカルボニル（Ni(CO)$_4$、揮発性、猛毒の液体）を触媒として、このアセチレンを使ってレッペ反応（触媒共存、アセチレン加圧下の反応）で[U-^{14}C]ベンゼンを合成し、さらに ^{14}C 標識ベンゼン誘導体が合成できる。

9.4 ^{32}P、^{35}S

核酸の3'末端標識にはα位標識のヌクレオチドが、5'末端標識にはγ位標識ATPが使用される。^{32}Pの半減期は14.26日と短いため高比放射能の標識体の合成に適するが、高エネルギーのβ$^-$線を放出するためオートラジオグラフィーでの解像度が低い欠点を有する。最近では、エネルギーの低い^{33}Pや^{35}Sが目的に応じて使用されている。

硫黄を含む有機化合物では、硫黄を半減期の短い(87.51日)^{35}Sで標識する方が半減期の長い^{3}H(12.33年)や^{14}C(5730年)で標識するよりも比放射能の高い標識体の合成に有利である。しかし^{35}Sでは減衰の補正が必要となる。

9.5 放射性ヨウ素標識化合物

9.5.1 酸化的ヨウ素標識

a) ICl法

フェノール核やイミダゾール環にヨウ素を標識する方法である。IClのヨウ素を^{125}Iや^{131}Iなどの放射性ヨウ素に置き換えるとヨウ素標識試薬となる。IClに、[^{125}I]NaIまたは[^{131}I]NaIを加えると、同位体交換が起こり[*I]IClになるからである。塩素の電気陰性度（電子を引きつける傾向の大小）は3.0、ヨウ素の電気陰性度は2.5と塩素が高いので、電子は塩素に引かれI$^+$→Cl$^-$とIClは分極し、ヨウ素は陽電荷を帯びて、ヨウ素標識を容易にする。[*I]IClは同位体交換により標識されるので比放射能は低く、本法によるヨウ素標識の比放射能は低い。

b) クロラミンT法

クロラミンT（sodium N-chloro-p-toluenesulfonamide）は強い酸化作用を持ち、水溶液中でHOClを生成し、NaIを酸化して、HOIやH$_2$OIなどを生成し、フェノール核やイミダゾール核をヨウ素化する。したがって、放射性の[*I]NaIを使用すれば、ヨウ素標識ができる。この方法では[*I]NaIの比放射能が高いと、ヨウ素標識化合物の比放射能も高いものが得られる。

9.5.2 同位体交換による標識

ヨウ素化合物を放射性ヨウ化ナトリウムと水またはDMF（ジメチルホルムアミド、代表的な極性有機溶媒の一つ）などの溶媒中で加温して同位体交換を行って標識させる。交換速度が遅いときは反応を高温下で行う。標識するヨウ素化合物が熱に安定な場合には、溶媒を使わないでヨウ素化合物と[*I]NaIを混合して加熱、溶融させて、交換標識を行う。しかしこの方法では、生成する放射性ヨウ素標識化合物と原料に使用したヨウ素化合物が同じ化学構造を有するため、両者を分離することは困難であり、標識体の比放射能は低い。また、ブロモ化合物と放射性ヨウ素とのハロゲン交換反応から、放射性ヨウ素標識化合物を合成することもある。この場合には、生成する放射性ヨウ素標識化合物の比放射能はたいへん高い（標識反応に使用した[*I]NaIと同じ比放射能で得られる）。

9.5.3　有機金属化合物との置換反応

　芳香環へ放射性ヨウ素を導入する方法として、最近は、有機スズ誘導体を目的とする炭素に導入し、次いで、酸化剤の存在下で[*I]NaI を加える方法が汎用されている。本方法は、原料の合成が面倒であるが、標識合成反応は通常室温下、数分で完了すること、比放射能の高い標識体が得られるところに大きな特長がある。最近は、毒性に問題がある有機スズ誘導体の代わりにホウ素（B(OH)$_2$）の利用も進められている。本標識法は、放射性ヨウ素のみならず ^{18}F 標識においても使用されている。

9.6　金属放射性核種による標識

　テクネチウム－99m(^{99m}Tc)、ガリウム－67(^{67}Ga)およびインジウム－111(^{111}In)は、体外からの放射線の計測に適したエネルギーの γ 線を放出し、インビボ検査に適した半減期を有することから核医学画像診断に汎用される金属放射性核種である。

　これらの核種は、アミノ基、カルボキシル基、チオール基、水酸基などの官能基（有機化合物の化学的性質を決める原子団）を配位子とする錯体の化学形で使用されている。配位子を適切に設計することにより、生成する錯体の電荷や脂溶性などを変化させて、体内での挙動を制御することが可能となっている。血液・脳関門を透過して脳局所の血流量や心筋の血流量の測定を可能とする ^{99m}Tc 錯体が開発され、日常の臨床診断で汎用されている。代表例については第 12 章の図 12.1 を参照されたい。

　また、がんの核医学治療（アイソトープ治療）の目的で、高エネルギーの β^- 線を放出する ^{131}I や ^{90}Y、^{177}Lu 標識薬剤の開発研究が進められている。さらに最近では、α 線放出核種である ^{223}Ra、^{211}At、そして ^{235}Ac 標識薬剤のがん核医学治療への応用が進められている。[^{223}Ra]RaCl$_2$ は去勢抵抗性前立腺がんの骨転移治療薬剤としての承認を受け、本邦の臨床において使用されている。

9.7　タンパク質の標識

9.7.1　放射性ヨウ素による標識

　タンパク質の標識には、通常、放射性ヨウ素を利用する。C、H などの構成元素で標識することが難しいからである。ヨウ素は、チロシンのフェノール性水酸基のオルト位の水素と置換する。ヒスチジンの水素とも置換反応を起こすが、この反応速度はチロシンに対する反応速度に比べて 30 倍程度遅いため、チロシンへの反応が優先的に進行する。

　放射性ヨウ素標識には、[*I]NaI 溶液を酸化して活性型にする必要がある。そのため、クロラミン T を酸化剤にする方法（Hunter-Greenwood 法）とラクトペルオキシダーゼと過酸化水素を用いる酵素法がある。

　クロラミン T 法は、[*I]NaI とクロラミン T の溶液を混合するだけで標識できるので簡単である。この反応は、還元剤の二亜硫酸ナトリウム(Na$_2$S$_2$O$_5$)を添加すると停止する。一方、こ

9.7 タンパク質の標識

の反応ではタンパク質が酸化剤（クロラミンT）および還元剤に晒されるため、これらの影響を考慮する必要がある。ラクトペルオキシダーゼ法は、希薄な過酸化水素をこの酵素で分解させることで生じた発生期の酸素を利用して[*I]NaIを酸化する方法である。本法はクロラミンT法に比べて少量の酸化剤を使用するため、タンパク質に及ぼす影響が少ない点に特長がある。

目的とするタンパク質を酸化剤に晒されることなく放射性ヨウ素標識する目的で、放射性ヨウ素標識低分子化合物を作製し、次いでこの化合物をタンパク質に結合する反応も利用されている。その代表例であるボルトン・ハンター（Bolton-Hunter）試薬（図9.1）は *p*-hydroxyphenylpropionic acid N-hydroxysuccinimide のフェノール性水酸基に放射性ヨウ素を導入した後、本化合物の活性エステル基とタンパク質のアミノ残基とがアミド結合を形成することで間接的にタンパク質を標識する方法である。手順が煩雑であり、標識タンパク質の比放射能がクロラミンT法に比べて低い欠点がある。

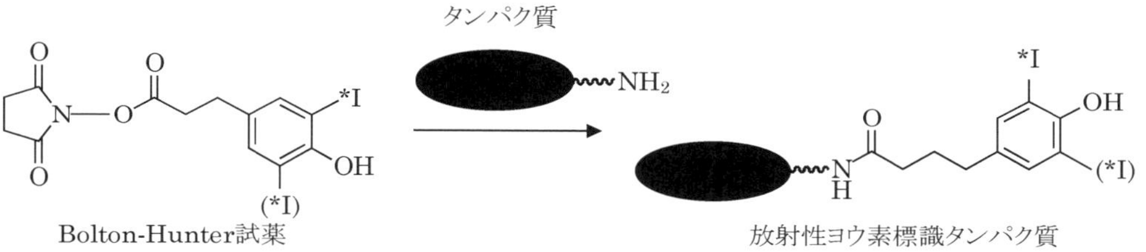

図9.1 Bolton-Hunter試薬を用いたタンパク質の放射性ヨウ素標識

9.7.2 金属放射性核種による標識

^{99m}Tcや^{111}Inあるいは$^{186/188}$Reや^{90}Yなどの金属放射性核種をタンパク質、とりわけ、抗腫瘍抗体に結合してがんの画像診断や核医学治療への応用が進められている。これらの金属は、タンパク質と直接には安定な錯体を形成しない。そのため、キレート試薬をタンパク質に結合し、次いで、金属放射性核種とキレート試薬との錯体を形成させる方法が利用されている。このときに使用するキレート試薬は、タンパク質との結合が可能なカルボン酸の活性エステルやイソチオシア

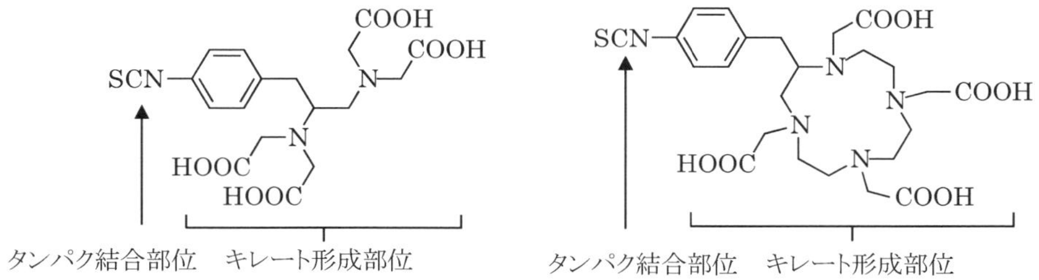

図9.2 代表的な二官能性キレート試薬．両化合物ともに，タンパク質との結合部位であるSCN構造と放射性インジウムと生体内で安定な錯体を形成するDTPAあるいはDOTA構造を有する．

ナート構造と放射性金属との錯形成に関わる配位子構造を有することから二官能性キレート試薬と呼ばれる。この方法で作製した ^{90}Y 標識抗腫瘍抗体の一つが、本邦においてもリンパ腫治療医薬品として臨床使用されている（12.6.3 参照）。代表的な二官能性キレート試薬を図 9.2 に記す。

9.8　短寿命放射性核種（^{11}C、^{18}F）

9.8.1　^{11}C

^{11}C 標識の場合には ^{14}C 標識と同様の種々の標識前駆体が用いられるが、なかでも ^{11}C-ヨウ化メチル（[^{11}C]MeI）は最も多く用いられる標識前駆体であり、N-メチル化、O-メチル化、S-メチル化反応の他、最近では芳香環上への高速メチル化反応法等の開発も進められている。

その他の標識前駆体としては、[^{11}C]CN、[^{11}C]COCl$_2$（ホスゲン）、[^{11}C]CHO、[^{11}C]CO$_2$ 等があるが、[^{11}C]CO$_2$ は Grignard 試薬と反応させて、^{11}C-標識カルボキシ化合物が得られる。

9.8.2　^{18}F

^{18}F の標識合成では [^{18}F]F$_2$ や [^{18}F]アセチルハイポフルオロライド（[^{18}F]CH$_3$COOF）を用いて、求電子置換反応、二重結合への付加反応、アルキルスズ等に対する金属置換反応等に利用される。[^{18}F]FDG も当初は [^{18}F]F$_2$ ガスを用いた反応が利用されていたが、現在、[^{18}F]アニオンを利用した反応において収率が高いこと、高純度の [^{18}F]FDG が得られること、比放射能が高いこと等、多くの利点を有するために標準的に用いられている。

9.9　標識位置

9.9.1　標識化合物の分類

市販の標識化合物は、1）特定標識化合物、2）名目標識化合物、3）全般標識化合物、4）均一標識化合物の 4 種に分類できる。

a）特定標識化合物（Specific labelling）

標識化合物のうち、特定の位置の原子だけが標識されているもの。化学的に合成する。［1-^{14}C］チミン、［6-^{3}H］ウラシルのように標識位置を明記する。

b）名目標識化合物（Nominal labelling）

標識化合物のうち特定の位置の大部分の原子が標識されているが、その他の位置の原子も標識され、その分布比が明確でないもの。核種記号の次に N（Nominal）をつけ［9,10-^{3}H（N）］オレイン酸のように記す。

c）均一標識化合物（Uniform labelling）

標識化合物のすべての位置の原子が均一に標識されているものをいう。核種記号の前に U（Uniform）をつけて例えば［U-^{14}C］ロイシンのように記す。

d）全般標識化合物（General labelling）

9.9 標識位置

標識化合物のすべての位置の原子が全般的に標識され、その分布が均一でなく、その分布比が明確でないもの。核種記号の前に G (General) をつけ [G–^{14}C] メチオニンのように記す。

9.9.2 標識位置

標識化合物を用いて化学反応機構や生体内での代謝を研究する場合、標識化合物内の標識位置が実験結果に大きな影響を及ぼす場合があるので注意を要する。

その最も顕著な例が ^{11}C で標識したメチオニンの腫瘍集積性に見られる。上述のように ^{11}C はメチオニンのカルボン酸あるいは S に結合したメチル基へ導入することができる。メチオニンはアミノ酸トランスポータにより腫瘍細胞内に取り込まれ、その後、様々な代謝を受けたりタンパク合成に利用されたりする。カルボン酸の炭素を標識したメチオニンは、腫瘍細胞へ集積した後、脱炭酸反応を受けて [^{11}C]CO_2 となって細胞内から消失する。これに対してメチル基を標識したメチオニンでは、脱炭酸反応の影響を受けず、さらに一部はメチル基転位反応により細胞内に滞留する。その結果、カルボン酸標識体では腫瘍から放射活性が消失するが、メチル基を標識した場合にはより長時間にわたり放射活性が観察されることになる。

9.10 標識化合物の比放射能

比放射能（specific activity あるいは specific radioactivity）とは、元素または化合物の単位質量当たりの放射能である。放射能の強さを Bq または Ci で表し、その元素または化合物 $1\mu g$ または $1\,mg$ 当たりの放射能（MBq/mg など）と表記する。最近は、元素または化合物 $1\mu mol$ または $1\,mmol$ 当たりの放射能を表す molar activity あるいは molar radioactivity が比放射能として用いられる場合が多い。この場合は MBq/mmol などと表記する。標識化合物の比放射能は、実験の感度や標識化合物の体内動態に影響を及ぼすことがあるので、目的に応じた比放射能の標識体を合成することが必要となる。

標識化合物の比放射能は、標識に使用した放射性核種の比放射能によって大きく左右される。例えば ^{185}Re(n, γ)^{186}Re で作製した ^{186}Re では ^{186}Re 中に原料の ^{185}Re（安定核種）が存在するため高い比放射能の標識体を得ることは困難である。一方、^{188}W - ^{188}Re の放射平衡から生成する ^{188}Re は無担体（carrier free）の状態で得られるため、高い比放射能の ^{188}Re 標識化合物が得られる。

比放射能に影響を及ぼすもう一つの因子に標識合成に使用した反応が挙げられる。例えば、放射性ヨウ素標識化合物を同位体交換反応で合成した場合、原料と生成物とは化学的に同じであることから、通常の化学分離法では原料を分離することが困難となり標識化合物の比放射能は低くなる。一方、有機金属と放射性ヨウ素との交換反応で作製したヨウ素標識化合物では、原料と生成物との化学構造が異なるため、カラムクロマトグラフィーなどの化学分離により、生成物を原料から簡単に分離することが可能と成り、比放射能の高い標識化合物が得られる。なお、同位体交換反応では、生成物の構造確認が簡便に行える利点を有する。

9.11 標識化合物の品質管理

標識化合物を利用した実験では、標識化合物が放出する放射線を指標とすることから、標識化合物の純度は実験結果に大きな影響を及ぼす。また、標識化合物は長時間経過すると自己放射線分解などによって放射化学的不純物を含むことがあるので注意を要する。

標識化合物の純度には、**放射性核種純度**と**放射化学的純度**の両者が関与する。放射性核種純度とは、化学形に関係なく着目する放射性核種の放射能が、その物質の全放射能に占める割合を指す。放射化学的純度とは、目的とする化学形で存在する放射性核種が、その物質の全放射能に占める割合を意味する。標識化合物の放射性核種純度は、半減期の測定、β線エネルギーの測定、γ線スペクトロメトリーなどにより決定でき、放射化学的純度は、以下に示す様々な分析方法により決定される。

9.12 標識化合物の分析法

Chromatography の chromato－は、ギリシャ語の chroma（色）、－graphy は graphos（記録）という意味である。1906 年にポーランドの植物学者 M. Tswett が炭酸カルシウムをつめたガラス管に植物の石油エーテル抽出色素溶液を通したところ、クロロフィルなどの植物色素が、帯状になって見事に分離できたのでクロマトグラフィーと名づけられた。現在では着色とは関係なく、分離したい溶質混合物を、気体または液体として、固定相内に通して分離する方法をクロマトグラフィーと呼んでいる。

クロマトグラフィーは、移動相（上記では石油エーテル）と固定相（上記では炭酸カルシウム）からなっており、移動相に液体を使うものを液体クロマトグラフィー（Liquid Chromatography）、移動相に気体を使うものをガスクロマトグラフィー（Gas Chromatography）という。

固定相の種類によってクロマトグラフィーは、一般に次の 3 つに分類される。
（1）カラムクロマトグラフィー　　（2）薄層クロマトグラフィー
（3）ペーパークロマトグラフィー

同じクロマトグラフィーの見方を変えて分離機構から分類すると、次の 4 つになる。
（1）吸着クロマトグラフィー　　（2）分配クロマトグラフィー
（3）イオン交換クロマトグラフィー　（4）サイズ排除クロマトグラフィー

9.12.1　ペーパークロマトグラフィー

ペーパークロマトグラフィー（paper chromatography）は、有機物、無機物を問わず、ほとんどすべての物質の分離検出、定量法として用いられている。通常、幅 2 cm、長さ 40 cm に切ったろ紙片（ストリップとよぶ）の一端から数 cm の所（原点）に試料溶液をガラス製の毛細管で幅約 2～5 mm にスポットする。試料を添加したろ紙の下端を溶媒（展開剤）に浸して、密閉

9.12 標識化合物の分析法

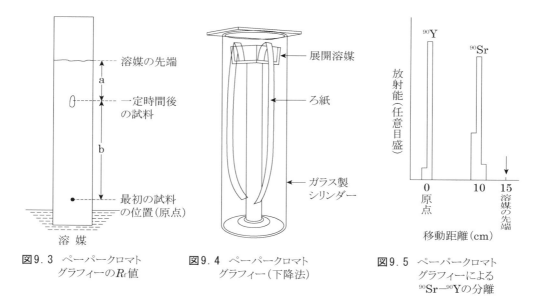

図9.3 ペーパークロマトグラフィーのR_f値

図9.4 ペーパークロマトグラフィー（下降法）

図9.5 ペーパークロマトグラフィーによる$^{90}Sr→^{90}Y$の分離

した容器中に放置する。溶媒は毛管現象によって上昇し、試料も溶媒にともなって動く（上昇法 ascending mathod）。数時間（展開剤によって長短あり）展開すると、展開剤が一定の高さまで上昇する。ろ紙をとり出し、乾燥したのち、ろ紙上の試料の位置を試薬で呈色させたり、肉眼で観察したり、試料が RI であれば放射能で一連の斑点（スポット spot）の位置をしらべ、次に定義するような Rf（Rate of flow）を算出する。Rf の値は試料物質固有の絶対的な定数ではないが、一定の展開剤を用いたとき、一定温度において試料物質によって決まっているので、その値から物質を判定する。

$$R_f = \frac{原点からスポットの中心までの距離}{原点から溶媒の浸透先端までの距離} = \frac{b}{a+b}$$

　前記の方法は上昇法であるが、溶媒の入っている容器を上部に置いて、上からろ紙に染み込ませる下降法（descending method）もある。下降法は上昇法よりも溶媒の浸透速度が速いので、短時間で分離できる。溶媒の展開方法によって 1 次元法（one-dimensional method）と 2 次元法（two-dimensional method）の区別がある。ただ 1 種類の展開剤で一方向にだけ展開する方法を 1 次元法といい（前記の方法）、四角のろ紙を使って、はじめ 1 種類の展開剤で一方向に展開したのち、それと直角の方向に、第 2 の展開剤で展開する方法を 2 次元法という。多くの混合成分を分離するときには、2 次元法は非常に有効である。しかしこの方法で、再現性のある分離を行うには、一般に熟練を要する。ろ紙は通常約 20％の水分を含んでいる（吸着水ともいう）。ろ紙に試料をつけて溶媒を浸透させても、吸着水は動かないと考えられ、いわゆる固定相を作っている。この固定相とろ紙上を上昇（または下降）する移動溶媒層との間の溶質の分配や、移動溶媒中に存在している溶質のろ紙への吸着などにより、溶質が特有の分別帯を

第9章　標識化合物の合成

生ずる。

分離例：無担体（carrier-free）イットリウム－90 の調製

無担体の $^{90}Sr-^{90}Y$（^{90}Y の半減期は 64.1 時間、^{90}Sr の半減期は 28.78 年であるので両者は永続平衡の関係にある）溶液をガラス製毛細管にとる。東洋濾紙製 No.3 のろ紙（幅 2 cm 長さ 40 cm）の下から 3 cm のところに毛細管をあてて、ろ紙に試料液を吸いとらせる。風乾したのちエチルアルコール 10 ％と硫シアン酸アンモニウム溶液（5：3）を展開剤とし、試料のついた側のろ紙の下端を約 1 cm、展開剤に浸す。完全に密閉したガラス容器中に約 3 時間放置すると ^{90}Sr と ^{90}Y は図 9.5 に示すように分れる。^{90}Y の Rf は 0（原点に留まる）であり ^{90}Sr の Rf は約 0.7 である。この方法は再現性よく、^{90}Y のフラクションへの ^{90}Sr の混入はほとんどない。

9.12.2　薄層クロマトグラフィー（thin layer chromatography：略称 TLC）

アルミナ（吸着）、シリカゲル（吸着、分配）、イオン交換セルロース（イオン交換）、セルロース（分配）、デキストランゲル（サイズ排除）などの吸着剤に、水および結合剤として少量のデンプンなどを加えたスラリー（濃厚な懸濁液）をつくる。スラリーをアプリケータ（applicator）またはスプレッダー（spreader）に移して、20×20 cm または 5×20 cm のガラス板上に一定の厚さ（0.25〜1 mm）の薄層を引き、加熱、乾燥して薄層プレートをつくり、分離の目的に使用する。しかし現在では市販の薄層プレートを使用する場合が多い。市販の薄層プレートには、平均粒径が小さく、粒径分布の狭い吸着剤を用いた HPTLC プレート、セルロースの HPTLC、化学結合型シリカゲルの HPTLC（オクチル基やアミノ基などをシリカゲル表面に導入したもの）など分離能の良いものがある。これらの薄層プレートをペーパークロマトグラフィーの「ろ紙」と同じ様に取り扱う。すなわち、「ろ紙」に相当する薄層プレートの一端に試料をスポットして、展開剤の中に薄層プレートの一端を浸し、密閉した容器の中に入れると毛管現象によって試料は薄層上を移動展開する。展開が終了し試料の各成分が分離すると、薄層プレートを乾燥しペーパークロマトグラフィーと全く同じように R_f を算出する。

試料が放射性物質のときは、試料成分の移動位置は放射能の測定によってきめるが、その測定法は、①クロマトスキャナによる方法、②オートラジオグラフィーによる方法、③放射性物質を抽出して検出する方法がある。なお、ラジオオートグラフィーのフィルムと同じ目的に使用する輝尽性発光体イメージングプレートが、X 線フィルムの検出感度より 2〜3 桁高く、定量範囲が広くて精度が高く、繰り返し使用できるなど優れた特徴をもつもので、繁用されている。

市販のクロマト・スキャナはガスフロー型で、その計数効率は、^3H に対して 1 ％、^{14}C に対して 5 ％程度である。オートラジオグラフィーの露出時間は核種のエネルギーと放射能（の強さ）によって決めるが、GM 管式サーベイメータによる ^{14}C のカウントが、バックグラウンドより高ければ、3〜7 日の露出で検出できる。クロマトスキャナだけの測定では誤差を伴うので、

ガラス板からスポットをスパチュラでかきとり、放射性物質を抽出し放射能測定する。^{3}H や ^{14}C は液体シンチレーションカウンタ、^{125}I や ^{131}I などのγ線放出核種では NaI(Tl) シンチレーションカウンタ (井戸型) で測定する。^{32}P や ^{35}S は GM カウンタで測定できるが、液体シンチレーションカウンタで測るとより正確で簡便である。

薄層クロマトグラフィーは、ペーパークロマトグラフィーと同じ目的に使用するが、後者よりも展開時間が短く迅速に分離でき、分離能も優れている。

9.12.3 高速液体クロマトグラフィー

1) 概要 高速液体クロマトグラフィー (high performance liquid chromatograpy) は HPLC と略称される。HPLC の原理は LC (液体クロマトグラフィー) と同じである。違うところは、HPLC のカラム充填剤の粒径が、非常に細かいことである。この細かい粒子径のため吸着平衡に達する時間が速くなり、速い溶離液の流れに対応でき、HETP (理論段相当高さ ; height equivalent to a theoretical plate の略称) は小さくなり、大きな理論段数が得られて、HPLC の優れた分解能につながる。非常に細かい粒径 (3〜5μm 程度) の表面薄層イオン交換体や表面多孔性充填剤が開発されて実用できるようになり、送液ポンプなど周辺機器の開発と相俟って HPLC が汎用されるようになった。

2) HPLC 装置の基本部分は、送液ポンプ、サンプルインジェクター、カラム、検出器、記録計から成る。

3) 送液ポンプは、いろいろのタイプがあるが、長時間、高圧 (70〜500 kg/cm^2) で精度良く送液できるプランジャー往復運動型ポンプが最もよく使用されている。プランジャー (円筒状のサファイアの棒) は気密を保つためのシールがある。このシールの損傷による液漏れが起こることがある。シール交換を時々行い、また、使用後はポンプをよく水洗いする必要がある。

4) サンプルインジェクターは、容積が分かっているサンプルループに試料を満たし、ループ内の全量をカラムに注入するときに使用する。この使用によって再現性のよい結果が得られる。

5) カラムは、市販の充填カラム (packed column) から目的にあったカラムを選んで使用する場合が多い。

①カラムに強い衝撃を与えると充填剤が移動して隙間ができて、うまく分離できなくなる。
②カラム上端のフィルターが目詰まりしないように、試料溶液や移動相の小さい粒子を取り除いて分離する必要がある。試料のロスに注意しながら、ミリポアフィルタでろ過することがある。
③移動相として緩衝液を流した後に有機溶媒を流すときには、水で洗って緩衝液を除いてから有機溶媒を流して塩の析出を防ぐ。
④シリカ系充填剤は pH8 以上のアルカリ性側で溶けやすい。
⑤シロキサン結合 (Si-O-Si) は酸性側が切れやすい。

第 9 章　標識化合物の合成

⑥長期間カラムを使用しないときは、カラムを適当な溶媒で洗浄後、冷暗所で保管する。

⑦気体の溶解度は水中より有機溶媒中が大きいので、有機溶媒と水溶液を混合して移動相をつくるとき、わずかな比率の相違が、分離結果を大きく左右するので注意する必要がある。

6) 検出器の種類は非常に多い。検出器に ^3H や ^{14}C などの β^- 線および ^{125}I や ^{131}I などの γ 線をオンラインで測定できる装置もある。

9.12.4　ろ紙電気泳動法

a) 概　要

ろ紙電気泳動法（paper electrophoresis）はペーパークロマトグラフ法とともに広く、有機物ならびに無機物の分離に用いられている。この方法によって混合物を分離するときには、まず、ろ紙を使用前に電解質溶液に浸し、余分の電解液を乾いたろ紙で挟んで吸いとり、そのろ紙に混合物をつける。密閉した容器中に入れて、ろ紙の両端を電解液に浸し、直流電圧をかけると陽イオンは陰極に向って移動し、電荷がないものは原点にとどまる。イオンの移動の速さはろ紙による吸着、イオンの大きさ、電解液の粘度、荷電の大きさ、温度などに関係する。

　この方法の特長は（1）ろ紙の両端にかけてある電圧、すなわち泳動電圧を変えて、イオンの泳動速度を自由に変えることができる。すなわち、分離に要する時間を短縮でき、迅速分離ができる。（2）陽、陰両イオンを、反対方向に泳動させるので、分離が容易になるなどである。ろ紙電気泳動法のペーパークロマトグラフ法に劣る点は、定電圧装置などがいること、一般に試料が少量しか添加できないことである。泳動の様式には、ろ紙の表面をプラスチック板などで密着して覆う密閉式と、容器とろ紙の間に空間がある開放式に分けられる。密閉式が外部よりろ紙面を冷却しやすいので都合がよく、しかも再現性もよい。

b) 分離例

^{90}Sr および ^{90}Y の迅速分離

　東洋濾紙製 No.3 のろ紙を幅 2 cm、長さ 40 cm に切り、電解液に浸した後に、別のろ紙でおさえ、余分の液を吸いとり、陽極の端から 10 cm のところにマイクロピペットで試料 0.005 ml を添加する。このろ紙を図 9.6 のような装置で泳動する。

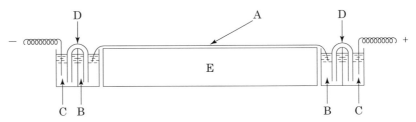

A　ろ紙に試料をスポットする　　B　電解液
C　塩化カリウム溶液　D　寒天橋　E　冷却槽
電気泳動を行うときにろ紙にガラス板をのせると密閉式となる

図 9.6　ろ紙電気泳動の装置

トレーサー量の $^{90}Sr-^{90}Y$ の分離には、0.1 酢酸アンモニウム（pH5.0）を電解液とし定電圧 1080 V で、また担体（0.05 M Sr、0.05 M Y）を加えた $^{90}Sr-^{90}Y$ では 0.05 M クエン酸アンモニウム（pH2.7）を電解液とし定電圧 1440 V でそれぞれ 10 分間の電気泳動で分離できる。

9.13 標識化合物の保存法

a）放射線による自己分解の低減

標識化合物を購入あるいは作製してから長時間経過すると、放射線による自己分解やラジカル反応により放射化学的純度が低減することがある。これを軽減するには、

1) 差し支えない程度に比放射能を低くする。
2) 差し支えない程度に放射能濃度を低くする。
3) 少量ずつ保管して放射線による相互の影響を避ける。強いエネルギーの β 放出体や γ 放出体と一緒に置かない。
4) 放射線化学反応の初期過程で生成する遊離基または遊離原子を捕らえて反応に与らせないようにするために加える物質をラジカルスカベンジャーという。ラジカルスカベンジャーであるベンゼン、エタノール、ベンジルアルコールなどを用いると、標識化合物の分解が防止できることがある。標識化合物をベンゼンに溶かしたり、標識化合物の水溶液にはエタノール、ベンジルアルコールを数％加えたりする。

b）有機物としての取扱上の注意

標識化合物は一般に低濃度、微量の状態で取り扱うことが多く、加水分解、酸化、光、微生物などの影響を顕著に受ける。

1) 純粋な状態で保管する。不純物を含むと分解しやすい。
2) 低温で保管する。一般に有機物は低温が安定である。^3H、^{14}C、^{35}S などの低エネルギー β 放出体の標識有機化合物では、水溶液は 2 ℃、ベンゼン溶液は 5～10 ℃で保管するのがよいといわれている。

第9章 標識化合物の合成

9 演習問題

問題1 比放射能 150 kBq・mg^{-1} の [^{14}C] ニトロベンゼン（$C_6H_5NO_2$）がある。これを還元して得られる [^{14}C] アニリン（$C_6H_5NH_2$）の比放射能（kBq・mg^{-1}）の値に最も近いものはどれか。ただし、原子量は H＝1、C＝12、N＝14、O＝16 とする。
　　1　110　　　2　130　　　3　150　　　4　200　　　5　230

問題2 次の記述のうち、正しいものの組合せはどれか。
　A　標識化合物の自己放射線分解は G 値のみに依存し、標識核種によらない。
　B　セリウム線量計では、Ce(Ⅳ) の Ce(Ⅲ) への還元反応を利用している。
　C　荷電粒子の水に対する LET 値は、荷電粒子の種類だけでなく、エネルギーによっても変わる。
　D　気体に放射線を照射したときのW値は、その気体のイオン化エネルギーよりも小さい。
　　1　AとB　　2　AとC　　3　AとD　　4　BとC　　5　BとD

問題3 標識化合物に関する次の記述のうち、正しいものの組合せはどれか。
　A　[^{14}C] トルエンを酸化して得られる [^{14}C] 安息香酸の比放射能（Bq/mol）は、原料の [^{14}C] トルエンのそれと同じである。
　B　標識化合物の放射化学的純度は直接希釈分析法によって求められる。
　C　タンパク質と[^{125}I]I_2を混ぜると、タンパク分子中のチロシン残基が ^{125}I で標識される。
　D　[G-^{3}H] トリプトファンにおいて、G は、トリプトファン分子中の水素がほぼ均一に ^{3}H 標識されていることを意味する。
　　1　AとB　　2　AとC　　3　AとD　　4　BとC　　5　BとD

問題4 標識有機化合物に関する次の記述のうち、正しいものの組合せはどれか。
　A　一般に、^{3}H 標識の方が ^{14}C 標識よりも比放射能の高いものが得られる。
　B　uniform 標識とは、化合物の各位置に標識されているが、その分布が一様でないことを意味する。
　C　電子顕微鏡オートラジオグラフィには、一般に ^{3}H 標識化合物が用いられる。
　D　放射化学的純度の検定には直接希釈分析法が適用される。
　　1　AとB　　2　AとC　　3　AとD　　4　BとC　　5　CとD

問題5 放射線の測定に関する次の記述のうち、誤っているものはどれか。
　1　液体シンチレーション計数により ^{3}H、^{14}C の分別定量が容易にできる。
　2　NaI(Tl)、CsI(Tl) 結晶によるシンチレーション計数は γ 線に対する感度がよい。
　3　ZnS(Ag)、NaI(Tl) 結晶は、α 線測定用シンチレータとして適している。

－142－

演 習 問 題

4　Ge 半導体検出器は、エネルギー分解能がよいので、γ線を放出する核種の検出定量に適している。

5　高純度 Ge 半導体検出器は測定時には液体窒素温度で冷却する必要がある。

問題6　液体シンチレーション計数装置に関する次の記述のうち、正しいものの組合せはどれか。
A　計数率 10,000 cpm の試料では約 2 ％の数え落としがある。
B　一般に、同時計数回路が組み込まれている。
C　^{14}C と ^{35}S の分別定量も容易にできる。
D　クエンチングによる計数効率の変動は外部線源法によって補正される。
　1　A と B　　2　A と C　　3　A と D　　4　B と C　　5　B と D

問題7　炭素の同位体に関する次の記述のうち、正しいものの組合せはどれか。
A　炭素の安定同位体は ^{12}C だけであるので、炭素の原子量は正確に 12 である。
B　^{14}C は、天然に $^{14}N(n, p)^{14}C$ の核反応で生成する。
C　^{14}C は炭素のトレーサとして用いられるが、^{14}C を炭素の中性子照射で製造するのは実用的でない。
D　$^{10}B(p, n)$ 反応で生ずる ^{11}C は炭素のトレーサとして有用である。
　1　A と B　　2　A と C　　3　A と D　　4　B と C　　5　B と D

問題8　^{3}H、^{14}C、^{32}P、^{35}S、^{45}Ca について、β⁻線エネルギーの高い方からの順として正しいものの組合せは、次のうちどれか。
1　^{32}P、^{45}Ca、^{35}S、^{14}C、^{3}H
2　^{32}P、^{35}S、^{45}Ca、^{14}C、^{3}H
3　^{35}S、^{32}P、^{45}Ca、^{14}C、^{3}H
4　^{32}P、^{45}Ca、^{14}C、^{3}H、^{35}S
5　^{45}Ca、^{32}P、^{35}S、^{14}C、^{3}H

問題9　^{3}H、^{14}C、^{32}P、^{35}S、^{45}Ca に関する次の記述のうち、誤っているものはどれか。
1　最も高いエネルギーのβ線を放出するものは ^{32}P である。
2　すべてβ⁻放射体である。
3　半減期の最も短いものは ^{45}Ca である。
4　最も低いエネルギーのβ線を放出するものは ^{3}H である。
5　半減期の最も長いものは ^{14}C である。

問題10　イ　ほとんど無担体状態の $[^{111}Ag]Ag^{+}$、$[^{59}Fe]Fe^{3+}$ および $[^{189}Ba]Ba^{2+}$ を含む水溶液がある。これらの金属イオンを沈殿として順次分離する方法を化学反応式と共に記せ。
　　ロ　次の文章の（　）の部分に入る適当な語句、数値または文章を番号と共に記せ。

第9章　標識化合物の合成

^{3}H は（ 1 ）の（ 2 ）反応により製造されている。^{3}H は半減期 12.3 年で（ 3 ）に壊変する。分子中の 1 個の水素を無担体 ^{3}H で標識すると、約（ 4 ）Bq/mmol の比放射能をもつ ^{3}H 標識化合物が得られる。同量の［^{3}H］コレステロールをそれぞれ 1 ml のトルエン〔測定試料 I〕およびクロロホルム〔測定試料 II〕に溶かし、液体シンチレーション計数装置で測定するとき、（ 5 ）の計数率の方が有意に低いと予想される。これは（ 6 ）による。［^{3}H］コレステロールの放射化学的純度は（ 7 、約 20 字で）の方法で検定される。また［^{3}H］コレステロールを投与された実験動物の死体は（ 8 ）したのち許可廃棄業者に引き渡す。

問題 11　比放射能 1 kBq/mg の［^{14}C］トルエンを酸化して得られた［^{14}C］安息香酸 1 mg を液体シンチレーション計数装置で測定した。そのときの計数率（cpm）に最も近い値は、次のうちどれか。ただし、トルエンの分子量は 92、安息香酸の分子量は 122 とし、計数効率は 90 % とする。

1　40720　　2　45250　　3　50270　　4　54000　　5　71600

問題 12　^{14}C 標識有機化合物（比放射能 10 MBq/mmol）の放射化学的純度を検定する方法として正しいものの組み合せは、次のうちどれか。

A　薄層クロマトグラフィー　　B　質量分析法
C　逆同位体希釈法　　　　　　D　誘導体希釈法

1　A と B　　2　A と C　　3　A と D　　4　B と C　　5　B と D

問題 13　1 g あたり 100 kBq の ^{14}C で標識されたアニリン（$C_6H_5NH_2$、分子量 93）に非放射性の無水酢酸を反応させて、65 % の収率で［^{14}C］アセトアニリド（$C_6H_5NHCOCH_3$、分子量 135）を得た。この［^{14}C］アセトアニリド 1 g あたりの ^{14}C の放射能（kBq）の値に最も近いものは、次のうちどれか。

1　45　　2　50　　3　70　　4　75　　5　95

第 10 章　RI の化学分析への利用

10.1　放射化分析

10.1.1　放射化分析の概要

　分析しようとする元素（試料）に、中性子（または陽子、重陽子、α粒子、γ線など）を照射して核反応を起こさせ、生成する放射性核種からの放射能の特性（半減期、放射線の種類、エネルギー）、放射能の（強さ）を計測、解析することによって試料元素の定量を行う分析法を放射化分析という。
　このほか核反応で放出される即発γ線を、放射化しながら計測、定量する放射化分析がある。

10.1.2　放射化分析の原理

　試料を中性子、または加速された陽子、重陽子、α粒子、あるいは高エネルギーのγ線などで照射する。このとき、試料中に生成する放射性核種の生成の割合は次式であらわされる。

$$\frac{dN}{dt} = N_0 f \sigma - \lambda N \tag{10.1.1}$$

$N_0 f \sigma$ は生成する放射性核種の原子数、λN は生成した放射性核種が壊変により消失する原子数である。ただし N_0 はターゲット核種の原子数、N は生成放射性核種の原子数、f は、照射する粒子線の密度、σ は放射化断面積、λ は生成した放射性核種の壊変定数である。
　$N_0 f \sigma = B$ とおくと、式（10.1.1）は次式のようになる。

$$\frac{dN}{dt} = B - \lambda N$$

変形すると

$$\frac{dN}{\lambda N - B} = -dt$$

$$\frac{dN}{N - \frac{B}{\lambda}} = -\lambda \, dt$$

となる。
　積分すると

$$\log\left(N - \frac{B}{\lambda}\right) = -\lambda t + c$$

第10章　RIの化学分析への利用

$$N-\frac{B}{\lambda}=Ce^{-\lambda t} \tag{10.1.2}$$

（ただし　$C=e^C$）

となる。

式（10.1.2）において $t=0$ の生成放射性核種の原子数は $N=0$ である。したがって、式（10.1.2）は

$$-\frac{B}{\lambda}=C \cdot e^0 = C \tag{10.1.3}$$

式（10.1.2）を変形すると

$$N=\frac{B}{\lambda}+C\,e^{-\lambda t} \tag{10.1.4}$$

式（10.1.4）に式（10.1.3）を代入

$$N=\frac{B}{\lambda}-\frac{B}{\lambda}e^{-\lambda t}=\frac{B}{\lambda}(1-e^{-\lambda t})$$

$$=\frac{Nf\sigma}{\lambda}(1-e^{-\lambda t}) \tag{10.1.5}$$

このときの放射能（の強さ）A は、次のようになる。

$$A=\lambda N=N_0 f\sigma(1-e^{-\lambda t}) \tag{10.1.6}$$

$S=1-e^{-\lambda t}$ とすれば

$$A=N_0 f\sigma S \tag{10.1.7}$$

S は**飽和係数**（saturation factor）とよばれる。

10.1.3　生成放射能の計算

1) 試料を t 時間照射した直後に得られた生成核の放射能（の強さ）A（dps）は、式（10.1.6）から得た式（10.1.7）を用いて算出できる。

$$A=f\sigma N(1-e^{-\lambda t})=f\sigma N\left[1-\left(\frac{1}{2}\right)^{t/T}\right] \tag{10.1.8}$$

ただし f は照射粒子束密度（n/cm²·s）、σ は放射化断面積〔barn で与えられるときは 1 barn（バーン）$=10^{-24}$ cm² に換算する。〕、N は試料元素の原子数、λ は生成核の崩壊定数（または壊変定数ともいう）。T は生成核の半減期とする。

2) 試料元素の質量を m グラム、その原子量を M、その同位体存在度〔元素を構成する特定の同位体の原子数（C）を、その元素の全同位体の原子数（B）で割った比率（C/B）を％で表示した数値〕を θ としたとき、原子数 N は次の式（10.1.9）から与えられる。

$$N=\frac{\theta\,m}{M}\times 6.02\times 10^{23} \tag{10.1.9}$$

10.1 放射化分析

式（10.1.9）の 6.02×10^{23} はアボガドロ数で、計算に使用する θ の数値は％ではなく比率を使用する。式（10.1.9）を式（10.1.8）に代入すると式（10.1.10）を得る。

$$A = \frac{6.02 \times 10^{23} f \sigma \theta m (1 - e^{-0.693/T})}{M} \qquad (10.1.10)$$

3）式（10.1.8）および（10.1.10）は照射終了直後の放射能（の強さ）を示す。照射を終了して d 時間後の放射能（の強さ）A_d は、式（10.1.10）で算出する。

$$A_d = A \times e^{-\lambda t} = A \left[1 - \left(\frac{1}{2}\right)^{d/T} \right] \qquad (10.1.11)$$

4）式（10.1.10）から、粒子束密度 f、放射化断面積 σ、同位体存在度 θ が大きく、分子量 M が小さく生成核の半減期 T が短いような条件で、できるだけ長時間かけて照射し、照射終了後直ちに放射線計測すると、放射能 A_d は大きく計測しやすく有利であることが分かる。

$$S = [1 - e^{-\lambda t}] = \left[1 - \left(\frac{1}{2}\right)^{t/T} \right] \qquad (10.1.12)$$

5）式（10.1.12）の S（飽和係数）は、式（10.1.7）、（10.1.8）、（10.1.11）に含まれている。この S の増加率は最初は大きく次第に減少するので、あまり長時間照射しても放射能生成の効率は良くない。効率の良い照射時間は、2 半減期程度である。

10.1.4 放射化分析の実施方法と応用

1）式（10.1.8）、（10.1.9）、（10.1.10）を使って計算した結果をそのまま分析値として使用する絶対法は、放射線計測上の問題があってあまり実用されず、生成放射能の（強さの）目安を知るために使用されるにすぎない。しかし、この計算は放射線取扱主任者試験によく出題される。注意を払う必要がある。

　実際の放射化分析は「既知元素量の標準物質と測定試料とを、全く同一条件に置いて照射して放射線計測し、得られた計測値を相対的に比較計算して測定試料の含有量を決定する」比較法を用いる。

2）照射した試料には、目的の元素の他に、共存元素も多かれ少なかれ放射化されて共存し、放射線計測を妨害する。このため、γ線に対するエネルギー分解能が優れている Ge 半導体検出器つき多重波高分析器によって放射線計測するのが普通である。

　放射化分析では、照射試料を化学的に分離して放射線計測する方法（破壊法）と化学分離しないで直接、照射試料を放射線計測する方法（非破壊法）がある。

3）破壊法は、共存の放射性核種が多くて、そのままでは放射線計測の妨害となって直接γ線スペクトロメトリーできない試料に対して行う。

4）非破壊法は、化学分離しなくても直接放射線計測できる試料に適用する。面倒な化学操作が不用で簡便、迅速である非破壊法の中、試料を中性子放射化する機器中性子放射化分析（Instrumental Neutron Activation Analysis, INAA）は微量元素を簡便に測定できる方法として

広く実用されている。

5) よく利用されている中性子放射化分析の感度を図10.1に示す。

		H															
He	Li	Be										B	C	N	O	F△	
Ne	Na●	Mg△										Al●	Si△	P	S△	Cl◐	
Ar	K●	Ca◐	Sc●	Ti△	V●	Cr◐	Mn●	Fe◐	Co●	Ni△	Cu●	Zn◐	Ga●	Ge△	As●	Se△	Br●
Kr	Rb△	Sr◐	Y	Zr△	Nb	Mo△	Tc	Ru●	Rh●	Pd△	Ag●	Cd△	In●	Sn△	Sb●	Te◐	I●
Xe	Cs◐	Ba◐	希土類	Hf●	Ta●	W●	Re●	Os◐	Ir●	Pt◐	Au●	Hg△	Tl	Pb	Bi	Po	At
Rn	Fr	Ra	Ac	Th◐	Pa	U●											

希土類元素	La●	Ce◐	Pr●	Nd△	Pm	Sm●	Eu●	Gd◐	Tb●	Dy△	Ho△	Er△	Tm●	Yb△	Lu●

●:高感度　◐:感度良好　△:利用可

マークのついていない元素は中性子放射化分析の感度が十分でないが、即発ガンマ線分析では感度が高いものがある。

図10.1 中性子放射化分析における元素分析の感度
伊藤泰男、戸村健児、高見保清、RADIOISOTOPES、43（7）443-446（1994）

6) 非常に低エネルギー中性子（冷中性子）を入射粒子として起こる核反応の放出粒子であるγ線を測定することによって、ターゲットを定量する分析方法を中性子即発γ線分析（PGA）という。

　放出粒子のγ線は、10^{-14}秒程度という超短寿命で、エネルギーは5～10 MeV程度で、かつ良好なS／N比で低バックグラウンドである。PGAは、中性子放射化分析（NAA）では分析できないH（水素）、B（ホウ素）、N（窒素）、S（硫黄）、Si（ケイ素）などの軽元素を分析できる。また共存元素によって検出感度は異なるが、B、Cd（カドミウム）、Gd（ガドリニウム）、Sm（サマリウム）、Eu（ユウロピウム）などを検出限界 ng 程度と高い感度で測定できる。

7) 放射化分析は、多くの微量元素を同時定量できる特長があるので、大気浮遊じん、雨水、河川水、海水、土壌、岩石、石炭、生体試料、毛髪、農作物、植物、魚類、各種標準試料などに含まれる元素の実用的な分析法として広く使用されている。しかし、ICP-MSの出現により競合する対象となっている。

8) 大気、水質など環境中の物質の流れや魚の回遊を調査、追跡する目的で、かつては極微量の放射性核種が用いられていた。しかし、この方法では環境汚染を招くことから、^{55}Mn、^{115}In、^{164}Dy、^{165}Ho、^{191}Ir、^{197}Auなど自然界にほとんど存在せず放射化断面積が大きい安定同位体や半減期が非常に長く安定同位体とみなせる^{151}Euのような核種をトレーサーとして用いる。調査時に試料として採取し、そのトレーサーを原子炉などで放射化分析により定量する。この

10.1 放射化分析

方法をアクチバブルトレーサー法（後放射化法）という。例えば、Er を餌に混ぜて魚に摂取させると、耳石や鱗に蓄積する。放流後に捕獲した魚の耳石や鱗を放射化分析で測定することにより回遊状態を調べることができる。

10.1.5 放射化分析の特徴

a) 長　所

1) 検出感度が高い。したがって、主成分元素より微量元素の定量に用いられる。
2) 試薬などによる汚染の影響が無視できる。微量元素の定量で常に問題になるのは、用いる試薬による汚染である。放射化分析では、試料を照射する前に汚染しないように注意さえすれば、照射後、非放射性物質が多少混入しても差し支えない。
3) 核反応なので化学反応とは異なる特殊性がある。放射化によって生じる放射能は、原子核に固有で化学的性質とは無関係である。したがって、化学的性質が非常によく似て、化学分析が困難な元素でも定量できる。例えばアルカリ金属元素、ハロゲン元素、希土類元素どうしが共存している試料のときである。
4) 破壊法による化学分離のとき、試料の損失が担体を加えて補正できる。一般の化学分析では、目的元素をロスしないように最後まで定量的に化学操作しなければならない。放射化分析では、担体を一定量加えて化学操作が終了したところで再び定量して回収率を求め、放射能値を補正できる。このため分析の操作が簡単になる。
5) 多元素同時分析ができる。このため公害分析に有用である。
6) 非破壊分析が可能である。目的元素の放射性核種の特性（γ線エネルギー、半減期など）が、共存元素のものと著しく異なるときには、厄介な化学分離の必要はなく、そのままγ線スペクトロメトリーによって測定し、目的元素を定量できる。非破壊法は簡便で試料を傷つけないので、貴重な考古学的試料、宝石の鑑定などの分析に利用できる。

b) 欠　点

1) 正確さと精密さ（ばらつき）が比較的低い。

　　放射化分析は、放射能の測定による定量なので誤差は避けられない。この誤差は数%程度であるが、放射能が弱くなると次第に大きくなる。その他の誤差を加えて、放射化分析の誤差は 10 %程度とされている。

2) 副反応による妨害

　　入射粒子が単一でなく、または単一でもエネルギー幅が広いときには、核反応はただ一つではなく、幾つかの副反応を伴う。また、条件によっては、異なる親核種から同一の娘核種を生ずることがあり、誤差の原因となる。

3) 自己しゃへい

　　試料を通過する入射粒子が、減衰する現象を自己しゃへいという。自己しゃへいは誤差の原因になるので、試料の厚さや量は適切に選ぶ必要がある。

4) 高価な原子炉や中性子発生源が必要である。

[例題 1] 原子炉で塩化コバルト（$CoCl_2$）1.00 g に連続して 24 時間熱中性子を照射したところ、30 MBq の ^{60}Co（半減期 5.2 年）が生成した。同時に生成する ^{38}Cl（半減期 37 分）は、照射終了直後で何 Bq であるか。ただし、(n, γ) 反応の原子放射化断面積は ^{60}Co の生成に対し 37 b、^{38}Cl の生成に対し 0.10 b である。

[略解] 原子放射化断面積 σ cm^2、原子数 N 個の試料を、中性子束密度 f (n/cm^2・s) で t 時間照射したとき、照射終了直後の生成核の放射能 A (Bq) は次の一般式で与えられる。

$$A = N f \sigma (1 - e^{-\lambda t}) \tag{10.1.13}$$

^{60}Co（記号 1）の放射能 A_{Co} は、式 (10.1.13) より次のとおりである。

$$A_{Co} = N_1 f \sigma_1 (1 - e^{-\lambda_1 t}) \tag{10.1.14}$$

^{38}Cl（記号 2）の放射能 A_{Cl} は、式 (10.1.13) より次のとおりである。

$$A_{Cl} = N_2 f \sigma_2 (1 - e^{-\lambda_2 t}) \tag{10.1.15}$$

式 (12.1.14) と式 (10.1.15) の比率を求めると次のようになる。

$$\frac{A_{Co}}{A_{Cl}} = \frac{N_1 f \sigma_1 (1 - e^{-\lambda_1 t})}{N_2 f \sigma_2 (1 - e^{-\lambda_2 t})} \tag{10.1.16}$$

式 (10.1.16) に $A_{Co}=30$ (MBq)、$\sigma_1=37$ (b)、$N_1=1$、$e^{-\lambda_1 t} = e^{-\frac{0.693 \times t}{T}} = e^{-\frac{0.693 \times 24}{5.2 \times 365 \times 24}} = e^{-3.6 \times 10^{-4}} = 1 - 3.6 \times 10^{-4}$、$e^{-\lambda_2 t} = e^{-\frac{0.693 \times t}{T}} = e^{-\frac{0.693 \times 24 \times 60}{37}} \fallingdotseq 0$、$\sigma_2=0.1$ (b)、$N_2=2$ を代入すると $A_{Cl}=450$ (MBq)

[注] この計算では $e^{-\lambda t} = 1 - \lambda t + \frac{1}{2}(\lambda t)^2 - \cdots$ を使用した。t が極めて小さいときは、$e^{-\lambda t} \fallingdotseq 1 - \lambda t$ であり、t が極めて大きいときは、$e^{-\lambda t} \fallingdotseq 0$ である。

10.2 ICP 質量分析 (ICP-MS)

10.2.1 ICP 質量分析の概要

誘導結合プラズマ質量分析法（inductively coupled plasma mass spectrometry：略称 ICP-MS）が、R.S.Houk らによって開発されたのは、1980 年である。それ以来半導体や材料、地球科学、環境、原子力などの分野で使用されている。この理由は、次の優れた特徴があるからである。
1) 多くの元素を ppt（part per trillion の略。1 兆分の 1。10^{-12}）レベルという超高感度で分析できる。
2) 検量線の直線範囲が 4〜6 桁と広い。
3) 多元素を迅速に同時分析できる。
4) 同位体比の測定ができる。

10.2 ICP 質量分析(ICP-MS)

ただし、妨害分子イオンやマトリクス効果（目的成分が同じ濃度なのに、その分析値が、共存成分の違いなどによって、異なる値となる現象）がある。特に質量数 80 以下の元素では、水、酸、有機溶媒などの溶媒による妨害、プラズマガスであるアルゴンによる妨害、またはマトリクス効果（目的成分の濃度が同じにかかわらず、共存成分や結晶構造などの違いによって、分析値が異なる現象）による妨害イオンがある。このため遷移金属を中心とした微量元素の分析を妨害する。

10.2.2 機器の構成

①プラズマイオン化部、試料導入部、イオン取り込みインターフェース、質量分析計部、検出部、データ処理・記録部に大別できる。②質量分析計には「四重極型」と、より質量分解能が高い「二重収束型」の二つがある。二重収束型質量分析計は高分解能 ICP-MS に使用されている。

10.2.3 ICP 質量分析法による放射性核種の定量

ICP-MS は、放射能測定によらないで、直接原子数を測定する高感度の測定法であり、かつ同位体存在度の測定ができる。したがって次の理由から、放射性核種分析の分野で使用されている。

1) 長半減期核種の定量では、放射能測定より有利である。半減期が数百年以上の核種は放射能測定より ICP-MS が優れている。
2) 測定時間が放射線測定に比べてきわめて短い。
3) 放射能測定では、吸収などで測定困難な α 放出体や β 放出体が、ICP–MS では簡単な前処理またはそのままで測定できる。
4) 核種の同定が容易で、土壌、海水、使用済み燃料中の ^{99}Tc、野菜の ^{129}I、飲料水の ^{226}Ra、土壌の ^{237}Np、^{239}Pu、^{240}Pu などの分析に用いられている。

10.3 放射化学分析

放射性核種の放射能、または、その娘核種の放射能によって放射性核種の存在量を知る化学分析を**放射化学分析**（radiochemical analysis）という。チェルノブイリ原発事故での牛乳、農作物、土壌、雨水、大気、浮遊じん中の ^{131}I、^{134}Cs、^{137}Cs、^{90}Sr、^{239}Pu、^{240}Pu の定量などは放射化学分析である。化学的操作と同時に、放射能の量および特性によって、目的の放射性核種の存在量を知る方法であるので、化学分析の知識は、いうまでもなく必要であるが、放射能測定法の知識が必要となってくる。すなわち、放射能測定試料の作り方、作った試料の試料ざらへののせ方、さらに実際に放射能を測定する場合には、自己吸収、自己散乱、後方散乱、試料の検出器に対する幾何学的配置、測定器の自然計数など、放射能測定法に対する厳密な注意をはらって、はじめて正確な RI の量が算出できる。とくに、分析しようとする物質中の α 放出体の量を知りたいときには、弱い透過性の α 線に対応して放射能測定上慎重な注意が必要であ

る。原子力施設の周辺では、種々の物質中に含まれる放射性核種の分離定量が必要となり、非常に多くの研究報告がある。その数例を記す。

環境中のラドンの定量。水中の微量ラジウムの定量。岩石中のウラン、トリウム、カリウムのγ線スペクトル法による定量。海水中のトリウム同位体の定量。海水中のストロンチウム、セシウム、プルトニウムの定量などである。

10.3.1 放射分析の概要

それ自身は非放射性の試料に、これと定量的に結合して沈殿する放射性の試薬を加えて、沈殿の放射能を測定することにより非放射性の試料の量を知る分析法を放射分析（radiometric analysis）という。例えば

$$A + B \rightarrow \underset{(沈殿)}{A^*B}$$

という沈殿を作る反応で沈殿剤 B を放射性同位体でラベルしておき（*B）、その一定量を A に加えて沈殿 A*B をつくり（$*$印は RI を示す）、生成した沈殿 A*B の放射能を測定する。または沈殿剤*B の一定量を A に対して過剰に加えて生じた沈殿をろ別または遠心分離し、上澄み液中に残った*B の放射能を測定すれば、間接的に A を求めることができる。R.Ehrenberg が、この分析法をはじめて用いた当時は、ひろく人工放射性同位体が製造されておらず、使用できる RI は天然の放射性同位体に限られていた。したがって、用いる沈殿反応もこれに合わすため、分離操作も当然複雑であったので、限られた元素の定量法にしか、この方法は用いられなかった。今日では利用できる RI の種類が多くなり、測定機器が発達しているので、簡単な分離操作で、しかも精度よく、場合によっては、微量成分を迅速に分離できるようになった。ただ注意すべきことは、（1）沈殿剤*B にラベルする RI が放射能測定に支障をきたすような半減期の短かいも

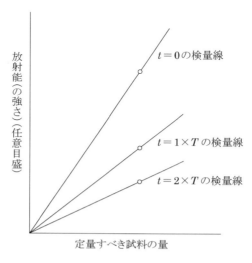

図10.2 検量線の時間的変化

10.3 放射化学分析

の、弱いエネルギーのβ線を出すものは適当でない。(2) 既知濃度の試料溶液を調製し、この溶液の量を少しずつ、変えて試料とし、放射分析を繰り返すと、試料の量と放射能測定値の間に直線関係が成立し、検量線が得られる。このとき検量線の比放射能は RI の減衰によって、時間とともに低下するので、図 13.2 のように検量線の時間による減衰を補正し、使わなければならない。実際には比放射能が低すぎると、分析精度が低下するので、やや高い比放射能をもつ沈殿剤*B を用いるとよい。この方法の利点は定量しようとする成分と、生じた沈殿との間の当量関係が一定でありさえすれば、秤量形として適当でなくてもよい。(放射分析ではなく重量分析では生成する沈殿が純粋で、加熱加温に安定で、酸化、吸湿、揮発しないものが要求される) また、多少の成分が沈殿と共沈していてもよいので操作しやすい。本法による場合、沈殿の放射能を測るよりは、ろ液または遠心分離後の上澄液の放射能を測定するほうが、短時間に定量できる。

10.3.2 放射分析による定量例

a) リチウム

リチウムをリン酸リチウムとして沈殿させ、沈殿を少量の希塩酸に溶かしたのち、遊離したリン酸を ^{212}Pb (10.64h) でラベルした四酢酸鉛 (IV)、$Pb(CH_3COO)_4$ で沈殿させ、母液に残った放射能を測定して、リチウムを定量する。

b) カリウム

カリウムを ^{60}Co でラベルした亜硝酸コバルトナトリウム $\{Na_3[^*Co(NO_2)_6]\}$ を加えて沈殿させ、沈殿 $\{K_2Na[^*Co(NO_2)_6]\}$ をろ過し、沈殿の放射能を測定することによってカリウムを定量する。0.1～0.002 mg のカリウムが定量でき、雨水中のカリウムの定量に利用される。

c) トリウム

トリウムを 0.3 M 塩酸溶液から ^{32}P でラベルした二リン酸 ($H_4P_2O_7$：ピロリン酸ともいう) で沈殿させる。沈殿をろ別し、沈殿の放射能を測定してトリウムを定量する。

10.3.3 同位体希釈法 (isotope dilution analysis)

同位体希釈分析または同位体希釈法とよぶ方法は、試料に一定量の放射性同位体または安定同位体を添加し、添加前後の同位体比の変化から試料中の存在量を求めるものである。

1) 化学的性質がよく似ていて定量的な分離がむずかしい、たとえば、希土類元素、アミノ酸、抗生物質、ステロイドなどの混合物中の成分を定量できる。および
2) 目的成分を完全に分離しなくても、その一部を純粋に取り出しさえすれば定量できるなどの特徴がある。

同位体希釈分析には、(A) 放射性同位体を添加する方法と、(B) 安定同位体を添加する方法とがある。

しかし、ここでは放射性同位体を用いる同位体希釈分析 (A) について取扱う。この方法の特徴は (1) 操作が簡単である、(2) しかも高い精度が得られる、(3) 目的成分を定量的に分離しなくても、純粋に取り出しさえすればよいなどである。この点、有機化合物のような、

第10章 RIの化学分析への利用

試料の混合物中の、ある1成分を定量しようとするときには、非常に有効である。1成分をロスなく定量的に分離することは、きわめて難しいからである。ただし、この分析法ではいずれの場合も、操作に先だって、試料と同じ化学形の標識化合物、または単体をつくる必要がある。また、分析操作中、標識化合物の RI が同位体交換反応して目的以外の化合物に移行したりすると、この方法は適用できない。

a) 直接希釈法 (direct dilution method)

定量しようとする化合物(または元素、原子団)と同じ化学形の標識化合物を加えて定量する方法で、放射性の同位体希釈分析の基本である。この方法の原理は、混合物中の定量すべき試料の重量 X を定量するため、標識化合物の一定量(質量 a、放射能 $^*A_s$、したがって比放射能 $S_0 = {}^*A_s/a$)を加え、十分に混合し、その中から一定量をとり出す(この時の分離は定量的である必要はない)。取り出された化合物の質量 W と放射能 A を測定し比放射能 $S = A/W$ を求める。

	質量	比放射能	全放射能
添加前 { 定量すべき試料	X	0	0
添加トレーサー	a	$S_0 = \dfrac{{}^*A_s}{a}$	${}^*A_s = S_0 a$
添加後 混 合 物	$X+a$	$S = \dfrac{A}{W}$	$S(a+X)$

混合前の標識化合物の全反射能は $S_0 a$、混合後の全放射能は、$S(a+X)$。全放射能は混合の前後で等しいはずであるから

$$S(a+X) = S_0 a$$

変形すると試料の質量は

$$X = a\left(\frac{S_0}{S} - 1\right) \tag{10.3.1}$$

となる。

式(10.3.1)で示すように非放射性の化合物の添加前後の比放射能の値から試料の質量を求めることができる。式(10.3.1)は、$X \gg a$ のとき、すなわち、標識化合物の重量が十分小さいときに次のように変形できる。

$$X = \frac{S_0}{S} a$$

b) 逆希釈法 (reverse dilution method)

定量すべき化合物(または元素、原子団)が放射性であって、その比放射能が分れば、逆希釈法でその化合物の質量を知ることができる。直接希釈法は、非放射性の化合物に RI を添加するが、逆希釈法はこれとは逆に非放射性の化合物を添加して、標識化合物を定量する。どちらも原理は同じである。定量しようとする試料中の比放射能を S_0、その質量を X とし、これ

10.3 放射化学分析

に非放射性の同じ化学形の化合物の一定量（質量 a）を加え充分混和する。この混合物より定量しようとする目的物をとり出し、その比放射能を S とすれば、混合前の全放射能 S_0X は、混合後の全放射能は $S(a+X)$ となる。

		質量	比放射能	全放射能
添加前	定量すべき試料	X	S_0	S_0X
	添加トレーサー	a	0	0
添加後	混合物	$X+a$	S	$S(X+a)$

全放射能は混合前後において等しいはずであるから

$$S_0X = S(X+a)$$

変形すれば

$$X = a\left(\frac{S}{S_0-S}\right)$$

となる。

　この方法は最初試料中に存在する標識化合物の比放射能が分かっていなければ適用できないのが欠点といえる。

c）二重希釈法 (double dilution method)

　逆希釈法は比放射能 S_0 既知の試料に限られる。しかし、二重希釈法は、S_0 が分かっていなくてもよい。その原理は、試料から等しい量をとるか、または試料を2等分してその各部分に異なる質量の非放射性の化合物 a_1, a_2 を加えよく混和したのち、それぞれの化合物から一部分を分離し、その質量と放射能を測定して比放射能 S_1, S_2 を求める。等量または2等分した1試料中に含まれる求める化合物の質量を X、その比放射能を S_0（未知）とすれば、次の連立方程式が成り立つ。

$$S_0X = S_1(X+a_1) \tag{10.3.2}$$

$$S_0X = S_2(X+a_2) \tag{10.3.3}$$

式（10.3.2）と式（10.3.3）は等しいので

$$X = \frac{S_2a_2 - S_1a_1}{S_1 - S_2} \tag{10.3.4}$$

式（10.3.2）を式（10.3.4）に代入して S_0 について解くと、

$$S_0 = S_1 + S_1a_1\frac{S_1-S_2}{S_2a_2-S_1a_1}$$

となる。

　定量すべき放射性の試料を等分してそれぞれに a_1、a_2 を加えたときの関係は、

第10章　RIの化学分析への利用

	質量	比放射能	全放射能		質量	比放射能	全放射能
定量すべき放射性の試料	X	S_0	$S_0 X$		X	S_0	$S_0 X$
加えた非放射性物質	a_1	0	0		a_2	0	0
混合物	$X+a_1$	S_1	$S_1(X+a_1)$		$X+a_2$	S_2	$S_2(X+a_2)$

d）アイソトープ誘導体法（isotope derivative method）

前記の3つの同位体希釈法で定量するときは、いずれも定量すべき化合物と化学的に同一な化合物が必要となる。たまたま、定量すべき化合物の構造が複雑で、定量しようとする化合物と、同一の化学形を有する化合物を合成できないことがある。本法は、このような場合でも定量できる特長がある。この原理は性質のよく似たA、B、C…の混合物中、Aを定量したいとする。その際、これらの物質と結合する放射性の試薬 *R を加えて、A*R、B*R、C*R…をつくる。これに非放射性のARの一定量を加えて、A*R+ARを分離、精製し、その比放射能を測定する。A*Rの質量を X、加えたARの質量を a、A*R、A*R+ARの比放射能をそれぞれ S_0、S とすれば、逆希釈法の場合と全く同様に

$$X = \frac{S}{S_0 - S} a = \frac{1}{\left(\dfrac{S_0}{S} - 1\right)} \cdot a$$

この際、X、a をモル単位で、S_0、S を1モルあたりの放射能で表しておけば、A*Rの量 X は、もとの試料Aの量を示すことになり、S_0 は標識した試薬の比放射能をそのまま用いることができる。例えば、アミノ酸混合物のアミノ酸を定量するには、これらと定量的に反応する p-iodophenylsulfonyl（pipsyl）chloride を、^{131}I または、^{35}S でラベルし、トレーサー試薬として用いる。反応によって得られたアミノ酸のラベルつきにピプシル誘導体を薄層クロマトグラフィーで分離し逆希釈法によって測定すれば、アミノ酸をただ一つのラベルつき試薬で定量できる。

$$^{131}\text{I}-\bigcirc-\text{SO}_2\text{Cl} + \text{H}_2\text{N-CHR-COOH} \rightarrow {}^{131}\text{I}-\bigcirc-\text{SO}_2\text{-NH-CHR-COOH}$$

$$\text{I}-\bigcirc-{}^{35}\text{SO}_2\text{Cl} + \text{H}_2\text{N-CHR-COOH} \rightarrow \text{I}-\bigcirc-{}^{35}\text{SO}_2\text{-NH-CHR-COOH}$$

10.3.4　不足当量法

a）概　要

同位体希釈分析は、比放射能を放射能測定で求め、担体量を通常の分析法で定量するので、その正確さは、操作に含まれる通常の分析法の正確さに左右される。したがって微量の試料では高い正確さは期待できない。

そこで、直接希釈法の式である、$X=a\{(S_0/S)-1\}$の式に含まれる
$S_0={}^*A_S/a$、$S=A/W$で、$a=W$として、直接希釈の式を変形すると
不足当量法の式である $X=a\{({}^*A_S/A)-1\}$を求めることができる。

この不足当量法の式を使うと、放射能測定だけで目的の微量成分（X）を正確に測定できる。不足当量法（substoichiometry）は、東北大学鈴木信男名誉教授が世界で初めて開発した方法であり、現在広く利用されている（これに対して普通の同位体希釈分析法はあまり実用化されてはいない）。

不足当量法は、目的成分の不足一定量を試料溶液より再現性よく分離することが重要である。不足当量法は、溶媒抽出法との組み合わせが最も適している。

b）特　徴

不足当量法は、(1)放射能測定だけで定量できる。(2)操作が簡便、迅速で誤差が少ない。(3)選択性が高いなどの特徴をもつ優れた定量方法である。

10.4　ラジオイムノアッセイ（RIA）

ラジオイムノアッセイ（RIA）は1959年BersonとYalowとによって開発された方法で、抗原－抗体反応の特異性および高親和性とRIの高感度測定という2つの利点を組み合わせた生理活性物質の微量定量法である。RIAは測定対象に対する特異性が高いので通常の定量分析で要求される検体の前処置等の処置を必要とせず、かつ微量の成分を精度よく定量できるので、種々のホルモン、蛋白、酵素、ウイルス関連物質、薬物、腫瘍マーカー等の測定に用いられる。

RIAの測定原理は図10.3に示すように、抗原と抗体との競合阻害反応を利用したもので、標識抗原と抗体との複合体の相対的存在比が、抗原量が増加することにより低下するという現象を利用したものである。

従って、あらかじめ既知量の各種濃度の標準抗原を用いて、標準曲線を作成しておき、未知試料におけるB/T（またはB/F）を求めることにより試料中の抗原量を定量することができる。

ここで、RIAの標準曲線が系に加える抗体量や抗体の親和定数によってどのように変化するかを簡略化したモデル系で考察してみる。以下の2つの条件を仮定すると、

(1) 抗原と抗体とは1:1で反応する
(2) 標識抗原と抗原との免疫学的性質は同一である

$$A_g + A_b \rightleftarrows A_g\text{-}A_b$$
　　抗原　　抗体　　抗原－抗体複合

平衡状態下では、

$$\frac{[A_g\text{-}A_b]}{[A_g][A_b]}=K \quad (10.4.1)$$

[A_g]：遊離型抗原濃度
[A_b]：遊離型抗体濃度
[A_g-A_b]：抗原‐抗体複合体濃度
K：抗体の親和定数

第 10 章　RI の化学分析への利用

(a) 標識抗原（●）のみと抗体とを反応させたとき

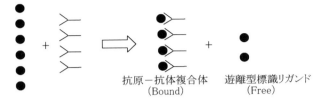

(b) 少量の非標識抗原（○）と同時に抗体を反応させたとき

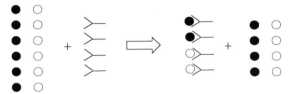

(c) 大量の非標識抗原（○）と同時に抗体を反応させたとき

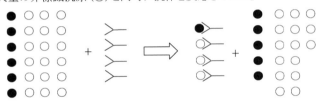

図10.3　RIAの測定原理

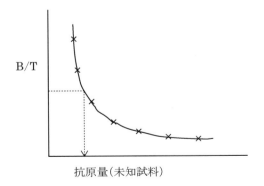

図10.4　標識抗原の非標識抗原による競合阻害（標準曲線）

10.4 ラジオイムノアッセイ(RIA)

抗原の総量＝$[A_g]+[A_g\text{-}A_b]=A$

抗体の総量＝$[A_b]+[A_g\text{-}A_b]=B$

$[A_g\text{-}A_b]=X$ とすると（10.4.1）式は次式に変換される。

$$\frac{X}{(A-X)(B-X)}=K \tag{10.4.2}$$

（10.4.2）式から、$(A-X)(B-X)K-X=0$ となり、X は以下の2次方程式で表わされる。

$$KX^2-\{K(A+B)+1\}X+K\cdot A\cdot B=0$$

$$X=\frac{\{K(A+B)+1\}\pm\sqrt{\{K(A+B)+1\}^2-4K^2\cdot A\cdot B}}{2K}$$

となる。

すなわち、抗原－抗体複合体の量（X）は総抗原量（A）、総抗体量（B）、抗体の親和定数（K）によって定まる。このことは、RIAの標準曲線が系に加える抗体量（B）と抗体の親和定数（K）によって大きく異なり、測定感度や測定範囲も変化することを意味する。

図 10.5 に抗体量を変化させたときの標準曲線の変化の様子を示す。目的に適した標準曲線（測定範囲、測定感度）を得るには、系に加える抗体量の調節が重要であることが判る。また一般的には高親和性の抗体を用いる程、高感度測定が可能となる。

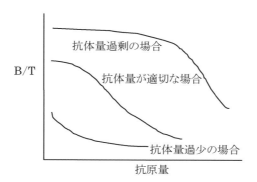

図10.5 抗体量を変化した場合のRIAの標準曲線

RIA の系を構築するには以下の条件を満たす必要がある。
(1) 抗原が単離精製可能で、標準物質として使用できること
(2) 抗原が高比放射能で標識可能で、かつ免疫活性を保持していること
(3) 高親和性の抗体が入手できること
(4) 標識抗原の Bound と Free との分離（B/F 分離）が可能であること

抗原の標識は主に ^{125}I を用いる。^{125}I はクロラミン T やヨードゲン等の酸化剤によりタンパク質のチロシン残基やヒスチジン残基に容易に標識導入でき、通常ゲルクロマトグラフィーに

第10章　RIの化学分析への利用

て単離精製を行う。RIAの高感度測定には比放射能を高くすることが要求されるが、タンパク質1分子当りに標識導入されるヨウ素の原子数が多くなると逆に抗体との免疫活性が低下するので、適切な比放射能の範囲を検討しておくことが必要である。^{125}I標識が不可能な場合は^{3}Hや^{14}C標識抗原が用いられるが、この場合放射能の測定には液体シンチレーションカウンターを用いる。^{125}Iの放射能はNaI(Tl)シンチレーションカウンター（井戸型）にて容易に測定できるが、そのエネルギーが低いため、チューブによる吸収を考慮する必要がある。

抗体の作製には旧来は動物免疫法により得られたポリクローナル抗体が用いられていたが、現在では細胞融合法により得られるモノクローナル抗体が用いられており、ロット間の測定値のバラツキ等の問題は少なくなった。抗体によっては目的物以外の成分と交叉反応を示すことがあるので、充分な事前チェックが必要である。

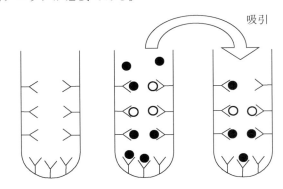

①固相化チューブ　②抗原－抗体数　③抗原－抗体複合体

○：抗原
●：標識抗原
＞－：抗体

図10.6　固相法の原理

B/F分離法としては、ろ紙電気泳動法、2抗体法、ポリエチレングリコール（PEG）法、チャーコール法等が用いられてきたが現在はプラスティックチューブまたはビーズに抗体を固相化させた固相法が（1）操作が簡便なこと、（2）大量検体の処理が可能なこと、（3）自動化が容易なことから一般的なB/F分離法として普及している。図10.6に固相法の原理を示す。

10.5　イムノラジオメトリックアッセイ（IRMA）

RIAが抗原を標識したアッセイ系であるのに対し、抗体を標識して定量分析するIRMA（Immuno Radiometric Assay）が1971年Engvall等によって開発された。本法は一般にRIAと比較して測定感度および特異性が高く、かつ測定範囲が広いので現在最もよく普及しているラ

10.5 イムノラジオメトリックアッセイ(IRMA)

ジオアッセイ法である。

本法の原理と標準曲線を図 10.7 に示すが、2 種類の抗体で抗原をはさみこむ測定法であることから、サンドウィッチ法と呼ばれる。標準曲線は RIA とは逆に抗原量が多い程、B/T は大きくなる。

本法は 2 種以上の抗体を使用することが必須のため、低分子量の化合物の測定には適用できない場合が多い。しかし RIA と比較して交叉反応性（一つの抗体が目的とする抗原以外の抗原と反応すること）が少なく、特異性が高い。

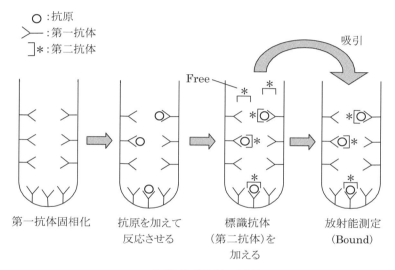

図10.7 IRMAの原理

第10章 RIの化学分析への利用

10 演習問題

問題1 次の文章の（　）の部分に入る適当な語句、記号または数式を番号と共に記せ。

イ　放射性核種1が壊変して娘核種2を生ずる場合を考えよう。ある時間 t における核種1の原子数を N_1、壊変定数を λ_1、また娘核種2の原子数を N_2、壊変定数を λ_2 とすると、娘核種2の原子数の変化は

$$dN_2/dt = (\ 1\ )$$

で示される。この微分方程式を解くと N_2 は次のように表せる。

$$N_2 = (\ 2\ ) N_1^0 [e^{-\lambda_1 t} - e^{-\lambda_2 t}] + N_2^0 e^{-\lambda_2 t}$$

ここで N_1^0、N_2^0 は、それぞれ $t=0$ のときの N_1、N_2 である。

$\lambda_1 < \lambda_2$ や $\lambda_1 \ll \lambda_2$ の場合、親核種の寿命が娘核種より（　3　）ため、（　4　）の状態に達する。$\lambda_1 < \lambda_2$ の場合、化学分離によって $t=0$ で親核種だけがあったとすると、時間と共に娘核種が成長するために、全放射能に（　5　）値が現れる。

ロ　放射化分析のなかで最も多く利用されているのは（　6　）による放射化である。一般に（　6　）はターゲット中の核に捕獲され、このとき多くの核種は大きい（　7　）をもつ。核反応は（　8　）反応である場合が多い。

一般に放射性核種は、トレーサとして各方面に用いられるが、その放射能が対象物に影響を与えるおそれがある場合、（　9　）の利用が注目される。これには、放射化分析の感度が高く、対象物中に存在する元素により誤差を生じることがなく、かつ化学的に挙動が類似してトレーサの役割が果たせるという条件を備えた（　10　）が用いられる。

問題2 原子量100で、中性子捕獲断面積 2×10^{-25} cm² の単核種元素のターゲット 1 μg を中性子フルエンス率 1×10^{12} cm$^{-2}\cdot$s^{-1} で生成核の半減期時間照射するとき、生成放射能（Bq）に最も近いものは、次のうちどれか。

　　1　1×10^{-21}　　2　6×10^2　　3　1.2×10^3　　4　1.2×10^4　　5　6×10^4

問題3 サイクロトロンからの α 粒子による照射で、ある核種（半減期30分）を製造した。2 μA の α 粒子ビームで1時間照射したとき、照射直後でその核種の放射能が 4×10^7 Bq であった。仮に同じエネルギーで α 粒子ビームを 3 μA に上げ、1.5 時間照射したときこの核種の予想放射能（Bq）に最も近いものは、次のうちどれか。

　　1　5×10^7　　2　6×10^7　　3　7×10^7　　4　8×10^7　　5　9×10^7

問題4 1000 mg のヒ素を含むヒ酸二水素カリウム KH_2AsO_4 を中性子照射し、1×10^7 Bq の ^{76}As を得た。この ^{76}As の酸化状態の分布を調べたところ、As(Ⅲ) 70 %、As(Ⅴ) 30 % であった。また、照射した試料中の As(Ⅲ) は 0.5 mg であった。As(Ⅲ) の酸化状態の ^{76}As の濃縮率（enrichment factor）の正しい値はどれか。

演 習 問 題

　　1　30　　　　2　1.0×10^2　　　　3　1.4×10^3　　　　4　4.7×10^3　　　　5　3.0×10^6

問題 5　ある試料中の 1 微量成分を（n, γ）反応による中性子放射化分析法で定量した。試料 1 g を原子炉で熱中性子照射後、この成分の担体 10 mg を加えて溶解し、十分混合し同位体交換させ純粋に分離して 6 mg を回収した。その放射能は照射直後換算で 1.2×10^3 dpm（壊変/分）であった。同時に照射したこの成分 0.1 mg の標準試料の放射能は 5×10^5 dpm であった。この微量成分の濃度（ppm）は、次のうちどれか。

　　1　0.24　　　　2　0.4　　　　3　0.6　　　　4　2.4　　　　5　5.4

問題 6　^{124}Xe(n, γ)^{125}Xe $\xrightarrow{\beta^+}$ ^{125}I の反応を利用して ^{125}I を製造する。24 時間の中性子照射を行った後、^{125}Xe の壊変を待って 1 週間冷却した。この時の ^{125}I の放射能[Bq]を示す近似式は、次のうちどれか。ただし、^{124}Xe ガスターゲットの原子数を N、中性子放射化断面積を σ [cm^2]、中性子束密度を f [cm$^{-2}\cdot$s^{-1}] とする。また、^{125}Xe、^{125}I の半減期はそれぞれ 0.7 日、60 日とする。

1　$Nf\sigma\, e^{-0.693\times7/60}$
2　$(0.693\times1/60)Nf\sigma\, e^{-0.693\times7/60}$
3　$(0.693\times1/0.7)Nf\sigma\, e^{-0.693\times7/60}$
4　$Nf\sigma\,(1-e^{-0.693\times7/60})$
5　$Nf\sigma\,(1-e^{-0.693\times1/0.7})e^{-0.693\times7/60}$

問題 7　放射性同位元素の性質を利用した分析手法に関する次の記述のうち、正しいものの組合せはどれか。

　A　^{238}U は中性子放射化分析では定量できない。
　B　Cl$^-$ の放射分析では ^{110m}Ag で標識した硝酸銀水溶液を用いる。
　C　^{151}Eu をアクチバブルトレーサーとして用いた野外調査では、放射性物質による汚染は発生しない。
　D　温泉水中の ^{222}Rn の放射化学分析には電解濃縮が用いられる。
　E　^{252}Cf を用いた水分計では、非密封の状態で ^{252}Cf を使用する。

　　1　AB のみ　　2　AE のみ　　3　BC のみ　　4　CD のみ　　5　DE のみ

問題 8　放射性物質の化学に関する次の記述のうち、正しいものの組合せはどれか。

　A　ホットアトム効果では、放射性同位体の濃縮はできない。
　B　同位体希釈法では、定量的分離を行わずに定量ができる。
　C　放射化分析では、非破壊分析ができる場合が多い。
　D　放射滴定は、酸化還元滴定の一種である。

　　1　A と B　　2　A と C　　3　A と D　　4　B と C　　5　C と D

第10章　RIの化学分析への利用

問題9　次の文章の（　）の部分に入る適当な語句、数式を番号と共に記せ。

イ　中性子放射化による放射性核種の生成について考えてみる。いま、ターゲットを線束密度 f（cm^{-2}・s^{-1}）の中性子で照射する。時間 t（s）の照射によって生成する放射性核種の原子数を N^*、ターゲット中の着目している安定核種の原子数を N、核反応断面積を σ（cm^2）、生成核種の壊変定数を λ（s^{-1}）とすると、照射終了後における放射能（　1　）×（　2　）は

$$（\,1\,）\times（\,2\,）= Nf\sigma（\,3\,）$$

で与えられる。この場合、（　3　）を（　4　）と呼ぶ。t を生成した核種の半減期の（　5　）倍以上とすれば放射能はほぼ $Nf\sigma$ に等しくなる。

ロ　同位体希釈法では、（　6　）しようとする元素、原子団または化合物などを含む試料に、同じ化学形で（　7　）の異なる元素、原子団または化合物（例えば標識した化合物）を一定量加えて完全に混合したのち、目的成分を一部純粋な形で取り出して（　7　）を測定し、その変化から目的成分の（　6　）を行うものである。

RI で標識した化合物を用いる場合、目的成分の質量を X、加えた標識化合物の質量を Y、その（　8　）を S_0、混合後のその成分の（　8　）を S、とすれば

$$X =（\,9\,）$$

上記の方法で、もし、添加する標識化合物からも、添加後の混合物からも、つねに一定した同一量の目的成分を分離できれば、（　8　）でなく（　10　）だけを測定することにより X を求めることができる。このためには、一定不足量の試薬を用いる分離が行われる。これが不足当量法である。

問題10　ある混合物試料の1成分を同位体希釈法で定量した。試料に放射性同位体で標識したこの成分物質 20 mg（比放射能 500 dpm/mg）を加えて完全に混合したのち、一部を純粋に分離したところ、その比放射能が 125 dpm/mg となった。試料中のこの成分の量（mg）として正しい値は、次のうちどれか。
　1　30　　　2　40　　　3　50　　　4　60　　　5　80

問題11　ある混合物試料中の1成分を同位体希釈法で定量した。混合物試料に比放射能 1,000 Bq・mg^{-1} の標識したこの成分物質 20 mg を加えて完全に混合したのち、一部を純粋に取り出したところ、その比放射能は 250 Bq・mg^{-1} であった。混合試料中のこの成分の量（mg）として正しいものは、次のうちどれか。
　1　30　　　2　40　　　3　50　　　4　60　　　5　70

問題12　ある混合物試料中の1成分を直接同位体希釈法で定量した。試料に比放射能 1500 dpm/mg の標識したこの成分物質 5 mg を加え、よく混ぜたのち一部を純粋に分離したところ、その比放射能は 300 dpm/mg であった。試料中のこの成分の量（mg）の値として正しいものは、次のうちどれか。

演習問題

1 10   2 20   3 30   4 40   5 50

問題 13　0.1 M の非放射性 MnO_4^- 溶液 10 ml と 0.02 M の放射性 MnO_4^{2-} 溶液 10 ml（比放射能 600 kBq ^{54}Mn/mol）を混合した。同位体平衡に達した後の MnO_4^- の比放射能（kBq/mol）は、次のうちどれか。

1 0   2 100   3 300   4 500   5 600

問題 14　放射化学分析に関する次の記述のうち、正しいものの組合せはどれか。
A　^3H は水を電気分解することで濃縮できる。
B　^{60}Co は他の遷移金属元素と電気分解法により容易に分離・精製できる。
C　^{90}Sr の分析では、必ず Sr を分離・精製する必要がある。
D　^{137}Cs の分離・精製においては、K と Rb の混入に注意が必要である。

1 A と B   2 A と C   3 A と D   4 B と C   5 C と D

問題 15　ある溶液中の Cl^- イオン濃度を、$[^{110m}Ag]Ag^+$ イオンを含む硝酸銀の標準溶液による滴定で求める。この滴定に関する次の記述のうち、正しいものの組合せはどれか。
A　Ag の比放射能は既知でなくてはならない。
B　上澄み液の放射能は滴定と共に高くなり、ついで滴定と共に低くなる。
C　この方法は AgCl が沈殿することを利用したものである。
D　放射分析の一例である。

1 A と B   2 A と C   3 B と C   4 B と D   5 C と D

問題 16　次の記述のうち、正しいものの組合せはどれか。
A　鉄線量計は、放射線照射による Fe^{2+} の酸化を利用した化学線量計の一種で大線量の測定に適している。
B　標的化合物の G 値が大きいほど放射線に対して安定である。
C　原子の核変換によって、その元素組成が変化する現象をホットアトム効果と呼ぶ。
D　オートラジオグラフィには低エネルギーの β^- 放射体がよく用いられる。

1 A と B   2 A と C   3 A と D   4 B と C   5 C と D

第 11 章　標識化合物のトレーサ利用

11.1　薬物動態と代謝

　薬物の動態や代謝は、その有効性と安全性、すなわち薬効および毒性などの副作用と密接に関連することから、医薬品の開発や評価を行う際には重要な検討事項である。

11.1.1　トレーサ技術

　薬物動態は吸収・分布・代謝・排泄といった一連の動的な過程であるため、これを同一個体で同時に把握することはトレーサ技術が確立されるまでは困難であった。放射性核種を利用したトレーサ技術は、G.Hevesy が 1913 年に開発したことがその起源とされているが、生体に薬理作用を及ぼさないような極微量の標識化合物を投与することで薬物の動態や代謝を追跡できるという点で優れており、今日でも医薬品開発などに広く用いられている。トレーサ技術を用いれば、投与した標識化合物の何パーセントがどの部位にどのような化学形で存在するか、その全体像を経時的に把握することが定量的にも可能である。近年では、ポジトロン断層撮影装置 (positron emission tomography, PET) やシングルフォトン断層撮影装置 (single photon emission computed tomography, SPECT) などのモダリティを用いたイメージング法も使われる。

　トレーサを用いた薬物代謝の基礎研究では、利用される実験系として細胞や断片化した細胞膜、組織およびそのスライス、組織をすりつぶしたホモジネートを用いた *in vitro* の系から、マウス・ラット・モルモット・ウサギ・イヌ・サルなどの動物を用いた *in vivo* の系まで多様なものがある。また、臨床研究では、ヒトの血液、尿や組織などの検体を用いるほか、近年では、PET や SPECT などのモダリティを用いたものがある。*In vivo* トレーサー技術の利点は、①感度が高い。②分離しなくても定量可能。③生きたままの動物で利用可能。④オートラジオグラフィーや PET, SPECT で視覚的に観察できる。⑤極微量なため生体に薬理作用が現れない。などが挙げられる。放射性核種をトレーサとして用いる方法は、生体内部の物質挙動を追跡する手段として不可欠のものといっても過言ではない。

11.1.2　薬物の吸収と血中濃度

　薬物の投与方法には、経口投与や血管内投与の他にも種々の投与経路があるが、いずれの場合も吸収部位から体内に吸収されると血中に現れ、血流を介して全身に分布し、代謝・排泄に至る。薬物の吸収は、消化管吸収、経皮吸収、肺からの吸収やその他さまざまな臓器・組織を介して起こる。消化管の吸収機序などを解明するためには、腸管上皮の培養細胞やマウス・ラットから取り出した腸管などを利用し、標識化合物の移行を検討する。

11.1 薬物動態と代謝

　一般に薬理作用は、作用部位における薬物濃度に依存すると考えられるが、その組織内濃度の指標として実用的には血中濃度を用いている。また、静脈内投与と比較した血中濃度－時間曲線下面積(area under the curve, AUC)は吸収率の良い指標となる。

　薬物の血中濃度の経時変化は、投与方法および吸収部位により異なる。血中濃度の測定は、薬物を投与した後に経時的に採血を行い放射能の測定をする。採血方法は次に示すように、実験動物により行いやすい部位と方法がある。マウス・ラット・モルモットなどのげっ歯類に共通して使える採血方法には心臓採血、頸動脈シャント、大腿静脈採血があり、小さいマウス・ラットでは頸静脈採血、尾動静脈採血、眼静脈叢採血、比較的大きいラット・モルモットでは股動脈カニュレーション、頸動脈カニュレーションが使用できる。また、ウサギでは耳介静脈採血、体の大きいイヌやサルでは前腕静脈採血などが便利である。

　標識化合物を用いて吸収や血中濃度を測定する際には、実験溶液中や血中の未変化体の放射能濃度や代謝物濃度を測定することもある。代謝物の分析には、薄層クロマトグラフィー(thin layer chromatography, TLC)や高速液体クロマトグラフィー(high performance liquid chromatography, HPLC)、ガスクロマトグラフィー(gas chromatography, GC)、質量分析計(mass spectrometer)などが放射能検出器と組み合わせて利用される。

11.1.3　薬物の体内分布と代謝・排泄

　体内分布の測定は、マウスなどの実験動物に標識化合物を投与して経時的に屠殺し、臓器を摘出して各々の放射能を測定する。また、全身や臓器スライスのオートラジオグラフィーを実施して薬物の体内分布、組織内分布を可視化することも可能である。この際注意すべき点は、放射能は投与したままの化学形ではなく、化学構造が変化した代謝物として存在する場合が多いことである。体内に入った薬物は主として肝臓で代謝される。臓器をすりつぶしたホモジネートを5％トリクロロ酢酸溶液などで脱蛋白し、その一部をTLCやHPLCで分析して未変化体と代謝物の割合を定量する。

　薬物排泄の主な経路として、腎から尿道に至る尿路系を経た尿中排泄と肝胆道系からの糞中排泄がある。これらの測定には、トレーサを投与したマウスなどをガラス、合成樹脂や金属でできた尿糞分離ゲージ中で飼育し、排泄物中の放射能を計測することができる。その他、薬物は呼気、汗、唾液、乳汁などにも排泄される。呼気中の$[^{14}C]CO_2$などの放射性二酸化炭素は、トレーサを投与したマウスなどを呼気排泄測定装置中で飼育し、炭酸ガス吸着剤に集めて放射能を計測することができる。また、胆汁や唾液などの採集はカニュレーションして行うことがある。血漿や尿中の代謝物の種類や量が重要な情報を与えることも多い。

　ある薬物の動態・代謝・排泄を定量的に測定した場合、薬物が体内に分布している量と排泄された量の総和が、投与した量と合致していることが重要である。また、薬物の投与量依存性や連続投与の影響なども検討項目として重要である。

第11章 標識化合物のトレーサ利用

11.1.4 薬物動態試験と標識薬物の利用法

近年の薬物動態・薬物代謝の基礎研究においては、古くから用いられてきた ^{3}H、^{14}C や ^{125}I などを利用したオートラジオグラフィーなどに代わって、医療用核種の標識体を用いた小動物用の PET や SPECT なども利用されるようになってきた。

体内分布を画像として得る場合、例えば、天然型の標識アミノ酸などは、生体に投与後短時間でさまざまな放射性代謝物に化学構造が変化するため、放射能の動態が何を意味するかの判断は難しい。天然型の標識アミノ酸である L-メチオニン (L-methionine) の ^{14}C 標識体は、図 11.1 に示すように標識部位の異なる3種類の標識体が市販されているが、同じ化学構造を有するこれらの標識体を投与して得られる放射能の体内分布は異なっている。トレーサ実験では、あくまでも放射性核種の存在を指標としているため、天然アミノ酸のように代謝経路が多岐にわたっている場合には、分解代謝によって標識核種がどの代謝物に含まれるかによって、放射能の動態は変化する。例えば ^{11}C 標識体が PET 診断にも用いられている [S-methyl-^{14}C]-L-methionine は、細胞内で放射性 S-メチル基がメチル転移を起こすため、蛋白合成以外の代謝も反映した画像となる。しかし、逆に薬物のある原子や官能基を特異的に標識することができれば、標識化合物中の特定の標識部位の代謝を追跡することも可能である。

(A)　$CH_3-S-CH_2-CH_2-CH-{}^{14}COOH$
　　　　　　　　　　　　　　　$|$
　　　　　　　　　　　　　　NH_2

(B)　$CH_3-S-{}^{14}CH_2-{}^{14}CH_2-CH-COOH$
　　　　　　　　　　　　　　　　$|$
　　　　　　　　　　　　　　　NH_2

(C)　${}^{14}CH_3-S-CH_2-CH_2-CH-COOH$
　　　　　　　　　　　　　　　$|$
　　　　　　　　　　　　　　NH_2

図 11.1　標識部位の異なる ^{14}C 標識 L-methionine
(A) [1-^{14}C]-L-methionine, (B) [3,4-^{14}C]-L-methionine,
(C) [S-methyl-^{14}C]-L-methionine.

11.1.5 ヒトでの薬物動態試験への利用

これまでの医薬品開発では、臨床試験において多数の患者に薬を投与し、血液中の薬物濃度と身体に現れる効果や副作用の相関性から推測して、薬の用法や用量を決定していた。これは、作用部位の濃度が周囲の組織内濃度と平衡関係にあり、さらに組織内濃度は血中濃度と平衡関係にあると考えられているためであるが、投与量と薬理作用の相関性の間には幾つもの因子が介在している。近年、ポジトロン放出核種で標識した対象薬物と PET を利用し、実際に薬物が作用する部位の局所的な薬物濃度を生体内で経時的に測定することにより、その薬の用法や用量を決定する試みがされつつある。さらに、PET/CT や SPECT/CT など、形態画像を同時に取得できる画像装置も開発され、体内の位置情報と組み合わせた正確な分布が測定できるようになり、創薬におけるトレーサ技術の新たな展開として注目されている。具体的にはマイク

ロドーズ試験による候補化合物の人体における分布・動態の計測や、各種バイオマーカーのイメージングの創薬への活用、候補化合物の受容体占有率の測定による臨床治験計画の最適化等が実施されている。

11.2 オートラジオグラフィー

11.2.1 概　要

　放射線は、写真乳剤を感光させる性質があり、放射線の検出法として、古くから利用されている。H.Bequerel は、この放射線の写真効果を手がかりとして 1896 年に放射能を発見した。この放射線の写真効果を利用して、試料中の放射性核種の位置や分布および放射能濃度を写真感光剤に直接記録、測定する方法がオートラジオグラフィー(autoradiography)である。放射性核種を分布させた試料切片を写真感光剤と密着させることにより、放射性核種から放出される放射線は、その核種の位置に対応する写真感光剤を感光し、潜像(latent image)と呼ばれる痕跡を残す。その後の現像処理によって潜像が顕在化することから、放射性核種の分布を微細な構造まで黒化度や色として捉えることができる。現在では、オートラジオグラフィー用写真乳剤と測定技術の進歩に伴って、荷電粒子線（α線、β線など）、中性子線、電磁波電離放射線（γ線、X 線）など広範な放射線を検出することができ、医学など生物系を中心に、多方面で利用されている。

　オートラジオグラフィーの特色は、
　（1）取扱いが容易である。
　（2）検出感度が著しく高い。
　（3）解像度が高い。
　（4）得られる位置情報が可視化され、豊富である。
　（5）試料と対応した放射性核種の分布が得られる。
ことなどである。一方、問題点としては、
　（1）現像など煩雑な操作を必要とする。
　（2）結果が得られるまでの時間が比較的長い。
　（3）結果の定量的解析が困難である。
ことなどが挙げられる。近年には、これらの問題点を解決する手段として、輝尽性蛍光体を利用したイメージングプレートによる蛍光測定法[11.2.5]が開発され、多くの施設で用いられている。

1) オートラジオグラフィーの分類

　写真感光剤を用いるオートラジオグラフィーは、目的や測定結果の観察方法などにより、
　（1）凍結した小動物の組織や全身切片など比較的大きい試料を取り扱い、肉眼によって観察するマクロオートラジオグラフィー[11.2.2]
　（2）浮遊細胞やスライド上の組織標本などを測定対象とし、光学顕微鏡によって観察する

第 11 章　標識化合物のトレーサ利用

　　ミクロオートラジオグラフィー[11.2.3]
　(3) 細胞中の微細構造などを、電子顕微鏡によって観察する超ミクロオートラジオグラフィー[11.2.4]

に大別できる。

2) 感度および解像度

　試料内の放射性核種分布をそのまま可視化し、記録するオートラジオグラフィーでは、通常、高い解像度が望まれる。一方、限られた放射能によって感度良く検出することも重要となる。感度と解像度とは互いに相反するものであり、試料中の核種の種類や濃度、露出時間などを考慮して、オートラジオグラフィーの実施条件を設定する必要がある。感度および解像度は以下の要因によって変動する。

(1) 乳剤の種類：写真乳剤（photographic emulsion）は、ハロゲン化銀（ハロゲンとはフッ素 F、塩素 Cl、臭素 Br、ヨウ素 I、アスタチン At の総称）の結晶をゼラチン中に分散させたものである。ハロゲン化銀粒子が小さいほど感度は低下するが解像度は良くなる。粒子径が小さく含有量が多いとハロゲン化銀粒子は密となり、放射線が短い飛程で相互作用を起こすことから、黒化範囲が小さくなって鮮明な像が得られる。

(2) 乳剤膜の厚さ：乳剤膜が厚い方が感度は良いので、マクロオートラジオグラフィーなどのように解像度よりも感度を重視する場合には、乳剤膜の比較的厚いフィルムを用いる。一方、乳剤膜の厚さが薄いほど解像度は良く、超ミクロオートラジオグラフィーではハロゲン化銀粒子の単層程度の薄さが要求される。

(3) 試料切片の厚さ：試料切片が厚いと放射性核種と乳剤膜との距離が離れるため、解像度は低下する。したがって、高解像度を得るためには試料切片は可能な限り薄い方が良いが、現実には技術上の限界が存在する。また、試料中の核種濃度が低い場合は、放射能を増加させるために、解像度を多少犠牲にしても切片を厚くして必要な黒化度を得る必要がある。ただし、β 線放出核種では、その飛程以上に切片を厚くしても効果がない。

(4) 核種の種類：γ 線が乳剤中に潜像をつくる過程に寄与するものの大部分が二次電子によることから、エネルギーの低いものほど黒化度は向上する。β^- 線はエネルギーが大きいほどその飛程は大きく、黒化範囲も広がるので解像度は低下する。

(5) 試料と乳剤膜の密着度：線源試料が乳剤と密着するほど黒化範囲が限局し、解像度は向上する。

(6) 露出期間と現像条件：露出期間を長くすると得られる画像の濃淡は鮮明になるが、時間の経過とともに黒化範囲は徐々に拡大するので、露出期間が短いほうが解像度は良くなる。また、現像時間も長過ぎると、感度は上るが解像性は悪くなる。

3) カブリと退行

　試料から放出される放射線以外の作用によって黒化が起こることをカブリという。カブリ

11.2 オートラジオグラフィー

を起こす原因には、
(1) 保存時の温度、湿度、圧力、帯電、外部放射線、感光剤の使用期限など
(2) 使用時の光、温度、湿度、外部放射線、化学薬品など
(3) 現像時の光、現像液の種類、摩擦、現像むら、水洗不足など

がある。カブリによる黒化の有無や程度を判定するためには、放射性核種を含まない同一条件の試料によるオートラジオグラフィーを同時に実施して評価する必要がある。

一方、放射線により乳剤中に生成した潜像が、現像までの間に消滅することがあり、これを潜像の退行(fading)という。この現象は、高温や多湿条件下で生じやすいために、保存や露出など長時間放置する際の環境条件には配慮しなければならない。

4) 定量

試料に分布する放射能は、写真濃度、単位面積当たりの現像銀粒子数などから相対的に定量することができる。そのためには、既知濃度の放射性核種試料を用いて、定量したい試料と同一条件で露出し、得られたオートラジオグラフィーの写真濃度や単位面積当たりの現像銀粒子数と比較する必要がある。

11.2.2 マクロオートラジオグラフィー (肉眼的レベル)

マクロオートラジオグラフィーは、比較的大きな試料について、試料と写真感光剤を密着させてオートラジオグラムを作成し、放射性核種の分布を肉眼的に観察、測定する方法である。試料には、放射性物質を含む動物組織あるいは小動物の全身凍結切片や薄層クロマトグラム、乾燥植物試料などが用いられ、放射性核種が各組織、部位にどのように分布しているかを黒化度として簡便に記録することができる。特に、全身オートラジオグラフィー(whole body autoradiography, 図11.2)は、薬物の吸収代謝に伴う生体内分布を広い範囲について十分な分解能をもって可視化することができることから、医薬品の開発研究において最も多用される方法である。主にX線フィルムが感光剤として用いられ、乳剤の粒子径が大きく($0.3 \sim 3 \mu m$)、

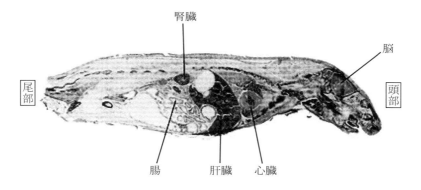

図11.2 X線フィルムを用いた全身オートラジオグラフィー
[富士写真フィルム(株)より提供]

粒子密度が比較的低い（乳剤中のハロゲン化銀粒子含有率 40〜50％）高感度のものが使われる。最近では、定量性を期待してイメージングプレート[11.2.5]を利用する施設も増加している。

11.2.3　ミクロオートラジオグラフィー（光学顕微鏡レベル）

ミクロオートラジオグラフィーとは、組織内や細胞内などの微細な試料中における放射性核種の分布を、光学顕微鏡下に黒化度として観察し、記録する方法である。高い解像度が要求されるため、乳剤には原子核乳剤(nuclear emulsion)のように粒子径が 0.05-0.4μm と小さく、乳剤中のハロゲン化銀粒子含有率 70-85％と粒子密度が高いものが用いられる。α線は比電離が大きいために解像性の低い像しか得られず、γ線は透過力が大きいために線源と黒化の位置に対応性が得にくいことから、ミクロオートラジオグラフィーには適しておらず、主にβ線放出核種が用いられる。顕微鏡的レベルで精度の良い結果を得るためには、試料と乳剤膜相互の位置関係が重要であるため、両者は密着させたままの状態で現像し、観察する。

11.2.4　超ミクロオートラジオグラフィー（電子顕微鏡レベル）

細胞内の微細構造の観察を目的として、電子顕微鏡レベルの超ミクロの構造を検出、記録する方法が超ミクロオートラジオグラフィーである。電子顕微鏡が充分に高い解像力を有していれば、ハロゲン化銀の粒径程度(0.1μm 以下)の高分解能の結果が得られる。極めて高い分解能を得るためには、乳剤には粒径が均一で小さく、ハロゲン化銀粒子の比率が高いものを用い、さらに超薄試料切片上に乳剤粒子が単層となるように塗布しなければならない。

11.2.5　イメージングプレート

一般の蛍光体は、放射線などの刺激を受けると即座に光を発する。一方、蛍光体の中には放射線の照射を受けると結晶内の電子が準安定状態に励起されることによりエネルギーを蓄えるものの発光はせず、別の光の照射を受けることにより励起された電子が基底状態まで落ち、照射した光よりも短波長の光を放射する性質を持っているものがある。この現象を光輝尽発光(photo-stimulated luminescence, PSL)現象といい、このような性質を持つ蛍光体を輝尽性蛍光体と呼ぶ（図 11.3）。この蛍光体を支持体の上に塗布したフィルム状の放射線画像センサーがイメージングプレート(imaging plate, IP)であり、主にマクロオートラジオグラフィーなどに用いられる。イメージングプレートへの露出は通常の写真フィルムと同様に行い、露出されたイメージングプレートは、画像読取装置内において赤色の He-Ne レーザービームで表面を走査されることにより、青紫色の PSL 発光が生じる。この光を光電子増倍管によって電気信号に変え、さらにデジタル信号に変換して、コンピュータで画像処理することによりオートラジオグラムが得られる。PSL 発光の寿命は 0.8μ秒と短く、高速の走査が可能であるため、多量の画像情報を短時間で読み取ることができる。また、He-Ne レーザーによる赤色光のピークは 600nm 付近にあり、PSL 発光が 400nm 付近であることから、高い信号雑音比を得られる特性を有している。この画像データは定量性に優れ、デジタル化されていることから、濃度階

11.2 オートラジオグラフィー

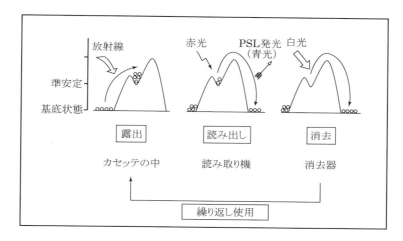

図11.3 輝尽性蛍光体の発光原理
[富士写真フィルム(株)より提供]

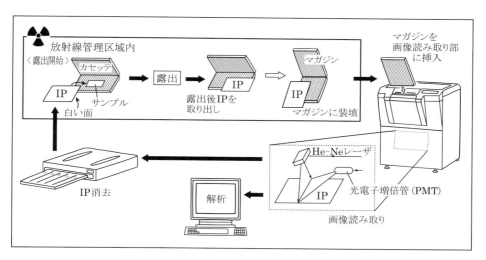

図11.4 イメージングプレートを用いるオートラジオグラフィー
[富士写真フィルム(株)より提供]

調を調整したり、複数の画像間で演算処理を行うことができる。画像情報を読み取った後のイメージングプレートは、可視光を均一に照射することにより残存する情報をすべて消去できるため、繰り返し使用することができる。これら一連の作業の流れを図11.4に示す。イメージングプレート法が写真法と比較して優れている点は以下の通りである。
(1) 写真法に比べて数百倍以上高感度であるため、露出時間を数十分の一に短縮できる。
(2) 放射線の量と画像の強度が比例関係を示すため、正確な定量が可能となる。

第11章　標識化合物のトレーサ利用

(3) 放射線量と検出量に量的関係が保たれているダイナミックレンジが、写真法では 10^2 程度であるのに対し、$10^4 \sim 10^8$ と広く、強度差の大きな範囲まで正確に定量できる。
(4) 空間分解能は写真法よりは劣るものの、マクロオートラジオグラフィーには十分な解像度を持つ。
(5) 画像データがデジタルで得られるため、各種画像処理、演算、通信が容易である。

[応用例] 二重標識オートラジオグラフィー

　同一試料において、複数の標識薬剤の挙動を同時に解析する目的で、2種類の放射性核種で標識された試料を用いて、核種それぞれの分布画像を得る方法を二重標識オートラジオグラフィーという。従来は半減期が大きく異なる核種を組み合わせて、最初に一度露出した後、短い方の半減期の3倍以上の時間をおいて別のフィルムに再び露出し、得られた2枚の画像を比較するのが一般的であった。イメージングプレートには ^{3}H を効率的に検出するトリチウム用と ^{3}H 以外に用いる一般用がある。両者の違いは、トリチウム用イメージングプレートには保護層がないこと、輝尽性蛍光体層が一般用イメージングプレートより薄いことである。この両者を用いることによって、例えば ^{3}H と ^{14}C の二重標識試料を一般用イメージングプレートとトリチウム用イメージングプレートのそれぞれに露出すれば、^{3}H の β 線が保護層に吸収され

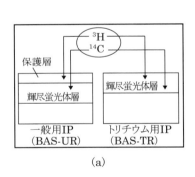

※「IP」→「イメージングプレート」

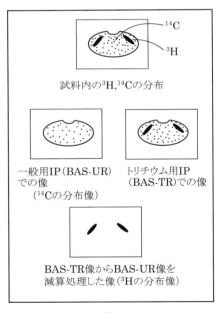

図11.5　イメージングプレート法による二重標識オートラジオグラフィー
　　　　　[富士写真フィルム(株)より提供]

11.2　オートラジオグラフィー

ることから一般用イメージングプレートの画像から直接^{14}C分布が得られ、トリチウム用イメージングプレートの画像から適当な補正係数を乗じた一般用イメージングプレート画像を減算して得られる画像から^{3}H分布が一度の操作で容易に得ることができる（図11.5）。

［トピックス］ポジトロンオートラジオグラフィー

　最近、開発されたオートラジオグラフィー法に、生きた組織切片を用いて放射性核種の取り込みや結合を経時的に測定できるポジトロンオートラジオグラフィー（バイオラジオグラフィー）がある。この方法では、試料を凍結することなく、300μm程度の厚みに調整し、生理的緩衝液中でポジトロン標識薬剤と振とうして、その組織へ取り込まれた放射能のみをイメージングプレートに記録するというものである。その原理の概略を図11.6に示す。ポジトロン核種は、その物理学的崩壊によってポジトロン（陽電子）を放出する。イメージングプレートの近傍で放出されたポジトロンはイメージングプレートに衝突して信号を残すが、イメージングプレートから遠い部位で放出されたポジトロンは電子と衝突した後、消滅X線となる。このX線の大部分はイメージングプレートを貫通し、信号を残さない。したがって、この方法では組織切片に集積したポジトロン核種の分布を選択的に検出し、溶液中の遊離状態のポジトロン核種からの影響を少なくすることができる。従来のオートラジオグラフィー法では遊離の標識薬剤を洗浄する必要があったが、ポジトロンオートラジオグラフィーを用いると溶液中の遊離薬剤存在下での組織集積薬剤の画像化が可能となる。この方法には、ポジトロン放出核種を用いる必要性から、現状ではサイクロトロンを有する限られた施設でしか実施できないものの、組織の機能を生きた状態で測定できる画期的な方法として今後の応用が期待される。

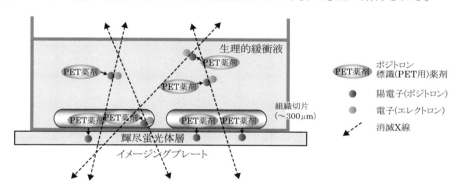

図11.6　ポジトロンオートラジオグラフィーの原理

11.3 遺伝子工学・分子生物学への応用

　国際的な協力のもとに取り組まれてきたヒトゲノムプロジェクトによって、2003年4月にヒトゲノムの塩基配列が技術的に困難な部分を除いて全て解き明かされ、ポストゲノム時代を迎えた。約30億塩基対におよぶその配列のなかに約2万2千種類の遺伝子が存在すると推定されている。これらの遺伝子の働きや発現に関しては未知の部分が多く残されており、特に疾患との関わりの解明は重要な課題である。遺伝子の実体としてのDNAやRNAなどの核酸、および遺伝子がコードする蛋白質とそれらの相互作用や働きを調べるために、ラジオトレーサー法がどのように応用されているか解説する。

11.3.1 遺伝子発現と生体成分の標識化合物

　RNAを鋳型としてRNAが合成されたり、同様にRNAを鋳型としてDNAが合成される（逆転写, reverse transcription）ことはよく知られた事実であるが、ノーベル生理学医学賞を受賞したFrancis H.C. ClickがDNAを鋳型としてRNAが合成され（転写, transcription）、RNAから蛋白質が合成される（翻訳, translation）という、遺伝情報の伝達・発現に関する中心原理(セントラルドグマ, central dogma)を1958年に提唱した。細胞内では、常に外界からの刺激に応答するために遺伝子発現が起こり、特定の蛋白質が合成されており、その合成速度は一細胞あたり一秒間に数万分子にもおよぶと推測されている。これらの仕組みを解明するためには、pg以下の極微量の分子を高感度に識別する必要に迫られることが多く、標識化合物を利用したトレーサ技術が随所に利用されている。

　核酸合成の検討には、それぞれに固有のリボヌクレオシドの標識体を利用し、DNAの生合成については[^{3}H]デオキシチミジンの、またRNAの生合成については[^{3}H]ウリジンの取り込みで測定する方法がある。

　一方、蛋白質の標識には、^{3}Hや^{14}C、^{35}Sなどで標識された種々のアミノ酸が用いられる。細胞培養の過程で標識アミノ酸を添加すると蛋白質の生合成原料として取り込まれ、細胞内の多種類の蛋白質が標識される。細胞膜表面に存在する蛋白質については、^{125}Iにより細胞の外から標識することができる。このようにして標識された蛋白質の量的変化を測定する方法としては、電気泳動や目的蛋白質に対する特異的抗体を用いた免疫沈降法を用いる。また、特定蛋白質の代謝回転の測定をすることがあるが、通常の培養の途中で、一定時間だけ標識アミノ酸の存在下で培養し、その後、通常の培養液にもどして時間ごとに特定蛋白を定量するパルスチェイス法が用いられる。

　細胞同士の認識、細胞増殖などに関わる細胞内情報伝達には、遺伝子発現に関連する種々の蛋白質のリン酸化や脱リン酸化が重要な役割を果しているが、これらの研究にはγ-位のリン酸として[^{32}P]リン酸が結合している[γ-^{32}P]ATPが使われる。

11.3 遺伝子工学・分子生物学への応用

11.3.2 ジデオキシ法による DNA 塩基配列の決定

F.Sanger によって開発された DNA 塩基配列の決定法(DNA シークエンス法)としてジデオキシ法(dideoxy method)がある。3'末端の水酸基が欠如した 2',3'-ジデオキシヌクレオチド三リン酸(ddNTP)の存在下、DNA 合成を行わせると、ddNTP が DNA に取り込まれることにより DNA 合成が停止することを利用した方法である。トレーサには ^{32}P で標識されたデオキシヌクレオシド三リン酸(dNTP)が使われるが、その内[α-^{32}P]dCTP が最もよく用いられている。この方法は、現在ほとんど商業的なサービスに委託するようになってきている。

11.3.3 ハイブリダイゼイション法を用いた遺伝子解析

DNA は、通常二本鎖の状態であるが、加熱すると塩基対の水素結合が切れるため一本鎖になる(デナチュレーション, denaturation)。二本鎖 DNA は、アルカリで処理しても塩基対の水素結合が切れるため一本鎖となる。加熱を止めると再び相補的な配列をもった塩基対どうしの水素結合が形成されて二本鎖となる(アニーリング, annealing)。相補的な配列を持っていれば、長さが違った DNA どうしでも、また DNA と RNA の組み合わせでも二本鎖を形成する(ハイブリダイゼイション, hybridization)。特定の塩基配列を持つ DNA 鎖を放射能で標識したプローブ(probe)を用いてハイブリダイゼイションを行うと、相補的な配列を有する DNA や RNA を検索することができる。

DNA の配列には、多型(polymorphism)と呼ばれる個人差があり、数百~千塩基対に 1 カ所の割合で存在する。DNA の特定配列で 1%以上の確率で 1 塩基が異なる多型を 1 塩基多型(single nucleotide polymorphism, SNP)といい、薬効の個人差などの指標となる。したがって、多型の検出は、個人の識別・親子鑑定に役立つのみならず、患者個々人にあったオーダーメイド医療への応用が期待されている。

1) 遺伝子の単離と相補的 DNA のクローニング

特定の蛋白質をコードする遺伝子を単離してその相補的 DNA(complementary DNA, cDNA)を複製(クローニング, cloning)することができれば、逆にその蛋白質をホスト細胞に発現させて機能解析などを行うことができる。

細胞内にある伝令 RNA(messenger RNA, mRNA)全体に対応する cDNA を組み込んだファージクローンを作製したものが cDNA ライブラリーである。目的とする遺伝子の cDNA をコードしたファージをライブラリーから単離する方法(スクリーニング法)としてプラークハイブリダイゼイション(plaque hybridization)がある。バクテリオファージは大腸菌に感染して増殖し、溶菌して細胞外に放出される性質がある。cDNA ライブラリーを感染させた大腸菌をアガロースゲルのマスタープレートに薄く蒔いて培養し、cDNA をコードしたバクテリオファージを大腸菌ごと増殖させる。アガロースにニトロセルロースやナイロンの支持体を接触させてプラーク(大腸菌が溶菌しファージ DNA が放出された部分)を写し取る。支持体をアルカリ処理してファージを溶かし、DNA を一本鎖として支持体に焼付ける(ベーキング)。つぎに支

持体を目的の cDNA にハイブリダイズできるような配列で合成した ^{32}P 標識 DNA プローブとともにインキュベートし、洗浄した後、オートラジオグラフィーを行い、放射能の位置からマスタープレート上の目的の cDNA をコードしたバクテリオファージを単離する。

2) サザンブロット法（Southern blotting）

　特定の配列を持つ DNA 断片の検出や分子量の同定を行う方法で、1975 年に E.Southern によって開発された（図 11.7）。特定の塩基配列の位置で DNA を切断する制限酵素（restriction enzyme）で処理して断片化した DNA を電気泳動することにより、DNA の長さに応じてゲル上に分離する。ゲルをアルカリで処理してナイロンなどの支持体に写し取り固定化する。つぎに支持体を目的の cDNA にハイブリダイズできるよう相補的な配列をもつ ^{32}P 標識 DNA プローブとともにインキュベートして洗浄した後、オートラジオグラフィーを行い、目的の配列に相当するバンドを放射能の位置から検出する。

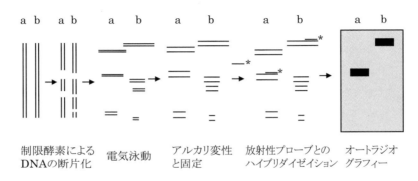

図11.7　サザンブロット法の原理

11.3.4　遺伝子の発現解析

　遺伝子の発現は、最終生成物である蛋白質のみならず、蛋白質を合成するために誘導されるmRNA の発現の有無と量を調べることが多い。近年では、ポリメラーゼ連鎖反応（polymerase chain reaction，PCR）法の普及に伴い、mRNA の解析には、逆転写酵素を利用する逆転写PCR（reverse transcriptase-PCR, RT-PCR）法を用いるのが一般的になっている。原理は、mRNA から逆転写酵素により cDNA を得て、その中の特定の配列のみをフォアードとリバースの一対のプライマーをハイブリダイズさせて挟み込んだ形で増幅してから電気泳動し、プライマーで挟み込んだ長さのバンドが存在しているかを検出する。さらに、その定量には、増幅数を経時的に測定するリアルタイム PCR が利用される。

　トレーサ技術の利点が生かされている遺伝子発現解析法には次のようなものがある。

1) ノーザンブロット法（Northern blotting）

　組織や細胞から抽出した RNA サンプルの中に目的とする遺伝子に対する RNA が存在するかどうかの検出と定量ができる。DNA の代わりに RNA を対象としているが、原理はサザン

11.3 遺伝子工学・分子生物学への応用

ブロット法と同様である。RNA サンプルを電気泳動で長さに応じて分離し、ゲルをアルカリで処理してナイロンなどの支持体に写し取り固定化する。その支持体を解析したい RNA と相補的な DNA の ^{32}P 標識体をプローブとして加えてインキュベートし、洗浄後、オートラジオグラフィー上のバンドの位置から目的の配列を有する RNA を検出する。定量性に優れているが PCR 法にくらべて感度が悪い。バンドの検出に蛍光色素を用いることもあるが、感度の点では放射能を用いる方法が優れている。

2) *in situ* ハイブリダイゼイション

組織中のある細胞における遺伝子発現をオートラジオグラフィー技術と組み合わせて観察する方法で、凍結切片やパラフィンに包埋した切片を目的の RNA の塩基配列を認識する ^{35}S 標識プローブなどとハイブリダイズする。ノーザンブロット法や PCR 法でも同様であるが、RNA を測定対象とする場合には、RNA 分解酵素(RNase)の混入に注意を払う必要がある。

11.3.5 遺伝子発現にかかわる転写因子の解析

転写因子は遺伝子の特定の配列に結合し、正または負の転写制御をする。たとえば、細胞に放射線を照射すると、損傷を受けた DNA の修復機構やアポトーシスに関連した遺伝子などが発現し、細胞の運命を決定する。これらの遺伝子発現は、多くの転写因子による転写制御が関連している。転写因子と DNA の相互作用の研究には、ゲルシフトアッセイやフットプリンティング法などが利用され、バンドの検出にオートラジオグラフィーが応用されている。

11.3.6 蛋白質の発現解析

これまでに述べたように、特定の配列を持つ DNA の検出にはサザンブロット法があり、RNA サンプルのなかの特定遺伝子の発現を検討するためにはノーザンブロット法があるが、特定蛋白の検出には次に述べるウエスタンブロット法がある。

1) ウエスタンブロット法（Western blotting）

ゲル電気泳動により分離した蛋白を支持体に転写して、非特異的な結合を防ぐブロッキング処理をした後、標的蛋白質を識別可能な特異的抗体(一次抗体)とそれを認識する放射性の二次抗体を結合させ、生体試料中の特定の蛋白質の検出や定量をする方法で、オートラジオ

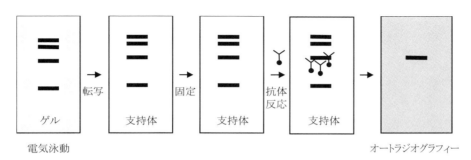

図 11.8　ウエスタンブロット法の原理

グラフィーでバンドを検出する(図 11.8)。定量するためには、既知量の蛋白をコントロールとして同様の操作を行い、放射能を測定する。

　ここまでに紹介したいずれの方法も、取り扱いの容易さから、その検出法として、放射性標識化合物の代わりに蛍光物質が利用される割合が増加してきている。現状では、放射性物質の方が感度が優れている場合が多いが、PCR法などはそのほとんどが蛍光色素により、実施されている。

11 演習問題

問題 1 次の標識化合物の種類とその表記例のうち、正しいものの組合せはどれか。
A 特定位標識化合物　［9,10-^{3}H(N)］オレイン酸
B 名目標識化合物　　［6-^{3}H］ウラシル
C 均一標識化合物　　［^{14}C(U)］ロイシン
D 全般標識化合物　　［^{3}H(G)］ウリジン
　1　AとB　　2　AとC　　3　BとC　　4　BとD　　5　CとD

問題 2 有機標識化合物の保管方法に関する次の記述のうち、正しいものの組合せはどれか。
A　^{3}Hで標識された化合物の水溶液については冷凍庫で徐々に凍結させる。
B　水溶液の場合、ラジカルスカベンジャーとしてベンゼンを加える。
C　比放射能は出来るだけ高くする。
D　強いγ線放出体の近くに置かない。
　1　ACDのみ　　2　ABのみ　　3　BCのみ　　4　Dのみ　　5　ABCDすべて

問題 3 入手した［^{58}Co］シアノコバラミン（ビタミン B$_{12}$）試料を検定したところ、［^{58}Co］シアノコバラミンの放射能は 485 MBq で、［^{60}Co］シアノコバラミン 10 MBq と他の化学形の ^{58}Co 5 MBq が不純物として共存することが分かった。この［^{58}Co］シアノコバラミン試料の検定時の核種純度(%)は、次のうちどれか。
　1　95　　2　96　　3　97　　4　98　　5　99

問題 4 全放射能 1.0 MBq の［^{14}C］ニトロベンゼン 10 mg を検定したところ、化学純度 95％、放射性核種純度 98％、放射化学純度 90％であった。この検定結果から得られる［^{14}C］ニトロベンゼンの比放射能（kBq·mg^{-1}）に最も近いものは、次のうちどれか。
　1　88　　2　93　　3　95　　4　98　　5　100

問題 5 標識化合物の合成法に関する次の記述のうち、正しいものの組合せはどれか。
A　核反応で生成するホットアトムを利用する反跳標識法は、複雑な化合物の標識に適している。
B　標識したい化合物と［^{3}H］H$_2$O を密閉容器中に放置して反応させる方法をウイルツバッハ法という。
C　微生物などを用いる生合成法には光学活性体が容易に得られる利点がある。
D　［^{11}C］標識化合物の化学合成の出発物質としては、通常［^{11}C］BaCO$_3$ が用いられる。
　1　AとB　　2　AとC　　3　BとC　　4　BとD　　5　CとD

第11章 標識化合物のトレーサ利用

問題6 比放射能が $120\,\mathrm{kBq\cdot mg^{-1}}$ の [^{14}C]ニトロベンゼン($C_6H_5NO_2$、分子量123)を還元して、[^{14}C]アニリン($C_6H_5NH_2$、分子量93)を得た。この[^{14}C]アニリンの比放射能($\mathrm{kBq\cdot mg^{-1}}$)に最も近い値は、次のうちどれか。
 1 90 2 100 3 120 4 140 5 160

問題7 次の文章の（　）の部分に入る最も適切な語句を、それぞれの解答群から1つだけ選べ。
　放射性同位元素で標識した生体高分子やその前駆体は、生体高分子の生体内での挙動を探る有用な手段である。またその使用に際しては、核種と化学形に応じた防護策を講じる必要がある。

Ⅰ　細胞内での生体高分子の合成量を測定するために、^{3}Hで標識した前駆体がよく用いられる。DNAには（　A　）を、RNAには（　B　）を、タンパク質には（　C　）を用いる。^{3}H化合物は、^{3}Hから放出されるβ線で（　D　）を感光させ、合成された高分子の細胞内での分布と相対量を解析する（　E　）の手法にも用いられる。^{3}Hβ線の最大飛程は水中で（　F　）μm程度であり、外部被ばくに対する遮へいを通常は考慮しなくてよい。

＜Ⅰの解答群＞
　1　ウリジン　　2　グリシン　　3　グルコース　　4　チミジン　　5　写真乳剤
　6　蛍光色素　　7　カラムクロマトグラフィー　　8　マクロオートラジオグラフィー
　9　ミクロオートラジオグラフィー　　10　0.6　　11　6　　12　60

Ⅱ　炭素はあらゆる有機物の構成元素であり、^{14}Cで標識した化合物はトレーサーとしての汎用性が高い。^{14}Cは半減期が5730年で、最大エネルギー（　A　）MeVのβ線を放出する。
　^{14}Cで標識した2-デオキシグルコースをラットに投与した後、脳組織の切片を作製し感光乳剤を塗布したフィルムと密着させることにより、2-デオキシグルコースの分布と相対量を知ることができる。このような解析手段を（　B　）と呼ぶ。この結果に基づいて脳内の局所的な活動状態を画像的に解析することができる。位置分解能は^{3}Hよりも（　C　）。

＜Ⅱの解答群＞
　1　0.0186　　2　0.156　　3　1.71　　4　カラムクロマトグラフィー
　5　マクロオートラジオグラフィー　　6　ミクロオートラジオグラフィー　　7　良い
　8　悪い

第12章　放射性医薬品

12.1　放射性医薬品の概要

　放射性医薬品とは、診療に用いられる放射性同位元素をその構成要素に有する非密封の化合物およびそれらの製剤であり、その放射線を利用して疾病の診断や治療を行う。このうちの診断用放射性医薬品は、インビトロ診断用とインビボ診断用に分けることができる。

　インビトロ（in vitro）とは、「ガラス器具内の」、「試験管内で」という意味のラテン語由来の術語で、医学、薬学など生物系の分野で広く用いられる。インビトロに属するラジオイムノアッセイ（放射免疫測定（法）：radioimunoassay）は患者の尿や血液中の微量生理活性物質や薬物などを定量するために放射性医薬品を体外で使用する。患者には直接投与しないで、試験管などに移した患者の尿や血液などに放射性医薬品を加えて定量する。

　インビボ（in vivo）とは、「生体内の」、「生体内で」という意味のラテン語由来の術語で、インビトロの対義語として、医学、薬学など生物系の分野でよく用いられる。^{99m}Tc 化合物などの放射性医薬品を被験者に直接投与し、放出される放射線（γ線）をシンチレーションカメラなどを用いて体外から（必要なら画像などを通じて）計測して、組織・器官に対する RI の集積状態、時間経過による消長によって、組織・器官の大きさ、位置、内部構造などを知り、組織、器官の状態や機能の診断を行う。この場合、人体に直接 RI を投与するので、12.2 に掲げる条件を満たすことが必要である。

　放射性医薬品は、検出感度の高い放射線を目印にしている。このため人体内での挙動は確実に検出できる特徴をもつ。しかも人体に投与する放射性医薬品の質量は、桁外れに超微量なので代謝系を乱したり、毒性を与えることはない。

12.2　インビボ診断用放射性医薬品の具備すべき条件

1) 診断できる範囲内で半減期は短いこと。
2) γ線を放出し、そのエネルギーは体外計測しやすい 100〜200 keV が望ましい。
3) 診断を目的とする場合には、無用の放射線被ばくの負担となり、かつ体外計測の困難な $β^-$ 線は放出しないこと。

12.3　^{99m}Tc 製剤

　1937 年、イタリアの E. Segre らが、モリブデンに重陽子を衝撃して製造し、得られた元素を

第12章　放射性医薬品

ギリシャ語の technikos（人工の）にちなんでテクネチウム(Tc)と命名した。原子番号は43番で、天然には存在しない元素である。^{99m}Tcは、半減期6時間、141 keVのγ線のみを放出し、さらに^{99}Mo-^{99m}Tcジェネレータから得られるという、臨床使用に理想的な性質のRIであるため、診断用として最も広く使用されている。ジェネレータからは化学的に安定な7価の[^{99m}Tc]TcO$_4^-$（過テクネチウム酸イオン）として生理食塩水溶液で得られる。[^{99m}Tc]TcO$_4^-$は、I$^-$やClO$_4^-$と類似したイオン半径で同じ－1価の電荷を有するので、生体に投与するとこれらのイオンと同様に甲状腺の細胞に高濃度に集積する。この作用を利用して甲状腺の核医学診断に使用している。

　^{99m}Tc錯体の化学構造が異なると生体内での動態も異なる。種々の化学形の^{99m}Tc標識放射性医薬品を開発するため、[^{99m}Tc]TcO$_4^-$に還元剤を加えて酸化数を小さくして反応活性となった^{99m}Tcと様々な配位子との反応により、化学構造の異なる^{99m}Tc錯化合物が合成されてきた。Tcは人工的に造られた金属であることから、生体はTc錯体を異物と認識すると考えられたが、これまでにヒトの血液脳関門を透過する^{99m}Tc錯体や心筋細胞に取り込まれる^{99m}Tc錯体が開発され、現在、脳血流や心筋血流の測定薬剤として臨床に幅広く使用されている。

　1価のTc錯体は、安定なd$_6$電子配置を有する。イソニトリル誘導体を配位子とする[^{99m}Tc]Tc-MIBI（MIBI : hexakis-2-methoxyisobutyl isonitrile）および[^{99m}Tc]Tc-テトロホスミン（tetrofosmin）は脂溶性の高い＋1の電荷を持つ化合物であり、生体に投与されると心筋細胞に受動拡散で取り込まれ、膜電荷依存的に細胞内へ滞留するため、心筋血流量の測定薬剤として臨床使用されている。また、最近開発された1価の[^{99m}Tc][Tc(CO)$_3$(OH$_2$)$_3$]$^+$錯体は、3分子のOH$_2$を適当な配位子と置換することにより、化学構造（そして体内挙動）の異なる様々な[^{99m}Tc][Tc(CO)$_3$]$^+$誘導体が作製可能となり、画像診断薬剤への応用が検討されている。

　5価の^{99m}Tc錯体はTcO^{3+}の構造を取り、窒素や硫黄などを有する配位子と安定な錯体を形成する。[^{99m}Tc]Tc-HM-PAOおよび[^{99m}Tc]Tc-ECDは中性で脂溶性の高い^{99m}Tc錯体を生成し、血液脳関門を透過した後、速やかに水溶性の高い錯体へ変換されてしばらくの間脳内に滞留することから、両^{99m}Tc標識化合物は脳の血流量の測定薬剤として臨床で用いられている。最近では、脳内のドパミントランスポータへの結合性を有する^{99m}Tc錯体も開発されている。

　Tcはまた、ヒドロキシメチレン二リン酸（HMDP : hydroxymethylene diphosphate）やメチレン二リン酸（MDP : methylene diphosphate）などのリン酸化合物と多核錯体を形成する。これらは、骨形成の盛んな部分に多く集積することから、骨代謝の画像診断に広く用いられている。前立腺がんは造骨の盛んな骨部位へ転移することから、[^{99m}Tc]Tc-HMDPや[^{99m}Tc]Tc-MDPは骨転移の診断にも汎用されている。

　現在、汎用されている^{99m}Tc標識放射性医薬品の化学構造を図12.1に示す。

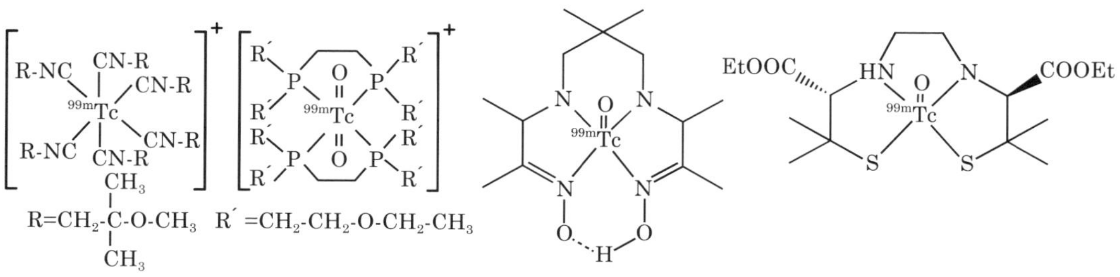

[^{99m}Tc]Tc-MIBI　[^{99m}Tc]Tc-テトロホスミン　[^{99m}Tc]Tc-HM-PAO　[^{99m}Tc]Tc-ECD

図 12. 1 代表的な ^{99m}Tc 標識放射性医薬品の化学構造

12. 4　その他の SPECT 製剤

12. 4. 1　^{123}I 製剤

^{123}I は半減期 13.3 時間で 159 keV の γ 線を放出することから、インビボ放射性医薬品に広く用いられている。心筋は空腹時には約 70 %のエネルギーを脂肪酸の β 酸化による ATP の産生でまかなうことから、疾患時の心筋の脂肪酸代謝を評価するために [^{123}I] 15-(p-ヨードフェニル)-3-(R,S)-メチルペンタデカン酸（[^{123}I] BMIPP）が開発され、臨床に用いられている。

心筋はまた、心機能の促進に交感神経、その抑制に副交感神経の支配を受けている。交感神経前ニューロン終末では神経伝達物質であるノルアドレナリン（noradrenaline：NA）が合成、貯蔵され、刺激に応じて NA が放出され、これが後ニューロンの受容体と結合することで生理作用を示す。このときに放出された NA の 70～90 %は能動的な取込み機構により再び神経前ニューロン終末に取り込まれ、貯蔵される。[^{123}I] メタヨードベンジルグアニジン（[^{123}I] MIBG）は受容体と結合をせず、また代謝を受けずに神経終末のアミン貯留顆粒に取込まれ、貯蔵される。虚血にさらされた心筋が壊死を来すよりも早く交感神経機能異常を生じることから、[^{123}I] MIBG は虚血を鋭敏に検出する。

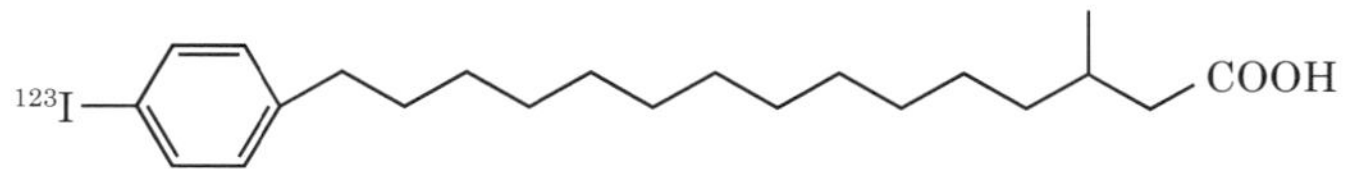

[^{123}I]BMIPP

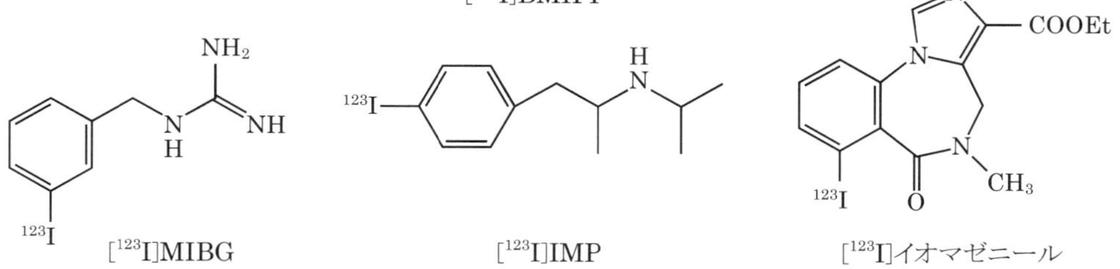

[^{123}I]MIBG　[^{123}I]IMP　[^{123}I]イオマゼニール

図 12. 2 代表的な放射性ヨウ素標識薬剤の化学構造

その他、脳血流測定薬剤[^{123}I]N-イソプロピル-4-ヨードアンフェタミン（[^{123}I]IMP）、中枢性ベンゾジアゼピン受容体機能測定薬剤[^{123}I]イオマゼニールなどが臨床において使用されているが、その詳細は成書を参照されたい。これらの薬剤の化学構造を図12.2に示す。

12.4.2 [^{201}Tl]TlCl

[^{201}Tl]Tl$^+$はK$^+$（1.38×10^{-10}m）に近いイオン半径1.5×10^{-10}mを有し、心筋のNa$^+$/K$^+$ATPaseの認識を受けて血流量に応じた心筋への取込みを示すことから、[^{99m}Tc]Tc-MIBIや[^{99m}Tc]Tc-テトロホスミンと同様に心筋血流の診断に利用されている。[^{201}Tl]Tl$^+$は投与早期には血流が低下しているが生きている心筋細胞に集積しないが、時間経過に伴い集積（再分布）を示す。再分布を示さない[^{99m}Tc]Tc-MIBIや[^{99m}Tc]Tc-テトロホスミンとはこの点が異なる。

12.4.3 [^{67}Ga]Ga-citrate

Gaは3価で、3価のFeとよく似た挙動をとる。^{67}Gaとクエン酸の錯体を静注すると、Gaは主として血中のトランスフェリン（鉄を結合して運搬する血清タンパク質）と結合して腫瘍細胞表面や炎症部位に集積したマクロファージ等の炎症細胞表面に発現されているトランスフェリン受容体との結合を示すことにより、これらの組織に集積する。この特性を利用して悪性腫瘍や炎症の診断に使用されている。[^{67}Ga]Ga-citrateはリンパ腫への集積が強いため、リンパ腫の診断や治療効果の判定に利用されている。

12.4.4 [^{111}In]In-pentetreotide（[^{111}In]In-DTPA-octreotide）

本薬剤は、ソマトスタチン受容体に結合する環状ペプチドであるオクトレオチドにDTPA（ジエチレントリアミン5酢酸）を介して^{111}Inを結合したものである。ソマトスタチン受容体はインスリノーマ、ガストリノーマ、カルチノイドなどの消化管ホルモン産生腫瘍細胞に高発現しているため、神経内分泌腫瘍の局在診断に用いられている。本薬剤の化学構造を図12.3に示す。

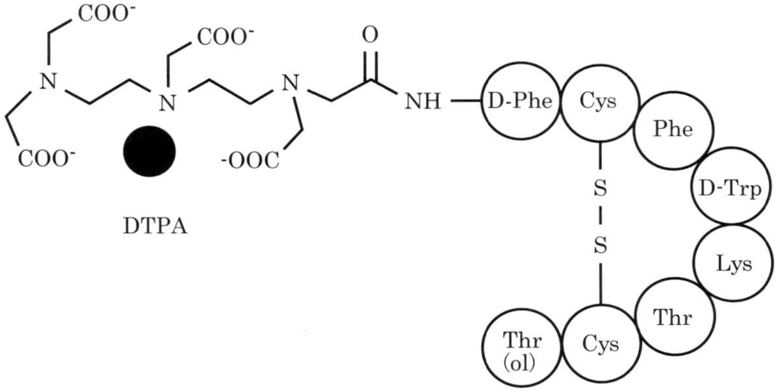

図12.3 [^{111}In]In-pentetreotide（DTPA-TOC）の化学構造

12.5 PET 製剤

近年、小型サイクロトロンを病院内に設置し、^{11}C、^{13}N、^{15}O、^{18}F 等の短半減期ポジトロン核種を製造し、これらを用いて種々の PET 製剤を調製して生体のさまざまな機能画像を得るサイクロトロン核医学が広く普及するようになった。本章では、これらのポジトロン放出核種の製造およびそれに関連して代表的な PET 製剤である[^{18}F]フルオロデオキシグルコース注射剤（[^{18}F]FDG）、[^{11}C]メチオニン注射剤、[^{11}C]ラクロプライド注射剤の製造および品質管理法について述べることとする。

12.5.1 ポジトロン核種

医学利用に用いられる代表的なポジトロン放出核種としては、^{11}C、^{13}N、^{15}O、^{18}F が挙げられ、それぞれ以下の核反応を用いて製造される（表 12.1）。

表 12.1 ポジトロン放出核種の製造核反応

	核反応	半減期
^{11}C	^{14}N$(p, \alpha)^{11}$C	20.4 分
^{13}N	^{16}O$(p, \alpha)^{13}$N	9.96 分
^{15}O	^{14}N$(d, n)^{15}$O	2.04 分
^{18}F	^{18}O$(p, n)^{18}$F	109.7 分

これらの核種はいずれも生体構成元素で種々の生理活性物質への標識導入が可能であることから、各種臓器のさまざまな生理的・生化学的情報を得るための分子プローブが開発されている。また、表 12.1 に示すように半減期が極めて短いので、RI の製造から標識合成、製剤化、品質管理に至る一連の工程をそれぞれの施設内で行う必要がある。但し、^{18}F はその半減期が比較的長いので、[^{18}F]FDG および脳内アミロイドベータを標的とする[^{18}F]フロルベタピルと[^{18}F]フルテメタモルは企業から放射性医薬品として供給されている。

一方、半減期が短いということは、①RI プローブの比放射能を極めて高くすることができ、生体内の超微量現象を探れること、②被験者に対する被ばく量が極めて少ないこと等の利点も有している。

12.5.2 PET 製剤の作製

一般に PET 製剤は図 12.4 に示す工程により作製される。

標識合成に際しては、①取り扱う量が微量であるので、容器や溶媒・試薬等に特別の注意が必要であること、②半減期が短いので、短時間に高収率で標識合成できることが要求される。

^{11}C 標識の場合には ^{14}C 標識と同様の種々の標識前駆体が用いられるが、なかでも[^{11}C]ヨウ化メチル（[^{11}C]MeI）は最も多く用いられる標識前駆体であり、N-メチル化、O-メチル化、S-メチル化反応の他、最近では芳香環上への高速メチル化反応法等の開発も進められている。

第 12 章　放射性医薬品

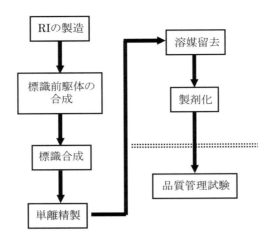

図 12.4　PET 製剤の作製工程

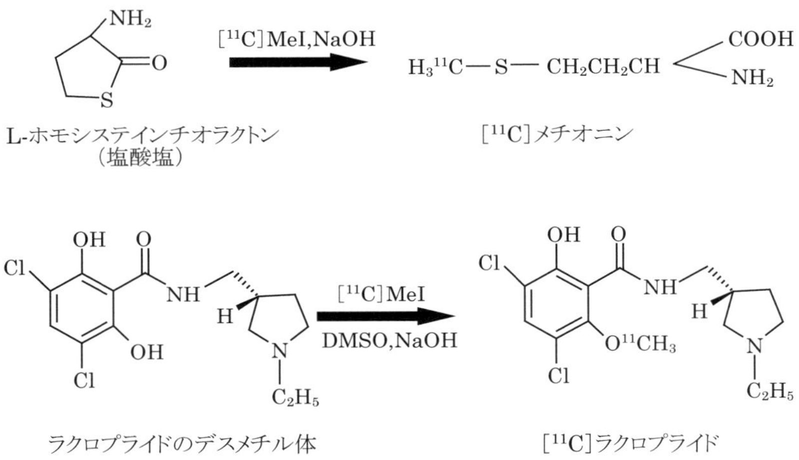

図 12.5　[^{11}C] ヨウ化メチルを用いた放射性薬剤の合成例

[^{11}C] ヨウ化メチルを用いた放射性薬剤の合成例を図 12.5 に示す。

　その他の標識前駆体としては、[^{11}C]CN、[^{11}C]COCl$_2$（ホスゲン）、[^{11}C]CHO、[^{11}C]CO$_2$ 等があるが、[^{11}C]CO$_2$ は Grignard 試薬と反応させて、[^{11}C] 標識カルボキシ化合物が得られる。図 12.6 に [^{11}C] 酢酸（心筋の TCA 代謝測定、前立腺がんの診断）の合成法を示す。

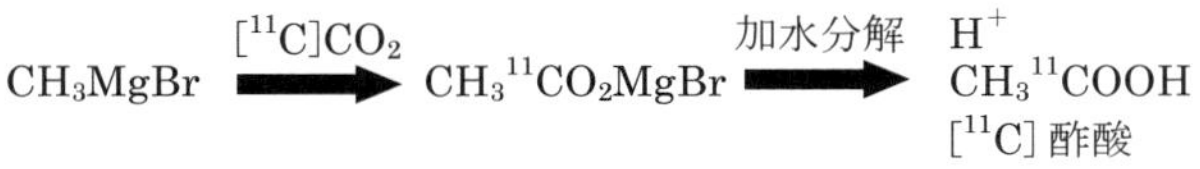

$$CH_3MgBr \xrightarrow{[^{11}C]CO_2} CH_3{}^{11}CO_2MgBr \xrightarrow{\text{加水分解}} \begin{array}{l} H^+ \\ CH_3{}^{11}COOH \\ [^{11}C] \text{酢酸} \end{array}$$

図 12.6　[^{11}C] 酢酸の合成法

―188―

12.5 PET 製剤

^{18}F の標識合成では[^{18}F]F_2 や[^{18}F]アセチルハイポフルオロライド（[^{18}F]CH$_3$COOF）を用いて、求電子置換反応、二重結合への付加反応、アルキルスズ等に対する金属置換反応等に利用される。[^{18}F]FDG も当初は[^{18}F]F_2 ガスを用いた反応が利用されていたが、現在、[^{18}F]アニオンを利用した反応の方が高い収率を与えること、高純度の[^{18}F]FDG が得られること、比放射能が高いこと等、多くの利点を有するために標準的に用いられている。図12.7にマンノーストリフレート体と[^{18}F]アニオンとを用いて[^{18}F]FDG を合成する反応式を示す。

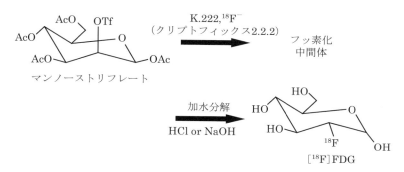

図 12.7 [^{18}F]FDG の合成法

[^{13}N]NH$_3$ 注射剤は心筋血流測定用 PET 製剤として既に保険収載されているが、その他の標識化合物に関しては研究の域にとどまっている。また ^{15}O は半減期が極めて短いために、オンライン上で[^{15}O]H$_2$O、[^{15}O]ガス（CO$_2$、CO、O$_2$）が製造される。

標識合成反応液は、通常種々のカラムクロマトグラフィーにより単離、精製される。液体クロマトグラフィーで単離するための溶出溶媒は毒性が高いので、完全に留去する必要がある。その後、注射用生理食塩水に溶解させて、pH 調整、等張化、メンブランフィルターによる無菌ろ過等を行って注射剤とする。比放射能が極めて高い場合、メンブランフィルターに吸着する等の現象が認められたり、あるいは放射線分解を生じやすくなることがあるので、その場合、少量の界面活性剤（Tween20）やエタノールを添加することがある。

これらの一連の操作は通常 3 半減期以内の時間で完了することが望ましい。また、取り扱う放射能が極めて大きいので、作業者の被ばくを軽減するために自動合成システム（装置）が開発されており、本装置をホットセル内に設置することにより、遠隔操作で製造化するまでの作業が可能となっている。なお、[^{18}F]FDG、[^{15}O]ガス、[^{13}N]アンモニアおよびアミロイド PET 製剤である[^{18}F]フロルベタピル、[^{18}F]フルテメタモル、[^{18}F]フロルベタベンについては医療機器としての認可を取得している装置が市販されている。

12.5.3 PET 製剤の品質管理

院内 PET 製剤の有用性（有効性、安全性）に関しては、各施設が責任をもってその確保にあ

第 12 章　放射性医薬品

たることになる。したがって、施設ごとに院内 PET 製剤の作製と品質について管理体制を整備し、責任の所在を明確にしておくことが基本的に重要である。人体に投与する"くすり"の有用性を確保することは、医療機関の責務であり、常に一定規格以上の品質を有する PET 製剤の製法を確立し、それを文書化することが一義的に重要である。また、必ず製造ロットごとに品質試験を実施し、その結果を記録として残しておく必要がある。同時に原料、資材の品質管理法、試験結果の記録、浮遊微粒子や落下菌等の測定記録も保存しておく必要がある。

　我国では、日本アイソトープ協会、医学薬学部会の専門委員会において、臨床的に有用性が認められた放射性薬剤（PET 製剤）を成熟薬剤として認定し、その製法、規格等についてのガイドラインが作成されている。本ガイドラインには、製法、品質、作業環境等に関する基準の他、その解説および参考資料も収載されている。詳細は参考文献を参照されたい。

以下に [^{18}F]FDG の品質管理基準の一例を示す。

◎外観・性状	：無色または微黄色澄明
◎pH	：5.0-8.0
◎放射能	：90-110 %
◎放射化学的純度	：95 % 以上
※放射核化学的純度	：511 keV または 1022 keV 以外にピークを認めない
（半減期）	（105-115 分）
※比放射能	：200 MBq/mg
◎クリプトフィックス 2.2.2.（K.222）	：40 ppm 以下
◎アルミニウムイオン	：10 ppm 以下
※エタノール	：2000 ppm 以下
※メタノール	：1200 ppm 以下
※アセトニトリル	：164 ppm 以下
※クロロデオキシグルコース	：40 ppm 以下
◎無菌試験	：試験に適合する
◎発熱性物質	：試験に適合する

　　　　　◎　製造毎に試験を実施する。
　　　　　※　年 1 回以上、試験を実施する。

　無菌試験は、半減期による制約のため事後検定を行わざるをえないが、その取り扱いについては第 3 者の専門家を加えて「薬剤安全委員会」を施設ごとに組織し、審議することが望ましい。

12.6 核医学治療

　悪性腫瘍細胞に選択的に集積する放射性医薬品を投与すると、放出される放射線で細胞レベルでの治療を行うことができる。放射性医薬品を用いた本治療を、外部照射の放射線治療と区別して核医学治療（RI 内用療法）とよび、細胞殺傷性の強いα線、β^-線を放出する核種が使用される。通常、放射性医薬品が腫瘍細胞の表面に結合する場合は高エネルギーのβ^-線、微小転移がんなどを対象とする場合にはα線あるいはエネルギーの比較的小さなβ^-線放出核種が適するとされている。最近、免疫細胞との協奏作用の観点から放射線の治療効果が見直されている。核医学治療の利点は局所療法である外部照射と比べて低線量の持続照射であり、がん病変の部位や個数に関わらず治療できる全身療法である点である。

　表12.2 に、薬事承認が得られている治療用放射性医薬品を示す。最近の核医学治療においては、治療用放射性医薬品と同じ生体分子を標的とする診断用放射性医薬品（表12.2）の体内動態を患者毎に測定し、核医学治療薬に適合する患者の選出、治療効果や副作用予測に活用するセラノスティクス（theranostics：診断と治療とを一体化させた新しい医療技術）が注目されている。

表12.2　セラノスティクス：核医学治療用放射性医薬品と診断用放射性医薬品の組合せ

核医学治療			核医学治療用放射性医薬品（商品名）		診断用放射性医薬品		
^{131}I	甲状腺がん、バセドウ病	β^-	[^{131}I]NaI（ヨードカプセル）	γ	^{123}I	[^{123}I]NaI	
	褐色細胞腫、傍神経節腫		[^{131}I]MIBG（ライアット）			[^{123}I]MIBG	
^{90}Y	B細胞性非Hodgkinリンパ腫		[^{90}Y]Y-ibritumomab tiuxetan（ゼヴァリン）		^{111}In	[^{111}In]In-ibritumomab tiuxetan	
^{177}Lu	ソマトスタチン受容体陽性の神経内分泌腫瘍		[^{177}Lu]Lu-oxodotreotide [DOTATATE]（ルタテラ）	γ	^{111}In	[^{111}In]In-pentetreotide	
				β^+	^{68}Ga	[^{68}Ga]Ga-DOTATATE*	
^{223}Ra	去勢抵抗性前立腺がんの骨転移	α	[^{223}Ra]RaCl$_2$（ゾーフィゴ）	γ	^{99m}Tc	[^{99m}Tc]Tc-MDP/HMDP	
				β^+	^{18}F	[^{18}F]NaF*	

＊ 保険未適用

12.6.1 [^{131}I]NaI

　[^{131}I]NaI ヨードカプセルは、^{131}I の放出する 606 keV の β^- 線を利用して甲状腺機能亢進症（グレーブス病）や甲状腺がんの治療に長年利用されている。甲状腺機能亢進症の治療では 111～

370 MBq（3〜10 mCi）程度を投与して、甲状腺重量や重傷度に応じて適宜増減する。甲状腺がんの治療では、一般に、局在残存病変では 2,200〜3,700 MBq、肺転移は 5,500〜7,400 MBq、骨転移では 7,400 MBq を経口投与する。SPECT 製剤 [^{123}I]NaI ヨードカプセルによる甲状腺摂取率や全身体内分布を測定することにより、本法の適応の可否判断、副作用の予測などが行われる。

12.6.2　[^{131}I]MIBG

MIBG は 12.4.1 で述べたように心筋の交感神経前ニューロンに取り込まれ、貯蔵される。同様に、交感神経系の悪性腫瘍である神経芽腫や褐色細胞腫などへの高い集積を示すことから、^{131}I で標識した [^{131}I]MIBG がこれらの腫瘍の治療に用いられる。先進医療で使用されていたが、2021 年に承認され保険適用となった。3.7〜11.1 GBq を 30 分から 4 時間程度かけて徐々に投与する。この場合も SPECT 製剤 [^{123}I]MIBG と組み合わせて使用する。

12.6.3　^{90}Y/^{111}In 標識 ibritumomab tiuxetan（抗 CD20 単クローン抗体）

^{90}Y 標識 ibritumomab tiuxetan は B 細胞リンパ腫に発現される CD20 を認識する抗 CD20 単クローン抗体（ヒトとマウスのキメラ抗体）に DTPA 誘導体を介して ^{90}Y を結合した薬剤であり、化学療法や抗体療法では難治性の非ホジキンリンパ腫に対しても高い奏功率を示すことから、本邦でも 2008 年に承認された。本薬剤は、抗体が腫瘍細胞の一部と結合すれば、高エネルギーの $β^-$ 線を放出する ^{90}Y により、その周辺に存在する 200 個程度の腫瘍細胞にも殺傷効果を及ぼすことができるため治療効果が高い。^{90}Y 標識体は ^{111}In 標識体とセットで供給され、^{90}Y 標識体による治療に先駆けて ^{111}In 標識体によるイメージングにより適応を確認する。

12.6.4　[^{177}Lu]Lu-oxodotreotide（合成ソマトスタチン誘導体）

本薬剤は、ソマトスタチン類似ペプチドであるオクトレオテイト（TATE、図 12.8）の N 末端にキレート試薬 DOTA を導入した DOTATATE（DOTA-oxodotreotate）を ^{177}Lu で標識した化合物である。本薬剤は、類似した化学構造の [^{111}In]In-pentetreotide（[^{111}In]In-DTPA-TOC、図 12.3）[12.4.4] の投与でソマトスタチン受容体陽性を示す神経内分泌腫瘍の治療に用いられ

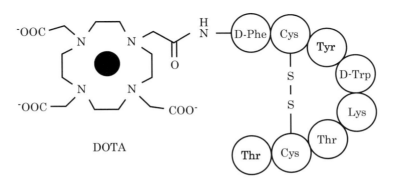

図 12.8　[^{177}Lu]Lu-oxodotreotide（DOTA-TATE）の化学構造

12.6 核医学治療

る。[^{111}In]In-DTPA-TOC の ^{111}In-DTPA を ^{68}Ga-DOTA に置き換えた[^{68}Ga]Ga-DOTATOC や[^{68}Ga]Ga-DOTATATE はサイクロトロンを必要としないジェネレータ産生の PET 診断薬剤であり、[^{177}Lu]Lu-DOTATATE と組み合わせるセラノスティクスも注目されている。

12.6.5 [^{223}Ra]RaCl$_2$

カルシウムの同族体であるラジウムは造骨性の骨転移部位に高く集積し、^{223}Ra が属する壊変系列のアクチニウム系列（図5.1）[5.1.3]の安定同位体 ^{207}Pb に至る子孫核種がいずれも沈着して長時間留まることにより、最終的に4本のα線と2本のβ線を放出する。このように体内で壊変を繰り返して多数の放射線を放出する化合物はインビボジェネレータ（in vivo generator）とよばれ、天然壊変系列に含まれる核種は、この特性により強力な殺細胞効果を示す。^{223}Ra はα線放出核種としては初の核医学治療用放射性医薬品であり、去勢抵抗性前立腺がんの骨転移治療を適用として本邦でも 2016 年に承認された。

第12章　放射性医薬品

12　演習問題

問題1　次の文章の（　）の部分に入る適当な語句、数値または化学式を番号と共に記せ。

イ　SO_4^{2-}の沈殿剤としては（　1　）が適している。100gの$[^{35}S]Na_2SO_4$を含む水溶液1l中に存在する。$[^{35}S]SO_4^{2-}$は（　2　）モルであるから、これを完全に沈殿させるためには少なくとも（　2　）モルの（　1　）が必要である。

ただし、原子量はO＝16、Na＝23、S＝32とする。

ロ　ほとんど無担体の$[^{59}Fe]Fe^{3+}$と$[^{64}Cu]Cu^{2+}$を含む水溶液がある。両者を分離するために、少量のFe^{3+}とCu^{2+}を加えた後、過剰のアンモニア水を加えた。^{59}Feは$[^{59}Fe]Fe(OH)_3$として沈殿するが、^{64}Cuは（　3　）となって溶存している。この場合、加えたCu^{2+}を（　4　）という。

ハ　医学領域で用いられるヨウ素の放射性同位体には^{123}I、（　5　）Iおよび（　6　）Iなどがある。これらのうち、タンパク質の標識に最もよく用いられているものは（　5　）Iである。タンパク質とK（　5　）Iの混合物溶液に（　7　）を加えると、K（　5　）Iから（　8　）が生成し、タンパク質分子中の（　9　）残基が（　5　）Iで標識される。臨床分析において、（　5　）I標識タンパク質は（　10　）に用いられている。

問題2　ラジオイムノアッセイに関する次の記述のうち、正しいものの組合せはどれか。
　A　抗原－抗体反応を利用した分析法である。
　B　タンパク質を放射性ヨウ素と混ぜると、タンパク分子中のチロシン残基が標識される。
　C　交叉反応によって低値を与えることがある。
　D　標識核種として一般に^{123}Iが用いられている。
　　1　AとB　　2　AとC　　3　AとD　　4　BとC　　5　BとD

問題3　核医学における放射性核種のトレーサ利用に関する次の記述のうち、正しいものの組合せはどれか。
　A　陽電子を放出する^{13}N、^{15}O、^{18}Fなどは加速器で製造される。
　B　単一のγ線しか放出しない核種は断層撮影法には利用できない。
　C　PET(陽電子放出断層撮影)では原子核から反対方向に放出される1個の陽電子を検出してイメージングを行う。
　D　ラジオイムノアッセイは同位体希釈法の一種である。
　　1　AとB　　2　AとC　　3　AとD　　4　BとC　　5　BとD

問題4　ラジオイムノアッセイに関する次の記述のうち、正しいものの組合せはどれか。
　A　同位体希釈分析法の一種である。
　B　抗原抗体反応を利用している。

演 習 問 題

C　人体に放射性核種を投与する検査法である。
D　トレーサとしては一般に陽電子放出体が用いられている。
　1　AとB　　1　AとC　　3　BとC　　4　BとD　　5　CとD

問題 5　ラジオイムノアッセイは同位体希釈法と免疫反応とを組合せたものである。試料に、定量しようとする化合物 **A** と同じ化学形の標識化合物 **A*** の一定量を混合して均一にする。さらに、化合物 **A** に対する（　A　）**R** の一定量(**A**+**A***に対する当量より少ない量とする)を混合し、**A**+**A*** の一部を **R** と結合させる。遊離の **A**+**A*** と **R** に結合した **AR**+**AR*** とを分離し、両者の放射能を測定する。それぞれの放射能を **F** と **B** とすると、**B**/**F** は混合前の **A** の量が多いほど（　B　）なる。化合物 **A** の量が分かっている標準試料について同じ条件で測定を行い、**A** の量と **B**/**F** の関係を示す標準曲線を作成しておけば、**B**/**F** から **A** の量が求められる。この方法で、血液中のホルモンなどを（　C　）g の程度まで定量することができる。化合物 **A** の標識には（　D　）が多用されている。

＜解答群＞
1　免疫抑制剤　　2　免疫賦活剤　　3　抗原　　4　抗体　　5　小さく　　6　大きく
7　10^{-6}　　8　10^{-8}　　9　10^{-10}　　10　10^{-12}　　11　^{123}I　　12　^{125}I　　13　^{127}I
14　^{129}I

問題 6　PET（陽電子放射断層撮影）に利用される代表的な放射性核種とその半減期の関係のうち、正しいものの組合せは次のうちどれか。
　A　^{11}C－20 分　　B　^{13}N－1 分　　C　^{15}O－200 分　　D　^{18}F－110 分
　1　AとB　　2　AとC　　3　AとD　　4　BとC　　5　BとD

問題 7　サイクロトロンからの α 粒子による照射で、ある核種（半減期 30 分）を製造した。2μA の α 粒子ビームで 1 時間照射したとき、照射直後でその核種の放射能が 4×10^7Bq であった。かりに同じエネルギーで α 粒子ビームを 3μA に上げ、1.5 時間照射したときこの核種の予想放射能（Bq）に最も近いものは、次のうちどれか。
　1　5×10^7　　2　6×10^7　　3　7×10^7　　4　8×10^7　　5　9×10^7

第13章 放射線化学

　放射性核種から放出する α 線、β 線および γ 線ならびに高エネルギーの粒子加速器から発生する電子、陽子、重陽子および X 線発生装置からの X 線は、物質に当たるとイオン化（電離）を起こすので、電離（性）放射線とよぶ。
　これらの放射線が物質に当たると、物質を形づくっている原子の軌道電子と相互作用を起こして、放射線は次第にエネルギーを失う。一方、物質を構成している分子または原子は、電子的励起とイオン化を受けて物質は、物理的、化学的な変化を起こす。
　放射線の照射によって物質中に生ずる物理的、化学的変化を研究する分野を放射線化学（radiation chemistry）とよぶ。放射線化学と放射化学（radiochemistry）は、よく似ているため混同されるが、放射線化学の研究対象は、放射線照射を受けた物質であって、特殊の場合を除き、研究対象は放射性物質ではない。放射化学の研究対象は、放射性物質であって、両者ははっきり区別されている。

13.1　放射線化学反応の基礎過程

　放射線が液体、固体の分子性の物質に入射すると、その飛跡にそって断続的にイオン化を起こして、イオン、ラジカルなどの集合体である**スプール**（spur）が、小さいガラス玉を糸でつないだような形でできる。
　放射線が物質に及ぼす効果は、放射線の一次過程と二次過程に分類できるが、スプール生成までが一次過程である。一次過程は、励起、イオン化（電離）の物理的な現象がみられる過程およびイオンやラジカルの生成までの物理化学的な現象がみられる過程である。二次過程は、一次過程によって生成したイオン、励起分子、ラジカルなどが、引き続いて起こす一連の化学的な現象がみられる過程である。

13.2　一次過程の概要

　スプール形成までの物理的および物理化学的過程を一次過程という。

a）高 LET 荷電粒子

　放射線が物質に当たるとスプールが生成するが、LET が大きい α 線、陽子などの重粒子では、物質中で失うエネルギーが大きく、スプールの生成が非常にち密で、隣どうしのスプールが重なり合って連続的な円筒型となる。
　生成したスプールには、反応活性なイオン、ラジカル、励起分子などを含み、ラジカル・ラ

13.2 一次過程の概要

ジカル反応などを起こす確率も高く、その生成確率の低い低 LET 放射線とは異なる効果がみられる。この効果を放射線の LET 効果という。

一方、γ線が物質に当たると、コンプトン効果によって数 keV から数 MeV の高エネルギーの二次電子が生成して物質に作用を及ぼし、励起分子、ラジカルなどが反応する。このときのγ線は、透過性が大きいので物質内部でスプールや二次電子が生成し、物質表面だけで反応する重粒子とは異なる効果がみられる。

b) 低 LET 荷電粒子（電子）

電子はα線よりはるかに質量が小さいので LET は小さい。γ線が物質に当たると上記のように数 keV ないし数 MeV の二次電子が物質中に生成し、物質に対しては、その二次電子の与える効果が主になる。高いエネルギーをもつ電子が物質中を通ると断続的にスプールを形成し、スプール 1 個あたり 50eV 程度のエネルギーを失う。

このように電子線はスプールを作りながら徐々にエネルギーを失うが、ときどきスプール形成の 10 倍ぐらいのエネルギーを失うブロッブ（blob）を作る。さらに少ない確率であるが、ブロッブ形成の 10 倍くらいのエネルギーを失うショートトラック（short track）も形成する。

結局、電子線やγ線によって生成する二次電子は、スプール、ブロッブ、ショートトラックを形成しながら次第にエネルギーを失うことになる。

c) LET とスプールの関係

荷電粒子が物質の単位長さあたり失う平均運動エネルギーを**線阻止能**とよび（$-dE/dx$）で表す。線阻止能を物質の密度で割ると質量阻止能となる。一方、飛跡に沿った近傍で物質に与えられたエネルギー量（dE/dx）を **LET**（Linear energy transfer）または**線エネルギー付与**という。阻止能は主にα線に対する物質の阻止力を比較するときに用いられ、LET はある物質に対する線質の相違を示すときに用いられる。放射線化学では主に LET を用いる。

荷電粒子の LET は、Bethe の理論から定性的に次の式で示される。

$$\frac{dE}{dx} = k\frac{z^2}{v^2}NZ$$

k は定数、z は粒子の電荷、v はその速度、N は物質 1 cm^3 子中の原子数、Z は物質の原子番号である。この式から、同一エネルギーでは重い粒子ほど大きい。一方、$E = 1/2 mv^2$ なので、同一粒子ではエネルギーの小さいほど、また物質 1cm^3 あたりの電子密度 NZ の大きいほど、LET は大きい。

1 個のスプールをつくるに要する平均エネルギーで LET を割れば、単位距離内にできるスプールの数になる。したがって LET が大きいことは、単位距離あたりに多くのスプールができることである。

同じエネルギーで比較したとき、より重い粒子ほど LET が大きいので、α線はより多くの

スプールをつくる。また、高エネルギー電子線では、一次飛跡に沿ったスプールより、エネルギーのより低い二次電子線（δ線：デルタ線）によって生じるスプールが多く、スプール間隔が小さい。

13.3　二次過程の概要

放射線照射によってスプールが形成され、イオン・ラジカル、励起分子などの活性化学種の集団が形成される。これらの化学種間や化学種と周囲の分子間で化学反応が起こる過程を二次過程という。二次過程に関与する化学種の挙動を次に示す。

a）イオン

スプールには数個のイオンが含まれる。高 LET 放射線では、イオンと電子の密度が大きく、再結合による中和が起こり全体として反応の収率が下がる。イオンは、イオンの拡散、電荷移動によりスプールの外に移動し反応を起こす。

b）電子

イオンを作ったため飛び出した電子は、さらに高次のイオン化を起こしたり親イオンと再結合したりして消滅する。水中では、水分子数個にゆるく束縛され**水和電子**を形成し、約 $30\,\mu\text{sec}$ 程度存在する。水和電子は水素原子 H より酸化還元電位が約 $0.6\,\text{V}$ 高く、水素原子より強力な還元性をもち、反応性に富む。

c）ラジカル

ラジカルは、フリーラジカルまたは遊離基ともいう。不対電子（対をなしていない電子「・」で示す）をもつ原子、原子団、分子である。ラジカルは非常に反応性に富む。また不対電子をもっているので常磁性であり、電子スピン共鳴装置（ESR）で測定できる。

ラジカルは、スプール内の励起分子の解離によって生じる。LET の高い物質は、ラジカルの密度が高く、ラジカル・ラジカル反応の確率が大きく生成物が生じる。また、ラジカル再結合の確率も大きくラジカル分子の反応収率は下がる。

ラジカルはラジカル自身の拡散連鎖反応などによってスプールの外に出て中性分子と反応する。

d）励起分子

スプール内には、かなり励起分子があり、励起分子は解離してラジカルになる。放射線照射によるラジカルは、主にこの励起分子の解離によって生成する。励起分子は熱や光を出して自然に減衰するものもある。一方、イオン化エネルギー（気体中に孤立して存在する基底状態の原子・分子または正イオンから、電子 1 個を取り去るのに必要な最小エネルギー、イオン化ポテンシャルともいう）以上の高いエネルギーをもつ超励起状態が存在し、その励起状態で他の原子、ラジカルと反応して $XeOF_4$ などが形成される。また励起した分子が直接拡散によって移動するのではなく、励起それ自身が分子から分子に移行する励起移動がある。

13.3 二次過程の概要

e）LET効果
　一般に入射エネルギーが小さいほど、入射粒子が重いほどLET（線エネルギー付与：物質中を放射線が通過するときに、その経路に沿っての単位長さあたりに物質に与えられる平均エネルギー）は大きい。

　LETの大きい放射線では、スプール内に生じた活性種は再結合して消滅し、LETの小さいものよりG値は低い。LETの大きいときには、小さいものよりラジカル・ラジカル反応による生成物のG値は大きいが、重要なラジカル・中性分子の反応のG値は減少する。また水和電子が関与する反応のG値もLETの大きいときは小さい。

f）エネルギー移動
　1つの分子に与えられたエネルギーが、その分子から隣の分子に次々にエネルギーだけを送り移す現象で、化学反応を起こすきっかけとなる。励起移動がこの代表例である。

13.4　二次過程の反応機構

　放射線が物質に当たると、物質を構成する分子ABの軌道電子に放射線の運動エネルギーが与えられ、軌道電子を励起し、与えた運動エネルギーが軌道電子の結合エネルギーより大きいときには、軌道電子（二次電子）は飛び出しイオン化する。

　飛び出した二次電子は、つぎつぎに別の分子にあたり励起とイオン化を繰り返して、中性の分子に捕えられるか、正イオンと結合するかしてエネルギーを失っていく。イオン化は、放射線と分子の相互作用が強いときに起こり電子が原子から飛び出す。

　これに反して励起は、相互作用が弱いときに起こり、電子は原子から飛び出さないで、より高エネルギーの軌道にもち上げられ、分子は電子的に励起される。

　前述のスプールは、イオン、ラジカル、励起分子などの集合体である。このため、これらが引き金となって化学反応が誘発される。

　放射線が物質にあたったときの現象を時系列を追って考える。まず組成ABの分子に放射線があたるとイオン化（電離）と励起が起こる（(13.4.1)、(13.4.2)式）。

　　　分子ABのイオン化は　　$AB \rightarrow AB^+ + e^-$ 　　　　　　　　　　　(13.4.1)
　　　励起は　　　　　　　　$AB \rightarrow AB^*$ 　　　　　　　　　　　　　(13.4.2)

　AB^+は正イオン、e^-は二次電子、星印*は励起状態を意味し、AB^*は励起分子、矢印は、反応が放射線で起こったことを示す。これらの現象はきわめて短時間に終了するが、生じた正イオンAB^+は解離したり、電子で中和され、その中和熱により励起分子$AB^{\ast}$を作ったりする（(13.4.3)、(13.4.4)式）。

　　　イオンの解離　　　　　$AB^+ \rightarrow A\cdot + B^+$ 　　　　　　　　　　　(13.4.3)
　　　中和による励起　　　　$AB^+ + e^- \rightarrow AB^{\ast}$ 　　　　　　　　　　(13.4.4)

　励起分子は、励起状態に違いがある2種類の$AB^{\ast}$、AB^*に分けて取り扱う。これらの励起分

子は解離してラジカルになる（(13.4.5)式）。

励起分子の解離　　　$AB^* (AB^{*+}) \rightarrow A\cdot + B\cdot$　　　　　　　　　(13.4.5)

一方、イオン AB^+ は次のようなイオン・分子反応を行う（(13.4.6)式）。

イオン・分子反応　　　$AB^+ + AB \rightarrow AB_2^+ + A\cdot$　　　　　　　　　(13.4.6)

電子は中性分子に付着してアニオン（陰イオン）を生成したり（(13.4.7)式）、このときの電子親和力の発熱で解離することもある（(13.4.8)式）。ここまでが第2段階である。

アニオンの生成　　　$AB + e^- \rightarrow AB^-$　　　　　　　　　　　　(13.4.7)

解離的電子付着　　　$AB + e^- \rightarrow A + B^-$　　　　　　　　　　(13.4.8)

第2段階の変化もきわめて短時間に終了するが、第3段階では親イオンとの結合をまぬがれた電子やラジカルが、元の場所から系全体に拡散していく。そしてこのとき溶質 S への電荷移動、励起移動が起こる（(13.4.9)、(13.4.10)式）。

溶質への電荷移動　　　$AB^+ + S \rightarrow AB + S^+$　　　　　　　　　(13.4.9)

溶質への励起移動　　　$AB^* + S \rightarrow AB + S^*$　　　　　　　　　(13.4.10)

また、((13.4.7)、(13.4.8))式に示すような反応が、溶質に対しても起こる（(13.4.11)式）、さらにラジカルと溶質との反応が起こる（(13.4.12)式）。

溶質アニオンの生成　　　$S + e^- \rightarrow S^-$　　　　　　　　　　　(13.4.11)

ラジカル反応　　　$A\cdot + S \rightarrow$ 生成物　　　　　　　　　　　(13.4.12)

このとき、溶質が遊離基 A・のような活性種を捕えて反応に与らせないような働きをしているとき、この溶質をスカベンジャー（scavenger）という。

最後に陽イオンと陰イオンの中和（(13.4.13)式）、ラジカルどうしの中和（(13.4.14)式）で全ての活性種はなくなり、最終生成物を残して反応は完了する。

イオンどうしの中和　　　$AB^+ + S^- \rightarrow AB + S$　　　　　　　　(13.4.13)

ラジカルの結合　　　$A\cdot + A\cdot \rightarrow A-A$　　　　　　　　　　(13.4.14)

これらの機構は液相について記したが、気相、固相でも本質的には変わらない。

これらの反応はイオン、ラジカルを測って調べなければならない。

13.5　化学線量計

a) G 値（G value）

放射線照射によって起こる物質の化学変化の量を示すために用いる数値で、物質が放射線のエネルギーを 100 eV 吸収したときに変化を受ける分子または原子の数を G 値という。

b) 鉄線量計

第一鉄イオン（Fe^{2+}）が第二鉄イオン（Fe^{3+}）に酸化されるときの原子数が、放射線量に比例することを利用して線量を測定する線量計を、鉄線量計またはフリッケ（Fricke）線量計という。鉄塩としては 10^{-4}M 程度の硫酸第一鉄（$FeSO_4$）またはモール塩〔$FeSO_4 \cdot (NH_4)_2SO_4 \cdot$

13.5 化学線量計

6H$_2$O〕を用い、溶液を0.4M硫酸酸性とし、使用前に空気を通す。この際、少量の食塩を加えると再現性がよくなる。酸の濃度が0.0005から0.05Mの間ではG値*（Fe^{2+}→Fe^{3+}）は濃度とともに増加するが、0.1N以上0.8Mまでの間ではG値（Fe^{2+}→Fe^{3+}）は15.5という一定値をとる。この条件を満たすFe^{2+}の初期濃度は10^{-5}～10^{-2}Mの範囲で、空気飽和では500Gy、酸素飽和で2000Gyまでの線量が測定できる。また線量率は2×10^{-4}～3Gy/s、温度は4～50℃、放射線エネルギーは100kV X線～2MeV γ線までG値は一定に保たれる。

c) セリウム線量計

放射線でCe^{4+}がCe^{3+}に還元される変化量（イオン数）が放射線量と比例することから線量を測定する線量計である。G値*（Ce^{4+}→Ce^{3+}）が一定である範囲はセリウムイオン濃度10^{-2}～2×10^{-6}M、線量率（空気カーマ率）5mGy/s～5Gy/s、pH0.8～2で光子エネルギー100keV～2MeVである。温度上昇とともにG値（Ce^{4+}→Ce^{3+}）は低くなる。鉄線量計*と異なり、反応系中の酸素によるG値の変化は認められない。G値が小さいので〔^{60}Co γ線の場合にはG（Ce^{4+}→Ce^{3+}）＝2.45〕、感度は悪いが、大線量の測定に適している。セリウム線量計は鉄線量計以上に不純物に敏感で、不純物があると再現性はよくない。したがって使用する水やガラス容器に、特に有機物などが入らないように注意する必要がある。

d) アラニン線量計

アミノ酸の一種であるアラニン（結晶）に放射線を照射すると、その吸収線量に比例して結晶中に安定なフリーラジカルを生じる。この濃度を電子スピン共鳴装置（ESR）で測定して吸収線量を測定する方法である。その特徴は、1）精度が高い、2）測定できる線量範囲が広い（1～10^{5}Gy）、3）照射中、照射後の温度、湿度などの影響を受けにくい、4）組成が組織等価などである。

e) スカベンジャー（scavenger）

一般に混合物中の不必要な物質を除去する目的で加える物質の総称で次の2つの意味をもつ。
1) 放射線化学反応で、遊離基や自由電子をとらえて反応に加わらないようにするために添加する物質をいう。遊離基を捕捉するために加える物質をラジカル捕獲剤（radical scavenger）ともいう。代表的なものは、ヨウ素、ジフェニルピクリルヒドラジル（DPPH）や酸素などである。このほか、NO、I$_2$、H$_2$S、オレフィン類などがある。
2) 種々のRIを含む溶液から、吸着または共沈によって（目的とするRIを溶液に残し）不必要なRIを分離除去するために加える担体である。保持担体とは逆の働きをし、水酸化鉄(III)、二酸化マンガン、フッ化ランタンなどがスカベンジャーとして用いられる。

13.6 放射線と高分子化合物

a) 放射線重合

アセチレン、プロピレン、ブチレンなどの不飽和炭化水素に放射線を照射すると、樹脂状物

質が生成する。このように放射線によってひき起こされる重合を放射線重合という。放射線重合は、1) 触媒が不要で、純粋な重合物が得られ、2) 通常の重合反応のような高温、高圧の必要がなく、放射線重合は常温、常圧で起こる、3) 高温における重合に比べると重合度が大きく、枝分かれが少なく、配列のより正しい重合体がえられやすい。

b) 高分子に対する放射線の作用

高分子に対する放射線の作用は大別して架橋反応と分解反応がある。しかし、ある高分子物質が放射線に対していつも架橋反応あるいは分解反応のどちらか1つを示すのではなく、他の反応を示すこともある。

c) グラフト共重合

一つの高分子化合物に、ちょうど、つぎ木をするように別の種類の高分子化合物を結合させることをグラフト共重合といい、放射線を照射することによって重合させている。グラフト共重合は一つの高分子物質の有する欠点を他の高分子物質の長所で補うことができる。たとえば染色がむずかしい合成繊維にビニルピリジンを共重合させると酸性染料で染色できるようになり、メチルシリコンポリマーにアクリルニトリルを共重合させて耐油性のあるゴムをつくることができる。またポリエチレンにスチレンを共重合させたのち、スチレンをスルホン化してイオン交換膜をつくる方法、酢酸セルロースに酢酸ビニルをグラフト重合させて新しい合成樹脂をつくる方法もある。

演 習 問 題

13　演習問題

問題1　次の文章の（　）の部分に入る適当な語句を番号と共に記せ。

　　放射線が水溶液に作用すると電子、イオン、（　1　）、（　2　）を生成する。これらは解離したり、互いにほかの分子と反応したりしてつぎつぎと化学変化を起こす。この場合、溶質の濃度が小さければ、媒質の水に起こる反応を介して溶質に変化が起こる作用が主体となる。溶液中に起こった酸化または還元などの化学量の変化によって吸収線量を測定する方法は（　3　）と呼ばれ、（　4　）線量計や（　5　）線量計がある。（　4　）線量計では溶質が酸化されるのに対し、（　5　）線量計では溶質が還元される。

　　放射線が固体の絶縁体に作用するときは、生成した電子、イオン、（　1　）、（　2　）は生成した場所の近くにとどまるので化学変化は局所的である。高分子固体に高速の荷電粒子が入射すると粒子が通過した周辺で大量の化学結合が切られ、（　6　）が生成する。一般には固体表面を薬品で処理し（　6　）を拡大して顕微鏡で観測する。ウランの自発核分裂による（　6　）を観測する方法は（　7　）法と呼ばれ年代測定などに利用される。

　　なお、放射線が核反応を誘起する場合、生成原子は、入射粒子や（　8　）粒子による反跳をうける。入射粒子や（　8　）粒子のエネルギーが（　9　）ほど、また反跳をうける生成原子の質量が（　10　）ほど、核反応で付与される反跳エネルギーは大きい。

問題2　放射線の効果に関する次の記述のうち、正しいものの組合せはどれか。
　A　^{60}Coのγ線（1.25 MeV）に対するフリッケ線量計のG（Fe^{3+}）値は15.5である。すなわち、100 eVの吸収エネルギー当たり15.5個のFe^{3+}が還元される。
　B　硫酸セリウム(IV)の硫酸酸性溶液に大量のγ線を照射すると、セリウム(IV)の一部がセリウム(III)に還元される。
　C　ある気体のW値が25 eVであるとき、気体イオン生成に対するG値は約4である。
　D　水の放射線分解で生じる水和電子の還元力は、水素原子の還元力より小さい。
　　1　AとB　　　2　AとC　　　3　BとC　　　4　BとD　　　5　CとD

問題3　セリウム線量計を、^{60}Coのγ線で1時間照射したところ、Ce(III)が溶液1gあたり$1.4×10^{-5}$g生じた。γ線の線量率（Gy・h^{-1}）に最も近い値は次のうちどれか。ただし、Ce(III)生成のG値を2.5、セリウムの原子量を140、アボガドロ定数を$6×10^{23}$ mol^{-1}、1 eV＝$1.6×10^{-19}$Jとする。
　　1　38　　　2　95　　　3　380　　　4　950　　　5　3,500

問題4　フリッケ線量計を用いて^{60}Coγ線を測定した。30分の照射でFe(II)を含む溶液1gあたり$2.8×10^{-5}$gのFe(III)が生成した。この時のγ線の線量率（Gy・h^{-1}）に最も近い値は、次のうちどれか。
　　Fe(II)→Fe(III)のG値16、鉄の原子量56、アボガドロ定数$6.0×10^{23}$ mol^{-1}、1 eV＝$1.6×10^{-19}$J

—203—

第13章 放射線化学

とする。
1　400　　2　500　　3　600　　4　700　　5　800

問題5　100 g のメタノールに 5 MeV の α 線 2×10^{15} 個を吸収させたところ、標準状態で 3.8 ml の水素が発生した。G(H_2) として正しい値は、次のうちどれか。
1　0.5　　2　1.0　　3　1.5　　4　2.0　　5　2.5

問題6　α線に対する He の W 値は 42.7 eV であるが、0.01 %程度の CH_4 を添加した場合には W 値は 25〜30 eV にまで低下する。この不純物効果に対する説明として正しいものの組合せは、次のうちどれか。
A　励起 He 原子は CH_4 をイオン化する。
B　He 原子を励起できないまでにエネルギーを失った電子によっても CH_4 のイオン化が起こる。
C　励起した CH_4 が He 原子をイオン化する。
D　多原子分子の存在により単原子分子はイオン化され易くなる。
1　AとB　　2　AとC　　3　AとD　　4　BとC　　5　CとD

問題7　^{60}Co γ 線でフリッケ化学線量計を1時間照射したところ、光吸収法により溶液 1g 当たり 5.6 μg の Fe(Ⅲ) が生成していることがわかった。γ 線の線量率（Gy・h^{-1}）に最も近い値は、次のうちどれか。ただし、Fe(Ⅲ) の生成 G 値を 15.6、鉄の原子量は 56 とする。
1　40　　2　51　　3　62　　4　74　　5　83

問題8　次のうち、よく用いられる線量計と放射線の量の測定の原理について、正しいものの組合せはどれか。

		（酸化反応）	（還元反応）	（電子トラップ）
A	フリッケ線量計	○	×	×
B	セリウム線量計	○	×	×
C	熱ルミネセンス線量計	×	×	○
D	アラニン線量計	×	×	○

1　AとB　　2　AとC　　3　AとD　　4　BとC　　5　CとD

問題9　0.2 M 硫酸セリウム(Ⅳ)の 0.4 M 硫酸酸性溶液を ^{60}Co γ 線で照射するとき、Ce^{3+} 生成の G 値は 2.4 である。吸収線量が 6.7 Gy であるとき、溶液 1g 中に存在する Ce^{3+} の数に最も近い値は、次のうちどれか。
1　10^{10}　　2　10^{15}　　3　10^{20}　　4　10^{25}　　5　10^{30}

問題10　放射線の効果に関する次の記述のうち、正しいものの組合せはどれか。

-204-

演習問題

A 1 MeV の陽子の水中における LET は、10 MeV の陽子のそれより大きい。
B ベンゼンやシクロヘキサンは環状構造のためγ線に対して安定である。
C フリッケ線量計の G（Fe^{3+}）値は、^{60}Co γ 線に対して 15.6 であるが、放射線の線質やエネルギーが変わると多少変化する。
D ある気体の W 値が 33 eV であるとき、気体イオン生成の G 値は約 0.3 である。
 1 A と B   2 A と C   3 A と D   4 B と C   5 C と D

問題 11 放射線の効果に関する次の記述のうち、正しいものの組合せはどれか。
A フリッケ線量計では、吸収したエネルギー 15.6 eV 当たり 1 個の Fe^{2+} が酸化される。
B 硫酸セリウム(IV)の硫酸酸性溶液に大量のγ線を照射すると、セリウム(IV)の一部がセリウム(III)に還元される。
C $2.58×10^{-4} C・kg^{-1}$ の照射で 1 g 当たりの吸収エネルギーは、水より空気の方が大きい。
D 水の放射線分解で生じる水和電子は、水素原子より強力な還元剤である。
 1 A と C   2 A と D   3 B と C   4 B と D   5 C と D

問題 12 次の文章の（ ）の部分に入る適当な語句または記号を下記の（イ）～（ム）のうちから選び番号と共に記せ。

放射線のエネルギーが、RH で表されるある有機物質に伝達されると、早期の物理的過程でこの物質に（ 1 ）または（ 2 ）が生じる。これに続く過程では、以下のような反応が起こる。

i) 下記の反応式で表される直接作用または間接作用により、（ 3 ）が生成されている。
$RH → RH・^+ + e^- →$（ 4 ）$+ H^+ + e^-$：この反応は、（ 5 ）作用と呼ばれている。
$RH +$（ 6 ）$→ R・+ H_2O$：この反応は、（ 7 ）作用と呼ばれている。

ii) 反応系に R'SH で表される SH 化合物が共存する場合には次の反応が起こり、これは化学的（ 8 ）といえる。
$R・+ R'SH → RH + R'S・$：生体内での代表的な R'SH は、（ 9 ）である。

iii) 反応系に酸素が共存すると、次の反応により放射線による傷が固定されると考えられる。
$R・+ O_2 → RO_2・$：この反応式は、放射線作用の酸素による（ 10 ）効果を表している。

（イ）R^2H （ロ）RS・ （ハ）R・
（ニ）間　接 （ホ）還元型グルタチオン （ヘ）組替え
（ト）軽　減 （チ）結　合 （リ）・OH
（ヌ）酸化型グルタチオン （ル）修　復 （オ）水和電子
（ワ）増　強 （カ）直　接 （ヨ）電　離
（タ）パルス分解 （レ）分　離 （ネ）放射線
（ナ）無機ラジカル （ラ）有機ラジカル （ム）励　起

問題 13 次の記述のうち、正しいものの組合せはどれか。

— 205 —

第13章 放射線化学

A 鉄線量計は、放射線照射による Fe^{2+} の酸化を利用した化学線量計の一種で大線量の測定に適している。
B 標的化合物のG値が大きいほど放射線に対して安定である。
C 原子の核変換によって、その元素組成が変化する現象をホットアトム効果と呼ぶ。
D オートラジオグラフィには低エネルギーの β^- 放射体がよく用いられる。

1 AとB　2 AとC　3 AとD　4 BとC　5 CとD

第14章　診療放射線技師国家試験問題

第76回

問題 1　ホウ素中性子捕捉療法〈BNCT〉での治療時に用いられる核反応はどれか。
1. (d, n)
2. (n, α)
3. (n, γ)
4. (n, p)
5. (p, d)

問題 2　目的とする放射性核種の沈殿を防ぐために加えるのはどれか。
1. 還元剤
2. 共沈剤
3. 捕集剤
4. 保持担体
5. スカベンジャ

問題 3　クロマトグラフィでカラムを必要としないのはどれか。
1. ガスクロマトグラフィ
2. 吸着クロマトグラフィ
3. 薄層クロマトグラフィ
4. 高速液体クロマトグラフィ
5. イオン交換クロマトグラフィ

問題 4　サイクロトロンによる荷電粒子線を用いる分析法はどれか。
1. PIXE法
2. 直接希釈法
3. 電気泳動法
4. 不足当量法
5. アクチバブルトレーサ法

第14章 診療放射線技師国家試験問題

問題 5 ジェネレータの親核種に用いられているのはどれか。
1. ^{64}Cu
2. ^{68}Ge
3. ^{111}In
4. ^{131}I
5. ^{201}Tl

問題 6 水相と有機相との分配比が 50 の放射性標識化合物があり、その放射性標識化合物を含む水溶液の放射能は 100 MBq である。
　水相と等容積の有機相で溶媒抽出したときに水相に残る放射能［MBq］に最も近いのはどれか。
1. 0.1
2. 0.2
3. 0.5
4. 1.0
5. 2.0

問題 7 ^{14}C 標識化合物の合成法で正しいのはどれか。2 つ選べ。
1. 生合成法
2. 化学合成法
3. スズ還元法
4. クロラミン T 法
5. Wilzbach〈ウィルツバッハ〉法

問題 8 標識化合物の放射性核種純度の検定に用いるのはどれか。
1. 電気泳動法
2. ホットアトム法
3. 同位体逆希釈分析法
4. γ線スペクトロメトリ
5. 高速液体クロマトグラフィ法

第 75 回

問題 1 元素記号 F の同族元素はどれか。

第14章　診療放射線技師国家試験問題

1. C
2. O
3. P
4. Cl
5. Ar

問題2　核反応について正しいのはどれか。
1. Q値が正の場合は吸熱反応である。
2. 荷電粒子の加速に原子炉が使われる。
3. 中性子の加速にサイクロトロンが使われる。
4. 入射粒子が中性子のときクーロン障壁の影響を受ける。
5. 反応を起こすために必要な最小エネルギーをしきい値と呼ぶ。

問題3　放射性核種の分離法について正しいのはどれか。
1. 電気泳動法では加熱を行う。
2. ペーパークロマトグラフィではRf値を比較する。
3. 薄層クロマトグラフィでは移動相でキャリアガスを用いる。
4. 共沈法では不要な放射性核種を沈殿させるために捕集剤を用いる。
5. イオン交換クロマトグラフィでは分離のスピードを上げるためにポンプを用いる。

問題4　標識化合物の分解について正しいのはどれか。
1. 分解速度はγ線で最も大きい。
2. 細菌やカビによる分解を考慮する必要はない。
3. 放射性壊変による分解を防止する方法はない。
4. 放射線分解の起こりやすさは比放射能に関係しない。
5. ラジカルによる分解を防止するには有酸素状態が望ましい。

問題5　放射性核種の半減期で正しいのはどれか。
1. 生物学的半減期は核種に依存しない。
2. 3半減期後に原子数は最初の1/3になる。
3. 半減期が長い核種ほど壊変定数が大きい。
4. 有効半減期は内部被ばく防護の指標として用いられる。
5. 有効半減期は物理学的半減期と生物学的半減期の和である。

問題 6 ^{99}Mo-^{99m}Tc ジェネレータをミルキングしたときの ^{99m}Tc の放射能を表すのはどれか。
ただし、A_M を ^{99}Mo の放射能、λ_T を ^{99m}Tc の壊変定数、λ_M を ^{99}Mo の壊変定数、t をミルキング後の経過時間とする。

1. $0.877 \times A_M \times \dfrac{\lambda_M}{\lambda_M - \lambda_T} (e^{-\lambda_M t} - e^{-\lambda_T t})$

2. $0.877 \times A_M \times \dfrac{\lambda_M}{\lambda_M - \lambda_T} (e^{-\lambda_T t} - e^{-\lambda_M t})$

3. $0.877 \times A_M \times \dfrac{\lambda_M}{\lambda_T - \lambda_M} (e^{-\lambda_T t} - e^{-\lambda_M t})$

4. $0.877 \times A_M \times \dfrac{\lambda_T}{\lambda_T - \lambda_M} (e^{-\lambda_M t} - e^{-\lambda_T t})$

5. $0.877 \times A_M \times \dfrac{\lambda_T}{\lambda_T - \lambda_M} (e^{-\lambda_T t} - e^{-\lambda_M t})$

問題 7 Wilzbach〈ウィルツバッハ〉法について正しいのはどれか。
1. 標識位置は安定している。
2. 合成は数分程度で完了する。
3. 比放射能が高い標識化合物が得られる。
4. 放射化学的純度が高い標識化合物が得られる。
5. トリチウムガスと水素原子の交換反応を用いる。

問題 8 放射化分析で正しいのはどれか。2つ選べ。
1. 検出感度が高い。
2. 成分定量の精度が高い。
3. 自己遮へいの影響がない。
4. 多元素同時分析が可能である。
5. 分析目的元素のみ放射化される。

第 74 回

問題 1 元素記号と元素名の組合せで正しいのはどれか。
1. Cu ——————— クロム
2. Ge ——————— ガリウム
3. Ce ——————— セレン

4. Lu ―――――― ルテチウム
5. Ta ―――――― タリウム

問題 2　放射性壊変について正しいのはどれか。
1. α壊変では原子番号が変化しない。
2. $β^+$壊変では質量数が1つ減少する。
3. $β^-$壊変では原子番号が変化しない。
4. 軌道電子捕獲では質量数が変化しない。
5. 核異性体転移では原子番号が1つ増加する。

問題 3　放射性核種の分離で正しいのはどれか。
1. 捕集剤は担体の一種である。
2. 同位体担体は化学的に分離できる。
3. 保持担体は共沈させるために加える。
4. スカベンジャは目的核種を沈殿させる。
5. トレーサ量では担体を加える必要はない。

問題 4　標識化合物の生合成法で正しいのはどれか。
1. 比放射能の制御が容易である。
2. 標識位置の特定が容易である。
3. 無機化合物の合成に用いられる。
4. 微生物の代謝を利用した方法がある。
5. 放射化学的純度の高い化合物が得られる。

問題 5　物理的半減期の最も短い核種はどれか。
1. ^3H
2. ^{90}Sr
3. ^{131}I
4. ^{133}Xe
5. ^{137}Cs

問題 6　核分裂反応について誤っているのはどれか。
1. ^{252}Cf は自発核分裂を起こす。
2. 核分裂片は$β^+$壊変するものが多い。

3. ^{235}U は熱中性子により核分裂を起こす。
4. 核分裂収率曲線は核分裂収率と質量数の関係を表す。
5. 入射粒子によって誘起されるものを誘導核分裂と呼ぶ。

問題 7 ^{99}Mo-^{99m}Tc ジェネレータについて正しいのはどれか。2つ選べ。
1. ^{99m}Tc は生理食塩水で抽出する。
2. コレクティングバイアルは陽圧である。
3. ^{99}Mo はアルミナカラムに吸着している。
4. ^{99m}Tc の半減期は ^{99}Mo の半減期よりも長い。
5. ミルキング後約66時間で ^{99m}Tc の生成曲線が極大となる。

問題 8 放射性同位体を利用した同位体希釈分析法で正しいのはどれか。
1. 逆希釈法では比放射能は低下しない。
2. 二重希釈法は非標識化合物を加える。
3. 直接希釈法は標識化合物の試料を分析する。
4. 分析による放射能濃度の変化の程度を測定する。
5. 分析試料を定量するためには目的物質をすべて回収する必要がある。

第73回

問題 1 物理的半減期が最も長い核種はどれか。
1. ^{67}Ga
2. ^{81m}Kr
3. ^{99m}Tc
4. ^{111}In
5. ^{123}I

問題 2 壊変形式が β^- の核種はどれか。
1. ^{11}C
2. ^{67}Ga
3. ^{99}Mo
4. ^{201}Tl
5. ^{241}Am

問題 3 PIXE 法について正しいのはどれか。2 つ選べ。
1. 多元素同時分析は困難である。
2. 対象となる試料に X 線を照射する。
3. サイクロトロンなどの加速器を用いる。
4. 原子核内の陽子との相互作用を利用している。
5. 特性 X 線のエネルギースペクトルを解析する。

問題 4 イメージングプレートを用いたオートラジオグラフィの解像度を向上させるのはどれか。
1. 試料を厚くする。
2. 露出時間を長くする。
3. 飛程の長い核種を用いる。
4. 試料とイメージングプレートを密着させる。
5. 厚い蛍光体層のイメージングプレートを用いる。

問題 5 陽電子放出核種の陽電子の最大エネルギーの大きさの順で正しいのはどれか。
1. $^{11}C > {}^{15}O > {}^{13}N > {}^{18}F$
2. $^{11}C > {}^{18}F > {}^{15}O > {}^{13}N$
3. $^{13}N > {}^{11}C > {}^{18}F > {}^{15}O$
4. $^{15}O > {}^{13}N > {}^{11}C > {}^{18}F$
5. $^{15}O > {}^{13}N > {}^{18}F > {}^{11}C$

問題 6 親核種と娘核種の半減期の組合せで永続平衡が成立するのはどれか。

	親核種の半減期	娘核種の半減期
1.	1 日	3 日
2.	1 日	10 日
3.	1 日	10 年
4.	10 日	1 日
5.	10 年	1 日

問題 7 放射性核種の分離法のうち、反跳効果を利用したものはどれか。
1. 遠心分離法
2. 電気泳動法
3. 昇華・蒸留法

4. ラジオコロイド法
5. Szilard-Chalmers（ジラード・チャルマー）法

問題 8 中性子による核反応で誤っているのはどれか。
1. ^{6}Li(n, α)^{3}H
2. ^{23}Na(n, γ)^{24}Na
3. ^{32}S(n, p)^{32}P
4. ^{54}Fe(n, pn)^{53}Mn
5. ^{59}Co(n, 2n)^{60}Co

第72回

問題 1 ペーパークロマトグラフィに関係がないのはどれか。
1. Rf値
2. 原点
3. カラム
4. スポット
5. 展開溶媒

問題 2 核種について誤っているのはどれか。
1. ^{68}Ga は安定同位体である。
2. ^{14}C と ^{14}N は同重体である。
3. ^{123}I は放射性同位体である。
4. ^{99m}Tc と ^{99}Tc は核異性体である。
5. ^{133}I と ^{135}Cs は同中性子体である。

問題 3 壊変図について正しいのはどれか。
1. 縦に質量数を表す。
2. 横にエネルギー準位を表す。
3. γ壊変は右下方の矢印で表す。
4. β$^-$壊変は左下方の矢印で表す。
5. 分岐壊変を表すことができる。

問題 4 溶媒抽出法で抽出率を求める式はどれか。ただし、分配比（＝有機相中の放射性核種

の全濃度/水相中の放射性核種の全濃度）を D、有機相の体積を V_o、水相の体積を V_w とする。
1. $D/(D+V_o/V_w)$
2. $D/(D+V_w/V_o)$
3. $D \cdot (1/D+V_o/V_w)$
4. $D \cdot (1/D+V_w/V_o)$
5. $D/(D+1/(V_w \cdot V_o))$

問題 5　放射性核種の分離に関する組合せで正しいのはどれか。
1. 電気泳動法 ──────────── イオン化傾向
2. 昇華・蒸留法 ─────────── 担体
3. 電気化学的置換法 ──────── 外部電源
4. ラジオコロイド法 ──────── 粒子
5. カラムクロマトグラフィ ───── 有機相

問題 6　放射化学的純度の検定で使われるのはどれか。2 つ選べ。
1. 電気泳動法
2. イオン交換法
3. 放射化分析法
4. γ線スペクトロメトリ
5. 高速液体クロマトグラフィ

問題 7　原子炉を利用する分析法はどれか。
1. PIXE 法
2. 蛍光 X 線分析法
3. 光量子放射化分析法
4. 中性子放射化分析法
5. オートラジオグラフィ

問題 8　半減期 10 分の核種を加速器で製造することとした。
10 分間照射した生成放射能（A_1）に対する 20 分間照射した生成放射能（A_2）の比（A_2/A_1）はどれか。
1. 0.50
2. 0.67

3. 1.50
4. 2.00
5. 2.55

第71回

問題 1　元素記号と元素名の組合せで正しいのはどれか。
1. Ce ——————— セシウム
2. La ——————— ランタン
3. Pd ——————— 鉛
4. Pu ——————— プロメチウム
5. Ra ——————— ラドン

問題 2　天然放射性核種はどれか。
1. ^{19}F　　2. ^{31}P　　3. ^{40}K　　4. ^{59}Co　　5. ^{99m}Tc

問題 3　核反応における原子番号の変化と質量数の変化との組合せで正しいのはどれか。

	核反応	原子番号の変化	質量数の変化
1.	(n, p)	−1	0
2.	(γ, n)	0	+1
3.	(n, γ)	0	−1
4.	(p, n)	+1	−1
5.	(d, n)	+1	0

問題 4　クロマトグラフィで正しいのはどれか。
1. 薄層クロマトグラフィはカラムを用いる。
2. ガスクロマトグラフィはカラムに固定相を充填する。
3. ペーパークロマトグラフィは吸着剤にアルミナを用いる。
4. イオン交換クロマトグラフィは固定相にシリカゲルを用いる。
5. ペーパークロマトグラフィは薄層クロマトグラフィよりも展開が迅速である。

問題 5　標識化合物と合成法の組合せで正しいのはどれか。
1. ^{3}H 標識化合物 ——————— Wilzbach（ウイルツバッハ）法
2. ^{14}C 標識化合物 ——————— クロラミン-T 法

3. ^{18}F 標識化合物 ──────── Bolton-Hunter（ボルトン・ハンター）法
4. ^{99m}Tc 標識化合物 ──────── 生合成法
5. ^{125}I 標識化合物 ──────── スズ還元法

問題 6 ある放射性溶液に[^{131}I]I$^-$ が 60 kBq、[^{123}I]NaI が 30 kBq、[^{131}I]IO$_2^-$ が 10 kBq 含まれていた。
^{131}I の放射性核種純度はどれか。
1. 50%　　　2. 60%　　　3. 70%　　　4. 86%　　　5. 100%

問題 7 放射性標識化合物の分解で正しいのはどれか。2つ選べ。
1. 放射線分解は比放射能に依存しない。
2. α線はβ線よりも放射線分解を起こしやすい。
3. ラジカルが生成されると放射線分解が抑制される。
4. 小分けして保存することで放射線分解を低減できる。
5. 低温で保存するよりも常温で保存する方が放射線分解は起こりにくい。

問題 8 放射分析法で正しいのはどれか。2つ選べ。
1. 加速器による放射化を利用する。
2. 放射滴定法は間接法に分類される。
3. 短半減期核種で標識された化合物に有用である。
4. 直接法は分析試料と標識化合物の反応で生成した沈殿物の放射能を測定する。
5. 分析試料と標識化合物の反応によって沈殿物が生成されなくても分析可能である。

第14章　診療放射線技師国家試験問題

解答

76回			75回			74回		
問題	解答	関連箇所	問題	解答	関連箇所	問題	解答	関連箇所
1	2	7.4	1	4	—	1	4	—
2	4	8.1	2	5	7.1	2	4	2.1〜2.4
3	3	9.1	3	2	8.1〜8.3	3	1	8.1
4	1	10.1〜10.3	4	3	9.1	4	4	9.1
5	2	4.5	5	4	2.5	5	4	2.5
6	5	8.2	6	4	4.2, 4.5	6	2	7.4
7	1, 2	9.3	7	5	9.2	7	1, 3	4.5
8	4	3.5	8	1, 4	10.1	8	2	10.3

解答

73回			72回			71回		
問題	解答	関連箇所	問題	解答	関連箇所	問題	解答	関連箇所
1	1	—	1	3	9.12	1	2	1.3
2	3	2.1〜2.4	2	1	1.3	2	3	5.1〜5.3
3	3, 5	—	3	5	2.6	3	1	7.1
4	4	11.2	4	2	8.2	4	2	8.3, 9.12
5	4	—	5	4	8.4, 9.12	5	1	9.1〜9.8
6	5	4.4	6	1, 5	8.4, 9.11, 9.12	6	3	9.11
7	5	3.5	7	4	10.1	7	2, 4	9.13
8	5	7.1	8	3	7.3	8	2, 4 or 2, 5 or 4, 5	10.3

参 考 文 献

1) 佐治英郎、向 高広、月本光俊編：「新放射化学・放射性医薬品学　改訂第5版」南江堂、2021
2) ショパン外著、大久保嘉高外訳：「放射化学」丸善、2005
3) 海老原 充：「現代放射化学」化学同人、2005
4) 古川路明：「放射化学」現代化学講座、朝倉書店、1994
5) 日本核医学技術学会編集委員会編：「新核医学技術総論　臨床編」山代印刷、2020
6) 飯田博美編：「放射線用語辞典」通商産業研究社、2001
7) 安 成弘：「原子力辞典」日刊工業新聞社、1995
8) 日本化学会編：「第2版 標準化学用語辞典」丸善、2005
9) 柴田徳思編：「放射線概論 第12版」通商産業研究社、2019
10) 日本アイソトープ協会編：「8版増補 放射線取扱の基礎」丸善、2020
11) 日本アイソトープ協会編：「改訂版 よくわかる放射線・アイソトープの安全取扱い」丸善、2020
12) 日本アイソトープ協会編：「12版 アイソトープ手帳」丸善、2020
13) 日本アイソトープ協会編：「核医学用語集」丸善、2001
14) 大木道則外3名編：「化学大辞典」東京化学同人、1989
15) 日本放射線化学会編：「放射線化学のすすめ」学会出版センター、2006
16) Sybil P. Parker 物理学大辞典編集委員会：「MARUZEN 物理学大辞典」丸善、2005（1999年発行書の普及版）
17) 物理学辞典編集委員会編：「物理学辞典　3訂版」培風館、2005
18) 平尾泰男外3名：「加速器工学ハンドブック」原産、2000
19) 青島 均、右田たい子：「ライフサイエンス　基礎化学」化学同人、2000
20) 落谷孝広、青木一教：「遺伝子導入なるほどQ&A」羊土社、2005
21) 石川 統、黒岩常祥、永田和宏：「細胞生物学事典」朝倉書店、2005
22) 楠見明弘 外3名：「バイオイメージングでここまで理解る」羊土社、2005
23) 森山達哉：「バイオ実験で失敗しない検出と定量のコツ」羊土社、2005
24) 中内啓光編：バイオ研究に役立つ「免疫学的プロトコール」羊土社、2005
25) 吉田和夫、谷口寿章、杉浦昌弘編：「バイオ高性能機器導入・共同利用マニュアル」共立出版、1995
26) 村松正實監訳：「ポケットガイド　バイオテク用語事典」東京化学同人、2005
27) 加藤隆一監修、家入一郎、楠原洋之編：「臨床薬物動態学　改訂第5版」南江堂、2017

参 考 文 献

28) 今堀和友、山川民夫監修：「生化学辞典 第4版」東京化学同人、2007
29) 渡辺恭良、中村夫左央、田中雅彰、松村 潔：「ラジオルミノグラフイ 15. インビトロ PET 法（バイオラジオグラフィ）の開発とその応用」RADIOISOTOPES, 49, 505-518, 2000
30) 日本生化学会編：「基本操作」基礎生化学実験法1、2001
31) 日本生化学会編：「生体試料」基礎生化学実験法2、2000
32) 石浦章一編：「イラスト医学 わかる脳と神経」羊土社、1999
33) 西村恒彦、佐治英郎、飯田秀博編：「クリニカル PET 一望千望」Medical View、2004
34) 日下部きよ子編：「必携！がん診断のための PET／CT 読影までの完全ガイド」金原出版、2006
35) Paul G. Abrams and Alan R. Fritzberg, Ed.：「Radioimmunotherapy of Cancer」, Marcel Dekker Inc., 2000
36) Tsunehiko Nishimura, H. William Strauss, Minoru Fukuchi, Ed.:「The Scintillation Future of Nuclear Medicine」, Elsevier, 2002
37) Michael J. Welch and Carol S. Redvanly, Ed.：「Handbook of Radiopharmaceuticals, Radiochemistry and Applications」, John Wiley, 2003
38) Glenn F. Knoll：「Radiation Detection and Measurement」, John Wiley, 2000
39) A. Mozumder：「Fundamentals of Radiation Chemistry」, Academic Press, 1999
40) Michael F. L'Annunziata：「Handbook of Radioactivity Analysis」, Academic Press, 1998
41) M. F. L'Annunziata：「Handbook of Radioactivity Analysis, 3rd Ed」, Academic Press, 2012
42) William M. Haynes Ed.：「CRC Handbook of Chemistry and Physics 95th」, 2014
43) A. Mozumder：「Fundamentals of Radiation Chemistry」, Academic Press, 1999
44) 鳥塚完爾、米倉義晴：「日本アイソトープ協会医学・薬学部会サイクロトロン核医学利用専門 委員会が認定した放射性薬剤の成熟技術についての現在までの経緯」RADIOISOTOPES 58, 73-76, 2009
45) 佐治英郎：「薬剤合成品質管理」RADIOISOTOPES 58, 115-120, 2009
46) 日本アイソトープ協会医学・薬学部会 ポジトロン核医学利用専門委員会：「ポジトロン核医学利用専門委員会が成熟技術として認定した放射性薬剤の基準（2009年改定）」RADIOISOTOPES 58, 221-245, 2009
47) 日本アイソトープ協会医学・薬学部会 ポジトロン核医学利用専門委員会 核薬学ワーキンググループ：「ポジトロン核医学利用専門委員会が成熟技術として認定した放射性薬剤の基準（2009年改定）に関する参考資料」RADIOISOTOPES 58, 291-442, 2009

〔演習問題解答〕

第1章

問題1 2

高速中性子は電荷を持たないため制動 X 線は放射されない。

問題2 4

A 誤 ^{252}Cf → ^{248}Cm になる。
D 誤 Cm の特性 X 線を伴う。

問題3 3

^{3}He、^{18}O、^{21}Ne、^{31}P、^{59}Co は安定核種

問題4 3

^{95}Zr $\xrightarrow[64.02d]{\beta^-}$ ^{95}Nb $\xrightarrow[34.98d]{\beta^-}$ ^{95}Mo（安定）

^{99}Mo $\xrightarrow[65.9h]{\beta^-}$ ^{99m}Tc $\xrightarrow[6.01h]{IT}$ ^{99}Tc $\xrightarrow[2.111\times10^5y]{\beta^-}$

^{60}Co $\xrightarrow[5.270y]{\beta^-}$ ^{60}Ni（安定）

^{210}Po $\xrightarrow[138.4d]{\alpha}$ ^{206}Pb（安定）

問題5 4

Fe は質量数が 54、56、57、58 の 4 核種が安定。

問題6 2

^{12}C、^{3}He、^{18}O、^{20}Ne が安定。

問題7 5

A 原子量は、質量数 12 の炭素原子の質量を 12 として決めている。
B ^{141}Pr は安定核種である。放射性同位体のみからなる元素は Tc と Pm である。

問題8 5

安定同位体のない元素は、43 番の Tc（テクネチウム）、61 番の Pm（プロメチウム）、および 84 番の Po（ポロニウム）以上の原子番号をもつ元素である。

問題9 1

演 習 問 題 解 答

放射性核種：^{3}H，^{7}Be，^{11}C，^{13}N，^{15}O，^{18}F，^{22}Na，^{24}Na
安定核種：^{6}Li，^{10}B，^{15}N，^{18}O，^{19}F，^{20}Ne，^{22}Ne

問題 10　1

安定核種は ^{23}Na だけである。

問題 11　3

人工放射性元素：Tc，Pm，Am，Cf
天然放射性元素：Rn，Fr，Ra，Th，U

問題 12　5

1　×　Al の安定元素は ^{27}Al のみ。
2　×　P の安定元素は ^{31}P のみ。
3　×　Mn の安定元素は ^{55}Mn のみ。
4　×　Tc はすべて放射性。
5　○　I の安定元素は ^{127}I のみ。

問題 13　4

1　誤　β^-
2　誤　EC
3　誤　β^-
4　正
5　誤　EC

問題 14　I　A——7（235）　B——10（238）　C——1（中性子）　D——10（238）
　　　　　　　E——7（235）　F——4（反射）
　　　　　II　A——7（熱中性子）　B——3（n, γ）　C——6（速中性子）　D——5（n, p）
　　　　　　　E——8（重量法）　F——10（吸光光度法）　G——2（β）

演 習 問 題 解 答

第 2 章

問題 1　4

　　核種 A：質量数　　$237-4\times2=229$

　　　　　　原子番号　$92+1\times2-2\times2=90$　　したがって ^{229}Th

　　核種 B：質量数　　$235-4\times2=227$

　　　　　　原子番号　$92+1-2\times2=89$　　したがって ^{227}Ac

問題 2　2

　B　誤　^{3}H は（n, α）反応、^{45}Ca は（n, γ）反応で製造されている。

　D　誤　^{32}P は 1.71 MeV の β^- 線を出すので軟 β^- 放射体ではない。

問題 3　5

　A　誤　EC 壊変

　C　誤　IT 壊変

問題 4　2

　　^{237}Np の半減期（2.14×10^6 y）は、^{237}U の半減期（6.75 d）に比べて十分長いので、生成される娘核種 ^{237}Np の量は親核種 ^{237}U の量とほとんど等しくなる。^{237}U の原子数を N とすると

$$\lambda N = 37\,\text{GBq},\quad \lambda = 0.693/T \qquad \text{ただし、}T\text{ は }^{237}\text{U の半減期}$$

$$N = \frac{3.7\times10^9}{\lambda} = \frac{3.7\times10^9\times5.83\times10^5}{0.693} = 3.1\times10^{16}$$

問題 5　4

　A　誤　β^- 壊変では娘核種の原子番号は親核種より 1 だけ増える。

　　　　$_Z^A\text{X} \rightarrow {}_{Z+1}^A\text{Y} + e^-$

　D　誤　EC 壊変では原子番号は 1 だけ減少し、質量数は変わらない。

　　　　$_Z^A\text{X} + e^- \rightarrow {}_{Z-1}^A\text{Y}$

問題 6　5

　A　誤　^{3}H（最大エネルギー 0.0186 MeV）、^{14}C（最大エネルギー 0.156 MeV）は低エネルギーの β^- 放射体である。しかし ^{32}P は最大エネルギーが 1.711 MeV と高く低エネルギーの β^- 放射体ではない。

　B　誤　特性エックス線は放出しない。

　C　正　Mn-K$_\alpha$ 0.0059 MeV（24.5 %）、Mn-K$_\beta$ 0.0065 MeV（3.3 %）

　D　正　^{11}C；β^+ 0.96 MeV（99.8 %）、^{18}F；β^+ 0.633 MeV（96.7 %）

演 習 問 題 解 答

第3章

問題1　4

イ　$^{50}Cr(n, \gamma)^{51}Cr$ で生じた ^{51}Cr はホットアトム効果により、大部分が陽イオンとなり、陰イオン交換樹脂を通過する。一部は $^{51}CrO_4^{2-}$ として、樹脂に吸着する。

ロ　Cs^+ は固体リンモリブデン酸アンモニウムに、イオン交換吸着する。

ハ　$_{71}Lu$、$_{68}Er$、$_{65}Tb$、$_{64}Gd$ の順で α-ヒドロキシイソ酪酸との錯陰イオンとして溶離される。

ニ　同位体交換反応により、水溶液中の I^- にも放射性ヨウ素が出現する。

ホ　Th の壊変生成物の Rn が空間部分に放出され、さらにその壊変生成物が白金板に集まる。$0.3\,mol/l\,HNO_3$ で洗うと、$^{212}Pb^{2+}$ などが溶出する。これに $Pb(NO_3)_2$ を加えて電気分解すると、陽極に鉛が PbO_2 となって電着する。

問題2　2

A　正　ホットアトム効果による。

B　誤　ラジオコロイドである。

C　正　$^{234}U/^{238}U$ の放射能比は、放射平衡が成立していれば、1 に等しい。しかし地下水中の $^{234}U/^{238}U$ の放射能比は 1 より大きいことがある。その理由は ^{238}U の α 壊変によって ^{234}U が生ずるとき、α粒子の反跳の効果によって ^{234}U の周囲の結晶格子が損傷を受け地下水に溶解するからである。

D　誤　同位体交換反応により酢酸エチルの ^{14}C が酢酸に移った。
$$CH_3COOC_2H_5 + H_2O \rightleftarrows CH_3COOH + C_2H_5OH$$

問題3　2

1　×　ラジオコロイド

2　○　ホットアトム効果

3　×　同位体交換

4　×　同位体効果

5　×　オートラジオグラフィ（放射性試料を写真フィルムに密着したのち現像し、フィルム黒化度から試料中の放射能の分布や量をしらべる方法）

問題4　3

A　正　塩化アンモニウムを中性子照射すると、^{38}Cl（37.3 分）および ^{32}P（14.26 日）、^{35}S（87.51 日）が生成する。これらはすべて陰イオンである Cl^-、PO_4^{3-}、SO_4^{2-} となっている。陽イオン交換樹脂カラムに通すと吸着されないで、これらは流出液中に存在する。

B　誤　ヒ酸（H_3AsO_4）水溶液のヒ素は、陰イオンとして存在しているので、陰イオン交換樹脂に吸着される。しかし、照射により、ヒ酸のヒ素がホットアトム効果によって陽イオンとなる。この陽イオンは樹脂に吸着されない。

演習問題解答

C 誤 ベンゼンを原子炉に入れて中性子照射しても ^{14}C は生成しない。^{14}C は $^{14}N(n, p)^{14}C$ から生成する。

D 正 ヨウ化エチルのヨウ素（^{127}I）が $^{127}I(n, \gamma)^{128}I$ に放射化され、ホットアトムとなり水溶液に移る。

問題5 4

A 誤 臭素の同位体存在度は、^{79}Br 50.69 % ; ^{81}Br 49.31 %で、熱中性子照射により $^{79}Br(n, \gamma)^{80m}Br$ および $^{81}Br(n, \gamma)^{82}Br$ の核反応が起こる。生成した2核種は一様に分布しており、化学操作に対応して分離されることはない。

B、C 正 BrO_3^- の Br と O の結合が核反応により生じたホットアトムによって切断され、Br^- イオンを生ずる。

D 誤 同位体効果は生じない。

問題6 4

A 誤 濃縮できる。
B 正
C 正
D 誤 放射滴定は容量分析（滴定）において、指示薬によって終点をきめないで、溶液の放射能の変化を測定して終点をきめる方法で沈殿滴定の一種である。

問題7 4

A 誤 陽子の静止質量は約 1.7×10^{-27} kg。電子の静止質量は約 10^{-30} kg と陽子が電子より重い。陽子の LET は電子の LET より大きい。

B 誤 陽子により原子核から発生する特性 X 線を用いる。

C 誤 中性子、γ 線、陽子、α 粒子で起こる。

D 正

問題8 4

A 誤 ラザフォード散乱式により、散乱強度が核電荷の2乗に比例するので、ある元素の原子の核電荷の大きさを研究できることが示された。この結果、1911年当時まで単に周期表上の位置を示すにすぎなかった元素の原子番号 Z が、核の電荷（電荷 e を単位として表したとき）と一致することが考えられたが、この考えは、後に X 線スペクトルの研究で確証された。しかしながら、この方法は一般的な元素分析法としては用いられていない。

B 正 PIXE 法の特色は、①多元素同時分析ができる。②検出感度が高い。③マイクロビームを使い、貴重な美術品、考古学的試料、生物学的試料（がんの組織、血液、尿）などを走査しながら分析できるなどである。

演習問題解答

C 正 ^{252}Cf の核分裂を利用する飛行時間（TOF）分析法では、質量分布、エネルギーなどがよく研究されている。他の TOF 分析法のときの校正に使用されるほどである。

D 正 メスバウアー分光法は、ドイツの物理学者 R.L.Moessbauer（1961年ノーベル物理学賞を受賞）によってはじめられた。種々の原子核につき測定されているが、最もよく利用されているのは ^{57}Co／^{57}Fe および ^{119m}Sn／^{119}Sn であり、固体表面の状態分析などに使用されている。原子価状態に直結する電子密度、原子核の内部磁場、電場勾配などを一度に知ることができる便利な方法である。

演習問題解答

第4章

問題1 ^{90}Sr、^{90}Y は永続平衡が成立。^{90}Sr、^{90}Y の原子数を N_1、N_2、崩壊定数を λ_1、λ_2 とする。

$$\frac{N_2}{N_1} = \frac{\lambda_1}{\lambda_2} \qquad N_1 \lambda_1 = N_2 \lambda_2 \tag{1}$$

分離前の総計数率が 20,000cpm であるので（E は計数効率）

$$N_1 \lambda_1 + N_2 \lambda_2 = 20,000 \times \frac{100}{E} \tag{2}$$

（1）と（2）より

$$2N_1 \lambda_1 = 2N_2 \lambda_2 = 20,000 \times \frac{100}{E} \tag{3}$$

分離後においても永続平衡に達するだけの時間が経過すると、図Aの水平部分の計数率は 2,000cpm で ^{90}Sr、^{90}Y の計数効率は等しいので ^{90}Sr、^{90}Y の計数率は 1/2 の 1,000 cpm。
共沈分離後測定した時の ^{90}Sr、^{90}Y の原子数をそれぞれ N'_1、N'_2 とすれば、^{90}Sr、^{90}Y の放射能はそれぞれ（4）、（5）

$$\lambda_1 N'_1 = 1,000 \times \frac{100}{E} \tag{4}$$

$$\lambda_2 N'_2 = (9,000 - 1,000) \times \frac{100}{E} \tag{5}$$

したがって求めるパーセントは、^{90}Sr について（3）、（4）式より

$$\frac{\lambda_1 N'_1}{\lambda_1 N_1} \times 100 = \frac{1,000}{10,000} \times 100 = 10 \text{（％）}$$

^{90}Y について

$$\frac{\lambda_2 N'_2}{\lambda_2 N_2} \times 100 = \frac{8,000}{10,000} \times 100 = 80 \text{（％）}$$

答　^{90}Sr：10％　　^{90}Y：80％

問題2　(1) 1.38×10^{-5}　　(2) ランタン　　(3) 6.68　　(4) $BaCl_2$　　(5) $FeCl_3$
　　　　(6) 共沈　　(7) 共沈剤　　(8) 保持担体

(1) の計算

$$-\frac{dN}{dt} = \lambda N = \frac{0.693}{T} \times N$$

$$-\frac{dN}{dt} = \frac{0.693}{T} \times N = 3.7 \times 10^{10}$$

$$N = \frac{3.7 \times 10^{10}}{0.693} \times T \qquad W = \frac{N}{6.0 \times 10^{23}} \times 140$$

演 習 問 題 解 答

$$\therefore W = \frac{140}{6.0 \times 10^{23}} \times \frac{3.7 \times 10^{10}}{0.693} \times 12.8 \times 24 \times 60 \times 60 = 1.38 \times 10^{-5}$$

(3) の計算

過渡平衡が成立していると、$\dfrac{N_2}{N_1} = \dfrac{T_2}{T_1 - T_2}$ が成立する。

Ba、La の質量数はともに 140 であるからその質量比は $\dfrac{T_1 - T_2}{T_2}$ となる。

$$\frac{\text{Ba の質量}}{\text{La の質量}} = \frac{T_1 - T_2}{T_2} = \frac{(12.8 \times 24) - 40}{40} = 6.68$$

問題 3 (1) β^- 壊変　　(2) 40　　(3) 90　　(4) 永続平衡（永年平衡）
(5) 10^5　　(6) 2.62×10^{-4}

4 について

^{90}Sr の崩壊定数

$$\lambda_1 = \frac{0.693}{28.8 \times 365 \times 24} = 2.83 \times 10^{-6} \ (\text{h}^{-1})$$

^{90}Y の崩壊定数

$$\lambda_2 = \frac{0.693}{64.2} = 1.08 \times 10^{-2} \ (\text{h}^{-1})$$

$\lambda_1 \ll \lambda_2$ なので永続平衡が成立

5 について

永続平衡では $\lambda_1 N_1 = \lambda_2 N_2$ である。したがって ^{90}Sr が 10^5 Bq であれば ^{90}Y も 10^5 Bq。

6 について

^{90}Sr の質量を W_1 グラム、^{90}Y の質量を W_2 グラムとし、質量数をそれぞれ A_1、A_2 とすれば、

$$\frac{N_1}{N_2} = \frac{\lambda_2}{\lambda_1} \text{ から } \frac{W_1/A_1}{W_2/A_2} = \frac{\lambda_2}{\lambda_1} \qquad \lambda_1 = \frac{0.693}{28.8 \times 365 \times 24} = 2.83 \times 10^{-6} \ (\text{h}^{-1})$$

$$\frac{W_1}{W_2} = \frac{\lambda_2}{\lambda_1} = \frac{1.08 \times 10^{-2}}{2.83 \times 10^{-6}} \qquad \lambda_2 = \frac{0.693}{64.2} = 1.08 \times 10^{-2} \ (\text{h}^{-1})$$

$W_1 = 1$ のときの W_2 を求めればよい。

$$W_2 = \frac{2.83 \times 10^{-6}}{1.08 \times 10^{-2}} = 2.62 \times 10^{-4}$$

問題 4　I　A ── 1（核分裂反応）　　B ── 5（IT）　　C ── 7（モリブデン酸イオン）
D ── 11（酸）　　E ── 10（過テクネチウム酸イオン）
F ── 15（ミルキング）

II　A ── 2（EC, β^+）　　B ── 4（テルル）　　C ── 9（X）
D ── 8（γ）

演 習 問 題 解 答

第 5 章

問題 1　3
A　正　天然に存在する元素の同位体存在度は、安定核種のない元素でも極めて安定した数値を示すから、原子量は与えられている。
B　誤　^{232}Th は 6 回の α 壊変と 4 回の β 壊変を経て ^{208}Pb（安定）となる。
C　誤　いかなる核種から放出されるかに関係なく、放射性核種から放出される α 粒子のエネルギーは線スペクトルである。
D　正　天然放射性核種のうち ^{40}K は EC（11%）で ^{40}Ar に、$β^-$ 壊変（89%）で ^{40}Ca となる。すなわち分岐壊変を行う。

問題 2　3

　　トリウム系列　　　：（4n）系列
　　ネプツニウム系列：（4n+1）系列
　　ウラン系列　　　　：（4n+2）系列
　　アクチニウム系列：（4n+3）系列

1　×　233（U）　÷4＝4×58+1　ネプツニウム系列
2　×　230（Th）÷4＝4×57+2　ウラン系列
3　○　223（Ra）÷4＝4×55+3　アクチニウム系列
4　×　231（Th）÷4＝4×57+3　アクチニウム系列
5　×　234（Th）÷4＝4×58+2　ウラン系列

問題 3　1　中性子　　2　(n, p)　　3　$^{14}CO_2$　　4　炭酸同化（作用）　　5　5730
　　　　6　ガスフローカウンタ　　7　液体シンチレーションカウンタ　　8　^{14}N

問題 4　(1)　^{4}He　　(2)　^{40}Ar　　(3)　^{222}Rn　　(4)　^{238}U（または ^{232}Th、^{235}U）
　　　　(5)　α　　(6)　^{40}K　　(7)　EC　　(8)　分岐　　(9)　^{226}Ra
α 壊変によって生成した ^{4}He は北米などから出る天然ガスに 1% 程度含まれている。

問題 5　3
C　^{232}Th　：1.405 ×10^{10} 年
D　^{238}U　：4.468 ×10^9 年
B　^{40}K　：1.277 ×10^9 年
A　^{14}C　：5.730 ×10^3 年

問題 6　3
1　誤　^{7}Be の壊変形式は EC。^{7}Be $\xrightarrow{EC}$ ^{7}Li

演習問題解答

2 　誤　^{14}C は宇宙線成分と大気中の ^{14}N との（n, p）反応で生成する。
3 　正　$^{36}\text{Cl} \xrightarrow{\beta^-} {}^{36}\text{S}$
4 　誤　^{137}Cs の壊変形式は β^- 壊変。$^{137}\text{Cs} \xrightarrow{\beta^-} {}^{137m}\text{Ba}$
5 　誤　トリウム系列の天然放射性核種。$^{220}\text{Rn} \xrightarrow{\alpha} {}^{216m}\text{Po}$

問題7　4

A　誤　^{3}H は宇宙線成分による N、O の核破砕反応によって天然に存在し、β^- 壊変して ^{3}He になる。
B　正　^{40}K は β^- 壊変により ^{40}Ca（89 %）に、EC により ^{40}Ar（11 %）になる。
C　正　ベリリウムは ^{9}Be（安定）が 100 %の単核種元素である。
D　誤　^{100}Rh（20.8 h、EC、β^+）はウランの核分裂生成物ではない。ロジウムは原子量 102.9055 の単核種元素（^{103}Rh の同位体存在度は 100 %）。

問題8　1

A　正　^{14}N(n, p)^{14}C
B　正　陽電子が電子と結合して消滅し、0.511 MeV の光子を互に反対方向に 2 本放出する。（消滅 γ 線）
C　誤　^{12}C:98.90 %、^{13}C:1.10 %
D　誤　^{11}C の半減期は 20.38 分である。1 時間以上のものは ^{14}C（5730 年）だけである。

問題9　2

この鉱石は 1 億年前に生成し風化を受けていないので永続平衡が成立している。^{238}U の原子数を N_1、^{230}Th の原子数を N_2、^{238}U の半減期を T_1、^{230}Th の半減期を T_2 とすると
$$N_1/N_2 = 1/(1.7\times10^{-5}) = (0.693/T_2)/(0.693/T_1) = (0.693/T_2)/(0.693/4.47\times10^9)$$
$$T_2 = 7.6 \times 10^4 \text{（年）}$$

問題10　5

^{226}Ra の壊変生成物の中で最も半減期の長い核種は ^{210}Pb（22.3 y）

演習問題解答

第6章

問題1 イ　(1) $^{103}_{41}$Nb　　(2) 中性子　　(3) β^-線　　(4) 150.5

ロ　(5) 中性子　　(6) ^{14}N(n, p)^{14}C　　(7) 二酸化炭素

(8) 光合成（炭酸同化作用）　　(9) 5730　　(10) 2π(4π)ガスフロー計数管

(11) 液体シンチレーションカウンター　　(12) ^{14}N（窒素14）

問題2　5

I　35 keVの単色γ線が放出されるため井戸型NaI(Tl)検出器で測定

II　端窓型GM計数管で測定

III　液体シンチレーション検出器で測定

IV　多種のγ線が放出されるためGe検出器で測定

問題3　3

A　誤　液体シンチレータは①トルエン・シンチレータ（疎水性試料用）②ジオキサン・シンチレータ（親水性試料用）③乳化シンチレータ（親水性試料用）に分類できる。液体シンチレータは蛍光体および波長移行剤を必要とし、放射性試料を溶解していることも必要条件である。Aには蛍光体であるPPOは記してあるが波長移行剤であるDMPOPOPまたはPOPOPなどは記していない。さらに、この液体シンチレータを試料水溶液と同体積の割合で加えると均質な溶液とはならない。

B　正　希硫酸を加えるとCaSO$_4$の沈殿が生成してろ過するとろ紙上に捕集できる。これを赤外線ランプ下で乾燥する。

C　正

D　誤　アルミニウム箔に希塩酸を加えるとアルミニウムが溶解し、かつ加熱すると^{210}Poは揮散する。

問題4　3

A　正

B　誤　γ線は放出しないのでGe検出器では測定できない。

C　誤　BGO検出器は分解能が低いため、混合溶液中の核種分析には向かない。

D　正

E　正

問題5　I　A ── 1（水）　　B ── 3（DNA）　　C ── 6（長時間）

D ── 8（生殖細胞）　　E ── 10（遺伝的影響）

注）代謝産物として、水はほとんどの場合に出てくるので注意しておくとよい。

II　A ── 2（H$_2$Oからの^{3}H）　　B ── 3（NaIからの^{125}I）

演習問題解答

　　C ── 5（全身に広がる）

　　　注）トリチウム水（HTO）から HT の気体は容易に生成される。

Ⅲ　A ── 3（軌道電子捕獲）　　　B ── 10（オージェ電子）

　　C ── 5（低エネルギー）　　　D ── 9（γ，X）　　　E ── 13（バイオアッセイ）

　　F ── 14（排泄率）

　　　注）バイオアッセイ法は、試料の採取に関して被検者の負担が大きいというデメリットもある。

演 習 問 題 解 答

第 7 章

問題 1　1

$$^{58}Ni(p,\alpha)^{55}Co \xrightarrow{EC,\beta^+} {}^{55}Fe \xrightarrow{EC} {}^{55}Mn$$

^{60}Co および ^{55}Fe の原子数および壊変定数をそれぞれ N_1；λ_1、N_2；λ_2 とすると

$N_1\lambda_1 = 10^9$ Bq

$\lambda_1 = 0.693 / (18 \times 60 \times 60)$ (s^{-1})

$N_2 = N_1 = (18 \times 60 \times 60 \times 10^9)/0.693 = 0.935 \times 10^{14}$

$\lambda_2 = 0.693 / (2.6 \times 365 \times 24 \times 60 \times 60)$

$N_2\lambda_2 = 7.9 \times 10^5$ (Bq)

問題 2　2

A　正　$^{16}_{8}O + {}^{3}_{2}He \longrightarrow {}^{18}_{9}F + {}^{1}_{1}H$

B　誤　$^{16}_{8}O + {}^{2}_{1}H \longrightarrow {}^{18}_{9}F + {}^{1}_{0}n$　反応前後の質量数が合わない。

C　正　$^{19}_{9}F + {}^{2}_{1}H \longrightarrow {}^{18}_{9}F + {}^{3}_{1}H$

D　誤　$^{14}_{7}N + {}^{4}_{2}He \longrightarrow {}^{18}_{9}F + {}^{1}_{0}n$　反応前後の質量数が合わない。

問題 3　2

$$^{124}_{54}Xe\,(n,\,\gamma) \longrightarrow {}^{125}_{54}Xe\,(n,\,\gamma) \xrightarrow{EC,\beta^+} {}^{125}_{53}I$$

問題 4　1

A　正

B　正

C　誤　$^{98}Mo(n,\,\gamma)^{99}Mo$ 反応で製造できる。

D　誤　^{57}Fe は安定であり β^- 壊変しない。

問題 5　4

1　誤　^{140}Ba はウランの核分裂によって生じる。$(n,\,\gamma)$ 反応ではない。

2　誤　^{127}I は安定核種である。

3　誤　^{27}Al は安定核種である。

4　正　^{64}Cu は、$^{63}Cu(n,\,\gamma)^{64}Cu$ によって生成する。分離のための沈殿形はチオシアン酸銅(I)で、通常 CuSCN と書く。Cu 量が 0.1 g 以下で、As、Bi、Sb、Sn などを比較的多量に含むときの Cu の重量分析に適する。

5　誤　^{20}F は、$^{19}F(n,\,\gamma)^{20}F$、または $^{19}F(d,\,p)^{20}F$ で生成する。^{20}F の半減期は 11 秒ときわめて短寿命である。また、AgF は水溶性で沈殿を作らない。

問題 6　2

演 習 問 題 解 答

    A 正 $^{55}_{25}\text{Mn}(\alpha, 2n)^{57}_{27}\text{Co}$
    B 誤 $^{59}_{27}\text{Co}(n, 2n)^{58}_{27}\text{Co}$
    C 正 $^{56}_{26}\text{Fe}(d, n)^{57}_{27}\text{Co}$
    D 誤 $^{58}_{28}\text{Ni}(n, \alpha)^{55}_{26}\text{Fe}$

問題7 5

原子核の中で中性子が過剰で、中性子が陽子に変った方が安定になる場合、中性子が壊変して陽子に変り、電子と反ニュートリノを放出する。（β⁻壊変）

    A × $^{27}_{13}\text{Al}(\alpha, n)^{30}_{15}\text{P}$
        この核反応では中性子を放出しているので、中性子の過剰はないと推定される。

    B × $^{59}_{27}\text{Co}(p, n)^{59}_{28}\text{Ni}$
        この核反応では中性子を放出しているので ^{59}Ni はβ⁻壊変しないと推定される。

    C ○ $^{127}_{53}\text{I}(n, \gamma)^{128}_{53}\text{I}$
        ^{128}I は中性子を吸収しているので、中性子過剰となり、β⁻壊変（半減期25分）して $^{128}_{54}\text{Xe}$ となる。

    D ○ $^{235}_{92}\text{U}(n, f)^{140}_{55}\text{Cs}$
        ^{140}Cs は ^{235}U の熱中性子による核分裂生成物で、過剰な中性子を吸収しているのでβ⁻壊変（半減期65秒）する。

問題8 (1) X線   (2) U（ウラン）   (3) Po（ポロニウム）   (4) Ra（ラジウム）
        (5) 235   (6) 234   (7) 238   (8) 超ウラン   (9) Np（ネプツニウム）
        (10) Pu（プルトニウム）
        （注） (3) (4) は順不同。(6) (7) は順不同。
        ^{234}U、^{235}U、^{238}U の天然同位体存在度（%）は、それぞれ 0.0055、0.7200、99.2745 である。

問題9 A──235、B──238、C──中性子、D──238、E──235、F──反射

問題10 2

核反応の前後で質量数の和、原子番号の和が等しいものを探す。

    A 正 反応前の質量数 ：24+2=26   反応後の質量数 ：4+22=26
            反応前の原子番号：12+1=13   反応後の原子番号：2+11=13

    B 誤 反応前の質量数 ：24+4=28   反応後の質量数 ：1+27=28
            反応前の原子番号：12+2=14   反応後の原子番号：0+13=13

    C 正 反応前の質量数 ：14+1=15   反応後の質量数 ：1+14=15
            反応前の原子番号： 7+0=7   反応後の原子番号：1+6=7

    D 誤 反応前の質量数 ：40+1=41   反応後の質量数 ：4+36=40
            反応前の原子番号：20+0=20   反応後の原子番号：2+17=19

演習問題解答

問題 11 1

核分裂収率は質量数 95 と 138 付近に極大値がある。

問題 12 4

A 誤 核分裂によって直接生成した核種を核分裂片と呼ぶ。核分裂片の質量数の和は例えば次の反応にみられるように 235 にはならない。中性子を取り込んでいるので、質量数の和は 236 である。

$$^{235}_{92}U + ^{1}_{0}n \rightarrow ^{142}_{54}Xe + ^{92}_{38}Sr + 2^{1}_{0}n$$

B 正

C 正

D 誤 ^{232}Th、^{238}U などの天然放射性核種は主として α 壊変するが、非常に小さい確率で自発核分裂する。自発核分裂の半減期（部分半減期）は非常に長く、^{232}Th では 10^{21} 年、^{238}U では 10^{16} 年程度である。

問題 13 3

A 正

B 誤 中性子のエネルギーが高くなっても核分裂片の質量数の差はあまり変わらない。

C 誤 ^{235}U に対しては高速中性子の方が熱中性子よりも核反応断面積が小さい。

D 正 中性子以外にも高エネルギーの荷電粒子（陽子、α 粒子）などによって核分裂が起こる。

問題 14 5

A 誤 ^{90}Sr は β^- 放出体、^{137}Cs は γ 放出体である。

B 正 ^{90}Sr の娘核種は ^{90}Y、^{137}Cs の娘核種は ^{137m}Ba で、いずれも放射性。

C 誤 ^{90}Sr は周期表 2 族（アルカリ土類金属元素）、^{137}Cs は周期表 1 族（アルカリ金属元素）で、化学的性質は似ていない。

D 正

問題 15 3

A 正 $^{90}\text{Sr} \xrightarrow{\beta^-} ^{90}\text{Y} \xrightarrow{\beta^-} ^{90}\text{Zr}$（安定）

B 誤 ある核分裂で特定の核種が生成する割合を核分裂収率という。1 個の原子核の核分裂でほぼ 2 個の新しい原子核を生ずるから核分裂収率の総和は約 200% である。

C 誤 陽イオン交換クロマトグラフィーが有効である。

D 正

演習問題解答

第8章

問題1　1　トレーサ　　2　吸着　　3　ラジオコロイド　　4　安定　　5　担体
　　　　　6　酸化還元　　7　保持担体　　8　スカベンジャー　　9　無担体
　　　　10　$4.17 \times 10^{23}/MT$（注）
　　　　　（注）$-dN/dt = \lambda N = (0.693/T) \times (w/M) \times 6.02 \times 10^{23}$
　　　　　　比放射能は次の式によって表される。
　　　　　　　$-(dN/dt)/w = (0.693 \times 6.02 \times 10^{23})/MT$
　　　　　ここでは、原子質量 M を原子1モルの質量としたが、原子1個の質量とすれば、答は $0.693/MT$ となる。

問題2　5

A　誤　スカベンジャーとは、溶液から目的以外の放射性核種を沈殿として除去するために加える物質である。

B　誤　比放射能とは放射性同位体を含むその元素すべての単位質量あたりの放射能である。従って同位体担体を加えると比放射能は変化する。

C　正

D　正

問題3　2

1　誤　亜鉛イオン Zn^{2+} を含む微酸性水溶液に NH_3 水を加えると、白色の水酸化亜鉛 $Zn(OH)_2$ の沈殿を生じる。
　　　　　$Zn^{2+} + 2OH^- \longrightarrow Zn(OH)_2$
　　さらに NH_3 水を加えると、沈殿は溶けて、無色の水溶液となる。これはテトラアンミン亜鉛（Ⅱ）イオン $[Zn(NH_3)_4]^{2+}$ を生じるからである。
　　　　　$Zn(OH)_2 + 4NH_3 \longrightarrow [Zn(NH_3)_4]^{2+} + 2OH^-$

2　正　酸化銀 Ag_2O（暗赤色沈殿）を生じる。
　　　　　$2Ag^+ + OH^- \longrightarrow Ag_2O + H_2O$
　　水酸化ランタン（白色沈殿）を生じる。
　　　　　$La^{3+} + 3OH^- \longrightarrow La(OH)_3$

3　誤　$Zn^{2+} + S^{2-} \longrightarrow ZnS$（白色沈殿）
　　　　　Sr^{2+}：沈殿を作らない。
　　　　　$2Ag^+ + S^{2-} \longrightarrow Ag_2S$（黒色沈殿）
　　　　　La^{3+}：沈殿を作らない。

4　誤　$Ag^+ + Cl^- \longrightarrow AgCl$（白色沈殿）
　　　　　La^{3+}：沈殿を作らない。

5　誤　$2Ag^+ + S^{2-} \longrightarrow Ag_2S$（黒色沈殿）

演 習 問 題 解 答

La^{3+}は沈殿を作らない。

問題4　3

A　正　Na$_2$SO$_4$+BaCl$_2$⟶Ba$\underline{\text{S}}$O$_4$↓+2NaCl

B　誤　$\underline{\text{Na}}$Cl+AgNO$_3$⟶AgCl↓+$\underline{\text{Na}}$NO$_3$

C　誤　Al$\underline{\text{Cl}}$$_3$+3NH$_4$OH⟶Al(OH)$_3$↓+3NH$_4$$\underline{\text{Cl}}$

D　正　Na$_2$$\underline{\text{C}}O_3$+CaCl$_2$⟶Ca$\underline{\text{C}}O_3$↓+2NaCl

問題5　4

A　誤　酸性水溶液ならば次のとおりヨウ素を遊離して放射性気体が発生する。しかし酸性でないのでこの反応は起こらない。
　　　$2\underline{\text{I}}^- + 2\text{NO}_2^- + 4\text{H}^+ \longrightarrow \underline{\text{I}}_2 + 2\text{NO} + 2\text{H}_2\text{O}$

B　正　N$\underline{\text{H}}$$_4$Cl水溶液に水酸化ナトリウム水溶液を加えると、NH$_4$Clが分解し、N$\underline{\text{H}}$$_3$および$\underline{\text{H}}$Clが揮散する。

C　誤　$\underline{\text{Mn}}$O$_2$+4HCl ⟶ $\underline{\text{Mn}}$Cl$_2$+Cl$_2$↑+2H$_2$O

D　正　核分裂を起こし、^{85}Kr、^{131}Iなどの放射性気体を発生する。

問題6　2

Ⅰ　Ⅰの中の化合物は（5）のNaCl以外はpHが7より小さい。

Ⅱ　Ⅱの中の化合物はすべてpHが7より大きく、酸性（HCl）にして加熱・乾固するといずれも塩化物の残渣を生じ、（3）のNa$_2$$\underline{\text{C}}O_3$の残渣（NaCl）以外はすべて放射性。

Ⅲ　硫化水素を通じると（1）のCaCl$_2$以外はすべて硫化物の沈殿を生じるが、その中で（4）の($\underline{\text{C}}$H$_3$COO)$_2$PbからのPbの硫化物は放射性でない。

問題7　4

A　×　[^{32}P]Ca$_3$(PO$_4$)$_2$+6HCl⟶2[^{32}P]H$_3$PO$_4$（揮散しない）+3CaCl$_2$

B　○　[^{13}N]NH$_4$Cl+NaOH⟶[^{13}N]NH$_3$↑+NaCl+H$_2$O

C　○　酸化ウランに中性子を照射すると核分裂をおこし、^{85}Kr、^{133}Xeなどの放射性気体のほか^{106}Ru、^{131}I、^{133}Iを生じ、これに希硝酸を加えると揮散する。

D　×　[^{45}Ca]CaCO$_3$+H$_2$SO$_4$⟶[^{45}Ca]CaSO$_4$↓+CO$_2$↑+H$_2$O

問題8　4

A　×　[^{59}Fe]FeS+2HCl⟶[^{59}Fe]FeCl$_2$+H$_2$S↑

B　○　[^{125}I]NaI+I$_2$⇌Na$^+$+[^{125}I]I$_3^-$⇌Na$^+$+[^{125}I]I$^-$+[^{125}I]I$_2$（揮散）

C　×　2[^{137}Cs]CsCl+H$_2$SO$_4$⟶[^{137}Cs]Cs$_2$SO$_4$+2HCl

D　○　[^{14}C]BaC$_2$+2H$_2$O⟶Ba(OH)$_2$+[^{14}C]C$_2$H$_2$↑
　　　　　（BaC$_2$は炭化バリウム、C$_2$H$_2$はアセチレン）

演 習 問 題 解 答

問題9　1

A　誤　加える HCl の量にもよるが、$^{90}Sr^{2+}$ と $^{90}Y^{3+}$ の混合溶液となると考えられる。ろ紙上には捕集されない。

B　誤　錯体形成剤は種類が非常に多いので、これを EDTA（エチレンジアミン四酢酸、多くの金属ときわめて安定な水溶性錯塩を形成する）と限定すると、^{90}Y とは可溶性の錯体を作るので、アンモニア水共存下ではろ紙上に捕集されない。

C　正

D　正

問題10　1

イ　I の水溶液が塩基性（アルカリ性）で、塩酸を加えた乾固物が放射性のものは下記の3つである。

(2)　$[^{45}Ca]Ca(OH)_2 + 2HCl \longrightarrow [^{45}Ca]CaCl_2 + 2H_2O$

(4)　$[^{24}Na]NaOH + HCl \longrightarrow [^{24}Na]NaCl + H_2O$

(5)　$[^{22}Na]NaHCO_3 + HCl \longrightarrow [^{22}Na]NaCl + H_2O + CO_2$

ロ　II の水溶液に $AgNO_3$ 水溶液を加えて、放射性の沈殿を生じるものは下記の2つである。

(2)　$[^{131}I]NaI + AgNO_3 \longrightarrow [^{131}I]AgI + NaNO_3$

(3)　$[^{36}Cl]CaCl_2 + 2AgNO_3 \longrightarrow 2[^{36}Cl]AgCl + Ca(NO_3)_2$

II の水溶液に H_2SO_4 を加えて加熱すると揮散するものは下記の2つである。

(2)　$2[^{131}I]NaI + H_2SO_4 \longrightarrow 2[^{131}I]HI + Na_2SO_4$

(3)　$[^{36}Cl]CaCl_2 + H_2SO_4 \longrightarrow CaSO_4 + 2[^{36}Cl]HCl$

ハ　該当する III の化合物は次の3つである。

(1)　$[^{55}Fe]FeCl_3$　(2)　$[^{64}Cu]CuCl_2$　(3)　$[^{60}Co]CoCl_2$

問題11　$[^{82}Br]Br^- + AgNO_3 \longrightarrow [^{82}Br]AgBr + NO_3^-$

$[^{82}Br]Br^-$ のモル数は

$$\frac{4.0}{80} = 0.05 \text{(mol)}$$

したがって $[^{82}Br]Br^-$ を沈殿させるのに必要な 1.0 mol/l の $AgNO_3$ の量は

$$\frac{0.05 \text{(mol)}}{1.0 \text{(mol/l)}} = 0.05 \text{(l)} = 50 \text{(ml)} = 5.0 \times 10^1 \text{(ml)}$$

問題12　2

A　正　放射性の二酸化硫黄が発生する。

$Cu + 2[^{35}S]H_2SO_4 \longrightarrow [^{35}S]CuSO_4 + [^{35}S]SO_2 \uparrow + 2H_2O$

B　誤　二酸化炭素が発生するが放射性ではない。$[^{45}Ca]CaCO_3 \longrightarrow [^{45}Ca]CaO + CO_2 \uparrow$

—238—

演習問題解答

C　正　放射性の ^{85}Kr 等希ガスが発生する。
D　誤　放射性気体は発生しない。

問題 13　5

A　誤　イオン交換法はむしろトレーサーレベル（超微量）の分離に適するので、無担体の放射性核種の分離・精製に適している。
B　正
C　誤　溶液中に超低濃度で存在する放射性核種はラジオコロイドとなりやすい。しかし担体を加えて常用量の濃度にすると、ラジオコロイドの生成を防ぐことができる。
D　正　EDTA はエチレンジアミン四酢酸の略称。クエン酸とともに多くの元素と非常に安定な水溶性の錯塩を作るので、除染剤としても用いる。

問題 14　3

1　×　アンモニア水を加えると Fe、Ni、Co は共に沈殿し相互分離できない。
2　×　同　上
3　○
4　×　強酸性陽イオン交換樹脂に Fe、Co、Ni は吸着し、硫酸を通すと Fe、Co、Ni は一度にすべて溶出して相互分離できない。
5　×　8 M 塩酸から Fe をイソプロピルエーテルで抽出する。8 M 塩酸には Co、Ni が存在する。中性で 1－ニトロソ－2－ナフトールで Co を沈殿させると Ni も同時に沈殿する。

問題 15　2

$E = D/\{D+(V_w/V_0)\}$

E：抽出率　D：分配係数　V_w：水相の容量（ml）　V_0：有機相の容量（ml）

$0.90 = D/\{D+(100/50)\} = D/(D+2)$　　∴ $D = 18$

問題 16　4

ターゲットと生成核が、同一原子番号であれば無担体の生成核種は得られない。したがって 4 または 5 である。9 M 塩酸溶液でジイソプロピルエーテルで溶媒抽出したとき、ジイソプロピルエーテル相に移るのは Fe である。

問題 17

1　水酸化鉄(Ⅲ)。水酸化第二鉄ともよばれる。
2　^{90}Y（または ^{140}La）　　3　^{140}La（または ^{90}Y）　　4　$[^{60}Co]Co^{2+}$（または $[^{59}Fe]Fe^{2+}$）
5　$[^{59}Fe]Fe^{2+}$（または $[^{60}Co]Co^{2+}$）　　6　38　　　　7　4.71×10^{11} Bq

注）7．質量数 90 だから 90 mg $= 10^{-3}$ モル

7.85×10^{-10} (s^{-1}) $\times 6 \times 10^{23} \times 10^{-3} = 4.71 \times 10^{11}$ (Bq)

演 習 問 題 解 答

問題 18 4

分配比（D）と抽出率（E）の関係は、
$$E = D/(D+1)$$
^{59}Fe の抽出量＝5（MBq）×20／（20+1）＝4.762（MBq）
^{60}Co の抽出量＝1（MBq）×0.4／（0.4+1）＝0.286（MBq）

よって、^{59}Fe の放射能純度（％）は
4.762／（4.762+0.286）＝0.94＝94％

問題 19 Ⅰ　A ─ 3（溶媒）　　B ─ 4（溶質）　　C ─ 11（同じ）　　D ─ 10（IO_3^-）
　　　　　　E ─ 2（有機相）　F ─ 9（I_2）　　G ─ 1（水相）　　H ─ 6（大きい）
　　　　　　I ─ 8（亜硝酸イオン）　　J ─ 7（亜硫酸イオン）

Ⅱ　A ─ 9（9）　　B ─ 8（8）　　C ─ 7（0）

分配比 D から抽出率 E を求める
$$D = C_o/C_w = 50 = 50/1$$
C_o：有機相濃度，C_w：水相濃度

有機相に抽出される ^{60}Co の放射能
10（MBq）×50／（50+1）＝9.80（MBq）

問題 20　A　K^+、Rb^+ は 0.2M HCl に溶出されて溶出液に移る。Cs^+ は残る。
　　　　　B　PdI_2 が沈殿する。Cl^-、Br^- は沈殿しない。
　　　　　C　$2I^- + 2NO_2^- + 4H^+ \longrightarrow I_2 + 2NO + 2H_2O$
　　　　　　 I_2 は有機相（四塩化炭素）に移る。Cl^-、Br^- は溶液に残る。
　　　　　D　クロム酸バリウムの沈殿を生じる。Mg^{2+}、Ca^{2+}、Sr^{2+} は沈殿しない。
　　　　　　 $Ba^{2+} + CrO_4^{2-} \longrightarrow BaCrO_4 \downarrow$

問題 21　A　<u>Mg</u> は $Mg(OH)_2$ の沈殿となり、ろ紙上にとどまる。
　　　　　　 <u>Al</u> はアルミ酸ナトリウム $Na[Al(OH)_4]$ となりろ液に移る。
　　　　　　　$2Al + 2NaOH + 6H_2O \longrightarrow 2Na[Al(OH)_4] + 3H_2$
　　　　　B　<u>Ni</u> は陰イオン交換樹脂カラムに吸着されないで流出する。
　　　　　　 <u>Co</u> は錯陰イオンとなって樹脂カラムに吸着される。
　　　　　C　ホットアトム効果により Cr の一部は、放射性の Cr^{3+}（陽イオン）となり、陰イオン交換樹脂カラムに吸着されないで流出する。放射性および非放射性の $Cr\underline{O}_4^{2-}$ はカラムに吸着される。
　　　　　D　<u>Cl</u> を含む <u>AgCl</u> は、ジアンミン銀(I)イオン $[Ag(NH_3)_2]^+$ を生じて溶解する。
　　　　　　　$AgCl + 2NH_3 \longrightarrow [Ag(NH_3)_2]^+ + Cl^-$
　　　　　　 <u>I</u> を含む <u>AgI</u> はアンモニアには溶解しない。
　　　　　E　<u>P</u> は、リン酸イオン PO_4^{3-} となり、硫酸鉄(Ⅲ)からの Fe^{3+} と反応して $FePO_4$ の沈殿となる。

演 習 問 題 解 答

$$Fe^{3+} + PO_4^{3-} \longrightarrow FePO_4$$

<u>S</u>は、硫酸イオン SO_4^{2-} となり、硫酸鉄(Ⅲ)からの Fe^{3+} とは沈殿を作らないで、そのまま溶液にとどまる。

問題22　1　^{35}S、^{133}Ba

2　^{131}I

$$Na_2SO_4 + Ba Cl_2 \longrightarrow \underline{BaSO_4}\downarrow + 2NaCl$$

Na<u>I</u> に $BaCl_2$ を加えても沈殿は作らない

3　水酸化鉄(Ⅲ)〔$Fe(OH)_3$〕

4　^{32}P

5　Ca

6　^{14}C

$$\underline{Ca}CO_3 + 2HCl \longrightarrow \underline{Ca}Cl_2\downarrow + H_2O + CO_2\uparrow$$
$$Ca\underline{C}O_3 + 2HCl \longrightarrow Ca Cl_2\downarrow + H_2O + \underline{C}O_2\uparrow$$

7　^{60}Co ⎫
　　　　　図8.4 参照
8　^{59}Fe ⎭

問題23　4

強塩基性陰イオン交換樹脂に、[^{59}Fe]Fe^{3+}、[^{60}Co]Co^{2+}、[^{63}Ni]Ni^{2+} を含む12M塩酸溶液を通すと、[^{59}Fe]Fe^{3+}、[^{60}Co]Co^{2+} は、吸着される。しかしながら、[^{63}Ni]Ni^{3+} は吸着されないで溶出する。^{60}Co は β^-、γ 放出体、^{59}Fe は β^-、γ 放出体、^{63}Ni は β^- 放出体である。

問題24　(1) チ（無担体）　　(2) ル（溶解度積）　　(3) ト（担体）　　(4) ヲ（溶媒抽出）
　　　　　(5) ヨ（メチルイソブチルケトン）　　(6) ロ（クロマトグラフ）
　　　　　(7) ホ（陽イオン交換樹脂）　　(8) ヘ（陰イオン交換樹脂）　　(9) レ（遷移金属）
　　　　　(10) ワ（ミルキング）

メチルイソブチルケトン（略称はMIBK）

イソブチルメチルケトン、または4-メチル-2-ペンタノン、イソプロピルアセトンなどの名称がある。$C_6H_{12}O$、分子量100.16。沸点117℃。比重 d_4^{20} は、0.7998。

屈折率 n_D^{20} は、1.3956。水にわずかに溶ける。ショウノウ様のにおいの無色液体。ゴム、樹脂、ニトロセルロースラッカーの溶剤、ペイント剥離に使用する。溶媒抽出法の溶媒としてよく使用される。

遷移（金属）元素

周期表に記された3群の元素の総称。すなわち（$_{21}Sc$ 原子番号21番のスカンジウム、$_{22}Ti$ チタン、$_{23}V$ バナジウム、$_{24}Cr$ クロム、$_{25}Mn$ マンガン、$_{26}Fe$ 鉄、$_{27}Co$ コバルト、$_{28}Ni$ ニッケル、$_{29}Cu$ 銅）までの第1遷移元素群。（$_{39}Y$ イットリウム、$_{40}Zr$ ジルコニウム、$_{41}Nb$ ニオブ、$_{42}Mo$ モリブデン、$_{43}Tc$ テクネチウム、$_{44}Ru$ ルテニウム、$_{45}Rh$ ロジウム、$_{46}Pd$ パラジウム、$_{47}Ag$ 銀）

演 習 問 題 解 答

までの第2遷移元素群。($_{57}$La ランタン、$_{72}$Hf ハウニウム、$_{73}$Ta タンタル、$_{74}$W タングステン、$_{75}$Re レニウム、$_{76}$Os オスミウム、$_{77}$Ir イリジウム、$_{78}$Pt 白金、$_{79}$Au 金) までの第3遷移元素群をいう。$_{30}$Zn 亜鉛、$_{48}$Cd カドミウム、$_{80}$Hg 水銀を各群に加えることもある。遷移元素の特徴は、①Fe^{2+} と Fe^{3+}、Mn^{2+}、Mn^{3+} と MnO_4^- のように多数の原子価(酸化数)をとる。②配位子と多くの錯体をつくる。③着色した化合物が多いなどである。

問題 25　A　誤　使用しない。
　　　　　B　誤　放射性核種純度とは、化学形とは関係なく着目する放射性核種の放射能が、その物質の全放射能に占める割合をいう。添加により放射性核種純度は変わらない。
　　　　　C　正
　　　　　D　正

問題 26　イ　[^{59}Fe]Fe^{3+} は水酸化鉄(Ⅲ)[俗称、水酸化第二鉄 $Fe(OH)_3$] として沈殿する。[^{64}Cu]Cu^{2+} は水酸化銅(Ⅱ) $Cu(OH)_2$ の沈殿を生じ、さらに過剰のアンモニア水を加えるとテトラアンミン銅(Ⅱ)となって溶解する。
　　　　　ロ　酸化鉄によって酸化されて、[^{3}H]標識有機化合物からは[^{3}H]H_2O を、[^{14}C]標識有機化合物からは[^{14}C]CO_2 がそれぞれ生成する。還元鉄を通ると[^{3}H]H_2O は還元されて[^{3}H]H_2 となり、[^{14}C]CO_2 は変化しない。結局、[^{3}H]H_2 と [^{14}C]CO_2 が生成する。
　　　　　ハ　[^{3}H]ニトロベンゼンと[^{14}C]アニリンの混合物のエーテル溶液を希塩酸と振り混ぜると、[^{14}C]アニリンが希塩酸相に移る。
　　　　　ニ　[^{64}Cu]Cu^{2+} は、[^{64}Cu]Cu の金属銅となって鉄片表面に析出する。[^{65}Zn]Zn^{2+} は、そのまま水溶液中に残る。
　　　　　ホ　気体状態の[^{131}I]I_2 は、次の式のように反応して水溶液に溶ける。
　　　　　　　$2Na_2S_2O_3 + I_2 = 2NaI + Na_2S_4O_6$
　　　　　　　一方、[^{133}Xe]Xe はそのままの状態である。

問題 27　イ　^{99}Mo と ^{99m}Tc は過渡平衡となっていて両者は共存している。生理食塩水を流すと ^{99}Mo はアルミナカラムにとどまり、^{99m}Tc は生理食塩水に含まれて流出する。
　　　　　ロ　硫酸ナトリウム(Na_2SO_4)は変化は認められないが、炭酸ナトリウムは希塩酸で下記のように分解して[^{14}C]$CO_2\uparrow$ を出す。
　　　　　　　[^{14}C]$Na_2CO_3 + 2HCl \longrightarrow 2NaCl + [^{14}C]CO_2 + H_2O$
　　　　　ハ　Cu 板を中性子照射すると、$^{63}Cu(n, \gamma)^{64}Cu$ 反応によって[^{64}Cu]Cu が生じる。この溶液に亜鉛板を入れるとイオン化傾向は Zn>Cu なので、[^{64}Cu]Cu^{2+} は金属銅として析出する。
　　　　　ニ　^{90}Sr を数日間放置すると娘核種の ^{90}Y が生成して共存している。[^{90}Sr]Sr^{2+} の溶液の pH を 9 とするとラジオコロイドの[^{90}Y]$Y(OH)_3$ が生じ、ろ過すると ^{90}Y はろ紙上に残る。このとき ^{90}Sr は pH9 では沈殿を作らず溶けたままなのでろ液に存在する。
　　　　　ホ　[^{14}C]ニトロベンゼンは水蒸気蒸留されて水蒸気とともに留出する。

演 習 問 題 解 答

[^{3}H]アニリンは希塩酸に溶解して溶液にとどまる。ただし水蒸気蒸留物には、[^{3}H]アニリンからの ^{3}H が若干混入するおそれがある。

問題 28　3　$R_f =$（試料の移動距離 cm）／（溶媒の移動距離 cm）＝8/10 ＝0.8

問題 29　1

一般に、アルカリ性では加水分解を起こし、酸性にするとイオンの形になりやすく、ラジオコロイドの生成がおこりにくくなる。

問題 30　2

イオン化傾向は Zn＞Fe＞Cu の順である。したがって 2 のみが正しい。

問題 31　1

A　正
B　正
C　誤　酸性溶液に炭酸塩を加えると、二酸化炭素（炭酸ガス）を放出して、炭酸塩は溶解して溶液となり分離できない。
D　誤　[^{65}Zn]Zn^{2+} は Zn(OH)$_2$ として、[^{59}Fe]Fe^{3+} は Fe(OH)$_3$ として、それぞれ沈殿をつくり分離できない。

問題 32　3

A　誤　^{238}U(n, γ)^{239}U で生成した ^{239}U の γ 線を測定して定量できる。
B　正　Cl$^-$ は、[^{110m}Ag]AgNO$_3$ を加えて [^{110m}Ag]AgCl（沈殿）を生成させ、その放射能を測定して定量できる。
C　正　^{151}Eu は安定元素（非放射性）であり、中性子放射化断面積が大きいので、アクチバブルトレーサとして用いることができる。したがって、^{151}Eu の使用により環境汚染は発生しない。
D　誤　^{222}Rn は放射性の希ガスであり電解濃縮できない。
E　誤　水分計は ^{252}Cf から発生する中性子を用いる。^{252}Cf は密封状態で使用される。

演習問題解答

第 9 章

問題 1 4

ニトロベンゼンおよびアニリンの分子量はそれぞれ 123 および 93 であるから、アニリンの比放射能は

$$150\,\text{kBq}\cdot\text{mg}^{-1}\times(123/93)=198\,\text{kBq}\cdot\text{mg}^{-1}$$

問題 2 4

A　誤　自己分解はほとんど放射線の吸収エネルギーに依存し、標識核種により異なる。

B　正

C　正

D　誤　W 値は気体中で 1 イオン対を作るのに費やされる平均エネルギーで、これはイオン化エネルギーの他に電離（イオン化）にまで達しない段階である励起エネルギーを含む。したがって W 値の方がイオン化エネルギーより大きい値となる。

問題 3 2

A　正　トルエン $C_6H_5CH_3$ を酸化して得られる安息香酸 C_6H_5COOH は、酸化によって炭素数は変わらない。したがって mol を基準とした比放射能は変わらない。

B　誤　放射化学的純度は、逆希釈分析法で求める。直接希釈分析法の試料は、非放射性物質に限定される。

C　正

D　誤　$[G-{}^3H]$トリプトファンにおける G はトリプトファンのすべての位置の水素原子が全般的に ^3H 標識されているが、その分布が均一でなく、その分布比は明確ではない。均一に標識されているときは「$U-{}^3H$」と記す。

問題 4 2

A　○　無担体（非放射性同位体が入っていない）の放射性核種の比放射能 S $(\text{Bq}\cdot\text{g}^{-1})$ は、原子量を M、半減期を T (s^{-1}) とすると

$$S=(0.693/T)\times(6.02\times10^{23}/M)=4.17\times10^{23}M^{-1}\cdot T^{-1}\ (\text{Bq}\cdot\text{g}^{-1})$$

^3H と ^{14}C では M にくらべて T の差異が大きいから半減期の短い ^3H （12.3 y）の方が、半減期の長い ^{14}C （5.73×10^3 y）より比放射能が高い。

B　×　uniform（均一）標識とは標識化合物の全ての位置の原子が均一に標識されていることをいう。核種記号の次に U（uniform の頭文字）を付ける。

C　○

D　×　純度の検定には、直接希釈分析法ではなく、逆希釈分析法を用いる。なお、逆希釈法の試料は、放射性物質に限られる。

演 習 問 題 解 答

問題5 3

1、2 正
3 誤 NaI(Tl)は結晶の形で使用する。この結晶は、潮解性のためアルミニウムなどのケースに封入されているのでα線の測定には適さない。γ(X)線測定用として使われる。
4、5 正

問題6 5

A 誤 液体シンチレーション計数装置の分解時間は数百 ns（10^{-7}秒）であるから、ほとんど数え落しはない。
B 正 一般に同時計数回路とサム回路が組み込まれている。
C 誤 ^{14}C と ^{35}S の β$^-$線の最大エネルギーはそれぞれ 0.156 MeV と 0.167 MeV と値が接近しているため、分別定量はできない。
D 正

問題7 4

A 誤 炭素の安定同位体は ^{12}C（99.90 %）および ^{13}C（1.10 %）で、炭素の原子量は 12.0107 である。
B 正
C 正 ^{14}N(n, p)^{14}C により製造する。
D 誤 ^{11}C は ^{10}B(d, n)^{11}C によって生成する。また ^{11}C の半減期は 20.39 m で、トレーサとしては半減期が短く有用とはいえない。

問題8 1

各核種のβ$^-$線の最大エネルギー（単位 MeV）は次のとおりである。
^{32}P : 1.711　　　^{45}Ca : 0.257　　　^{35}S : 0.167　　　^{14}C : 0.156　　　^{3}H : 0.0186

問題9 3

半減期の最も短いのは ^{32}P である。

問題10 イ ① この水溶液に担体として Ag^+、Fe^{3+}、Ba^{2+} を加える。
② 少量の塩酸（HCl）を加えると AgCl の沈殿が生成する。
　　$Ag^+ + Cl^- \rightarrow AgCl$
③ この沈殿をろ過し、アンモニア溶液（または水酸化ナトリウム溶液）を加えてアルカリ性とする。
　　$Fe^{3+} + 3OH^- \rightarrow Fe(OH)_3$
水酸化鉄(Ⅲ)（$Fe(OH)_3$）が生成し、Ba は沈殿しない。
④ この沈殿をろ過し、硫酸ナトリウム（Na_2SO_4）を加えると、硫酸バリウム（$BaSO_4$）の沈

演 習 問 題 解 答

殿が生成する。
$$Ba^{2+} + SO_4^{2-} \rightarrow BaSO_4$$

ロ　1　^6Li　　2　(n, α)　　3　^3He　　4　$1.08×10^{12}$　　5　測定試料
　　6　化学的クエンチング　　7　各種クロマトグラフィーと逆希釈法　　8　乾燥

（注）4. ^3H の壊変定数 $\lambda = 0.693/T = 0.693/(12.3×365×24×60×60) = 1.79×10^{-9} s^{-1}$
　　　1mmol 中の分子数は　$N = 6.02×10^{23}×10^{-3}$
　　　したがって、比放射能は　$\lambda N = 1.08×10^{12}$ Bq/m mol

問題11　1

$C_6H_5CH_3$（トルエン）$\longrightarrow C_6H_5COOH$（安息香酸）
安息香酸 1mg の放射能＝1kBq×(92／122)＝754 Bq
計数効率 90％であるから計数率は
　　754×0.9＝678.6（cps）＝678.6×60（cpm）＝40716（cpm）

問題12　2

A、C　正　Aで分離したのち、目的の ^{14}C 標識有機化合物を C で定量して検定する。
B、D　誤

問題13　3

アニリン 1g の mol 数は 1／93 mol
アセトアニリド 1g の mol 数は 1／135 mol
アニリン 1g 当たりの放射能は 100kBq で、対応する mol 数は 1／93
アセトアニリド 1g 当たりの放射能は
　　［100×(1／135)］／(1／93) ＝ 70

演 習 問 題 解 答

第10章

10.1

問題1 (1) $\lambda_1 N_1 - \lambda_2 N_2$　　(2) $\lambda_1/(\lambda_1-\lambda_2)$　　(3) 長い
(4) 過渡平衡や永続平衡（放射平衡）　　(5) 最大（極大）　　(6) 熱中性子
(7) （核）反応断面積　　(8) n, γ　　(9) アクチバブルトレーサ　(10) 安定同位体

問題2 2

$$A = f\sigma N [1-(1/2)^{t/T}]$$

上式に $f = 1\times10^{12}\,\mathrm{cm^{-2}\cdot s^{-1}}$
　　　　$\sigma = 2\times10^{-25}\,\mathrm{cm^2}$
　　　　$N = (10^{-6}/100)\times6.02\times10^{23}$
　　　　$t/T = 1$

を代入すれば、
$$A\,(\mathrm{Bq}) = 10^{12}\times2\times10^{-25}\times10^{-8}\times6.02\times10^{23}\times(1/2) = 6.02\times10^2$$

問題3 3

α粒子ビームの強さは、α粒子束密度（f）とは正比例の関係にある。
α粒子ビーム2μAのときのα粒子束密度を$2f$、α粒子ビーム3μA（α粒子束密度は$3f$）を1.5時間照射したときの放射能をA（Bq）とすると、

$$4\times10^7\,(\mathrm{Bq}) = 2fN\sigma[1-(1/2)^{1/0.5}] \quad (1)$$
$$A\,(\mathrm{Bq}) = 3fN\sigma[1-(1/2)^{1.5/0.5}] \quad (2)$$

(1), (2)の式から　$A = 7\times10^7$（Bq）

問題4 3

濃縮率＝（分解された化学種の比放射能）／（試料全体についての比放射能）
　　　＝$(0.7\times10^7/0.5)/(10^7/1000)$
　　　＝1.4×10^3

問題5 2

照射直後の全放射能は、
$$1.2\times10^3\times(10\,(\mathrm{mg})/6\,(\mathrm{mg})) = 2\times10^3\,(\mathrm{dpm})$$

標準試料0.1 mgの放射能が5×10^5 dpmであるので、2×10^3 dpmに相当する試料は
$$0.1\times(2\times10^3)/(5\times10^5) = 4\times10^{-4}\,(\mathrm{mg})$$

この成分が1 g中に存在しているから、
$$4\times10^{-4}\,(\mathrm{mg})/1\,(\mathrm{g}) = 0.4\times10^{-6} = 0.4\,\mathrm{ppm}$$

演 習 問 題 解 答

問題6 2

^{125}I の半減期に比べ照射時間が短いので、照射中の ^{125}I の減衰は無視できる。照射直後の ^{125}Xe および ^{125}I の原子数 Na は、照射時間を t とすると

$$Na = Nf\sigma t$$

^{125}Xe の半減期は 0.7d と短いので一週間後の ^{125}I の原子数 Ni は

$$Ni = Na\, e^{-0.693 \times \frac{7}{60}} = Nf\sigma\, e^{-0.693 \times \frac{7}{60}}$$

^{125}I の放射能 Ai (Bq) は $t=1$ (d) として

$$Ai = (0.693/T_2)\, Ni = (0.693/60)$$

問題7 3

A 誤 ^{238}U(n, γ)^{239}U で生成した ^{239}U の γ 線を測定して定量できる。

B 正 Cl$^-$ は、^{110m}AgNO$_3$ を加えて ^{110m}AgCl（沈殿）を生成させ、その放射能を測定して定量できる。

C 正 ^{151}Eu は安定元素（非放射性）であり、中性子放射化断面積が大きいので、アクチバブルトレーサとして用いることができる。したがって、^{151}Eu の使用により環境汚染は発生しない。

D 誤 ^{222}Rn は放射性の希ガスであり電解濃縮できない。

E 誤 水分計は ^{252}Cf から発生する中性子を用いる。^{252}Cf は密封状態で使用される。

問題8 4

A 誤 ホットアトム効果は同位体濃縮に利用される

D 誤 放射滴定は放射能測定によって終点を定める滴定法である
　　　酸化還元反応を利用する場合もあるが、酸化還元滴定ではない

10.2

問題9 イ 　1　 λ 　　　　 2 　N^* 　　　 3 　$(1-e^{-\lambda t})$

　　　　　　　4 　飽和係数　　 5 　6（t が半減期の 6 倍で 98.4%、10 倍で 99.9% に達する）

　　　　ロ　 6 　定量　　　 7 　同位体組成　　　 8 　比放射能

　　　　　　　9 　$Y[(S_0/S)-1]$　　　 10　放射能

問題10 4

定量すべき試料の重量を x (mg)、添加トレーサの重量を a (mg)、添加トレーサの比放射能を S_0 (dpm/mg)、混合物の比放射能を S (dpm/mg) とすると、

$$x = a\{(S_0/S) - 1\}$$

演習問題解答

ここで、$a=20$(mg) $S_0=500$(dpm/mg) $S=125$(dpm/mg)であるから、
$$x=20\{(500/125)-1\}=60 \text{(mg)}$$

問題11 4

混合試料の全放射能は添加した標識化合物の放射能に等しいから、試料中のこの化合物の量を x mgとすると
$$1000\,\text{Bq}\cdot\text{mg}^{-1}\times 20\,\text{mg}=(20+x)\,\text{mg}\times 250\,\text{Bq}\cdot\text{mg}^{-1}$$
$$x=60 \text{(mg)}$$

問題12 2

添加トレーサの量を a(mg)、添加トレーサの比放射能を S_0(dpm/mg)、添加後の比放射能を S(dpm/mg)とすると定量すべき試料 x(mg)は
$$x=a((S_0/S)-1)=5((1500/300)-1)=20$$

問題13 2

溶液全体の放射能は $(600\,\text{kBq/mol})\times(0.02\,\text{mol}/1000\,\text{ml})\times 10\,\text{ml}=0.12\,\text{kBq}$

0.1 M の MnO_4^- 10 ml 中の MnO_4^- のモル数は
$$0.1\times(10/1000)=1\times 10^{-3}\,\text{mol}$$

0.02 M の MnO_4^{2-} 10 ml 中の MnO_4^{2-} のモル数は
$$0.02\times(10/1000)=0.2\times 10^{-3}\,\text{mol}$$

したがって平衡に達した後の MnO_4^- の比放射能は
$$0.12/(1\times 10^{-3}+0.2\times 10^{-3})=100 \text{(kBq/mol)}$$

問題14 3

A　正　水の電気分解に際しては、^{3}H と ^{1}H の質量の差により、^{3}H が濃縮される。

B　誤　一般に金属イオンの析出電位が約 0.3 V 以上離れていると、原理的には電解分離できる。しかし、コバルトを含めて遷移金属イオンでは電極電位や電解液、電解条件など種々の条件から析出電位が接近する傾向があり、電解分離は困難である。

C　誤　^{90}Sr は約 2 週間以上放置すると、(^{90}Sr の放射能) = (^{90}Y の放射能) という永続平衡の関係が成立する。永続平衡成立後の ^{90}Y を化学的に分離して、^{90}Y の放射能の測定値から、^{90}Sr の放射能を定量している。このとき、^{90}Y だけを化学的に純粋に分離できれば、Sr は分離精製した状況でなくともよい。

D　正　Cs の分離・精製においては、同じアルカリ金属である K、Rb（とくに Rb）が混入しやすいから注意を要する。

問題15 5

A　誤　放射分析においては放射性核種は終点を定めるために用いられるので比放射能はわから

なくてよい。

- B　誤　上澄液の放射能は沈殿生成が完了するまで認められず、終点をすぎると上昇する。
- C　正　$Ag^+ + Cl^- \longrightarrow AgCl$（沈殿）
- D　正

問題16　3

- A　正
- B　誤　G値が小さいほど安定である。
- C　誤　ホットアトム効果は、原子核の崩壊または核反応によって生成した原子（ホットアトム）が分子内で化学結合を解裂したり、新しい化合物を生成したりすることである。
- D　正　オートラジオグラフィは、標本中の放射性核種から出る放射線を写真乳剤に感光させて、記録する方法。放射線が当たった部分が黒化し、黒化点を観察する。ミクロオートラジオグラフィ、超ミクロオートラジオグラフィ、マクロオートラジオグラフィがあり、低エネルギーのβ^-放出体の^3Hや^{14}Cは超ミクロオートラジオグラフィに特によく使う。

演習問題解答

第11章

問題1 5

A 誤 N は nominal、すなわち名目標識化合物である。
B 誤 標識位置を明記しているので特定位標識化合物である。
C 正 U は Uniform。
D 正 G は General

問題2 4

A 誤 ^{3}H 化合物は凍結させると分解が早まる。
B 誤 水溶液の場合は不適。
C 誤 比放射能は低い方が分解速度は低下する。
D 正

問題3 4

シアノコバラミンに着目した放射性核種 ^{58}Co の放射能は（485－10）MBq であるから核種純度は
$$100 \times (485-10)/485 = 97.9\ \%$$

問題4 2

放射化学的純度 ; 指定の化学形で存在する着目する放射性核種の放射能が、その物質の全放射能にしめる割合

放射性核種純度 ; 化学形とは関係なく着目する放射性核種の放射能が、その物質の全放射能にしめる割合

比放射能 ; 放射性核種を含む元素の単位質量当たりの放射能。広義には物質の単位質量当たりの放射能

$$\frac{1 \times 10^6 \times 0.90 \times 0.98}{10 \times 0.95} = 0.928 \times 10^5\ (\text{Bq/mg}) \fallingdotseq 93\ (\text{kBq/mg})$$

問題5 2

A 正 反跳合成法の長所は、①複雑な化合物が簡便に標識できる。②比較的短寿命の放射性核種の標識ができる。③比放射能の高いものが得られるなどである。
B 誤 トリチウム水（[^{3}H]H$_2$O）ではなくてトリチウムガスと接触させる必要がある。
C 正 生合成法の特長は、①化学合成の難しいホルモン、アルカロイド、タンパク質などが合成できる。②標識が均一である。③化学的合成法で得られない光学的活性体が容易に得られる。
D 誤 ^{11}C の半減期は 20 分と寿命が短い。出発物質には使用しない。

演 習 問 題 解 答

問題 6　5

$(120 \text{ kBq/mg}) \times (123/93) = 158$

問題 7　Ⅰ　A——4（チミジン）　　B——1（ウリジン）　　C——2（グリシン）
　　　　　　D——5（写真乳剤）　　E——9（ミクロオートグラフィ）
　　　　　　F——11（6）
　　　　　　C　タンパク質の合成量を測定するためには、必須アミノ酸を標識する。グリシンは必須アミノ酸の1つ。

　　　　Ⅱ　A——2（0.156）　　B——5（マクロオートラジオグラフィ）
　　　　　　C——8（悪い）
　　　　　　C　位置分解能が悪いのは、β線のエネルギーが大きいことによる。

演習問題解答

第12章

問題1 イ 1 Ba^{2+}　　2 0.7 〔$100\div(23\times2+32+16\times4)$〕
ロ 3 銅のアンミン錯イオン〔$Cu(NH_3)_4$〕$^{2+}$　　4 保持担体
ハ 5 125　　6 131　　7 クロラミンT
8 〔^{125}I〕I_2　　9 チロシン　　10 ラジオイムノアッセイ（RIA）

問題2 1
A 正
B 正
C 誤　測定値は見かけ上高い値を与えることがある。
D 誤　一般には ^{125}I が用いられる。^{125}I は半減期が 59.41 日と適当に長く、放射線の測定が比較的容易であり、無担体の状態で原子炉で製造できることによる。

問題3 3
A 正
B 誤　断層撮影法はトモグラフィともいう。X 線の場合なら被写体のある断面を X 線で撮影し像を得る方法。断層撮影法では γ 線エネルギーには左右されない。診療の分野では単一の γ 線を使用する場合が多い。
C 誤　陽電子ではなくて γ 線を放出する。
D 正

問題4 1
A 正
B 正
C 誤　人体から得られる検体試料中の微量物質を測定する検査法である。
D 誤　トリチウム等の β^- 崩壊核種も用いられる。

問題5 A——4（抗体）　　B——5（小さく）　　C——10（10^{-12}）
D——12（^{125}I）

問題6 3
A 正
B 誤　^{13}N —10 分
C 誤　^{15}O —2 分
D 正

演習問題解答

問題7 3

注) $A = Nf\sigma(1-e^{-\lambda t})$ の式より

$4 \times 10^7 = N \times 2 \times \sigma \times (1-e^{-\ln 2 \cdot 60/30}) = (3/2) \times N \times \sigma$

$N \times \sigma = (8/3) \times 10^7$

$A = N \times 3 \times \sigma \times (1-e^{-\ln 2 \cdot 90/30}) = (21/8) \times N \times \sigma = 7 \times 10^7$ 〔Bq〕

演 習 問 題 解 答

第 13 章

問題 1
(1) 遊離基（またはラジカル）　(2) 励起分子
(3) 化学線量計（による計測法）　(4) フリッケ（または鉄）
(5) セリウム　(6) 飛跡
(7) フィッショントラック　(8) 放出
(9) 高い　(10) 小さい
(1) と (2) は順不同

問題 2　3

A　誤　フリッケ線量計は Fe^{2+} が放射線量に比例して Fe^{3+} に酸化されることを利用した線量計である。

B　正　大線量の測定に用いられる。

C　正　W 値は 1 個のイオン対を生ずるのに要する平均エネルギー。G 値はエネルギーを 100 eV 吸収したときに変化をうける分子または原子の数である。この場合 25 eV で 1 個のイオン対を生じるので 100 eV では 4 個のイオン対を生じる。したがって、G 値は 4 である。

D　誤　水和電子は水素原子より酸化還元電位が約 0.6 V 高く、水素原子より強力な還元性をもち、反応性に富む。

問題 3　3

セリウム線量計は、Ce^{4+} が放射線で Ce^{3+} に還元されることを利用した化学線量計。
生成した Ce(Ⅲ) の原子数 N は溶液 1 g あたり
$$N = (1.40\times 10^{-5}/140)\times 6\times 10^{23}\ [g^{-1}]$$
G 値が 2.5 ということは、2.5 個の Ce(Ⅲ) を生じるのに 100 eV のエネルギー吸収を必要とするということである。したがって N 個の Ce(Ⅲ) が吸収した線量 D は
$$D = (N/2.5)\times 100\ (eV)$$
$$= (1.40\times 10^{-5}/140)\times 6\times 10^{23}\ (g^{-1})\times (100\ eV/2.5)\times 1.6\times 10^{-19}\ (J\cdot eV^{-1})$$
$$= 0.384\ (J\cdot g^{-1}) = 384\ (J\cdot kg^{-1}) = 384\ (Gy)$$

問題 4　3

(1) 生成した Fe(Ⅲ) イオンの個数は
$$(2.8\times 10^{-5}/56)\times 6\times 10^{23} = 3\times 10^{17}\ (g^{-1})$$

(2) G 値が 16 なので Fe(Ⅲ) イオン 16 個の生成に対し 100 eV が必要となる。3×10^{17} 個では
$$(3\times 10^{17}\times 100)/16 = (3/16)\times 10^{19}\ (eV\cdot g^{-1})$$

(3) これは 1 g あたり 30 分の照射であるから、kg、1 時間に換算すると、
$$(3/16)\times 10^{19}\times 10^3\times (60/30) = (6/16)\times 10^{22}\ (eV\cdot kg^{-1}\cdot h^{-1})$$

演 習 問 題 解 答

(4) eVをJに換算すると
$(6/16) \times 10^{22} \times 1.6 \times 10^{-19} = 6 \times 10^2$ $(J \cdot kg^{-1} \cdot h^{-1}) = 600$ $(Gy \cdot h^{-1})$

問題 5 2

G値は、物質が放射線のエネルギーを100eV吸収したときに変化を受ける分子または原子の数である。

標準状態で3.8mlの水素の分子数を求めると、
$[3.8/(22.4 \times 10^3)] \times 6.02 \times 10^{23} = 1.02 \times 10^{20}$

これが5MeVのα線2×10^{15}個によって発生したのであるから、100eVでは、
$$G(H_2) = \frac{100 \times 1.02 \times 10^{20}}{5 \times 10^6 \times 2 \times 10^{15}} = 1.02$$

問題 6 1

A 正
B 正
C 誤 CH_4のα粒子に対するW値は29.1eVであり、HeのW値42.7eVより低いので、励起したCH_4がHe原子をイオン化することはあり得ない。
D 誤 多原子分子の存在は単原子分子のイオン化とは無関係である。

問題 7 3

生成したFe(Ⅲ)の原子数Nは
$N = (5.6 \times 10^{-6}/56) \times 6.02 \times 10^{23}$ (個/g)   (1)

これを生成するに要したエネルギーEは
$E = (100 \text{ eV}/15.6) \times N$ (2)

$1 \text{eV} = 1.6 \times 10^{-19}$ J   (3)

(1)、(2)、(3)式から $E = 6.18 \times 10^{-2}$ J/g = 61.8 J/kg

1J/kg = 1Gy だから、線量率は61.8 Gy/h

問題 8 2

A 正 $Fe^{2+} \longrightarrow Fe^{3+}$の酸化反応
B 誤 $Ce^{4+} \longrightarrow Ce^{3+}$の還元反応
C 正
D 誤 アラニン線量計とは、アミノ酸の一種であるアラニンの粉末をパラフィン中に溶かし込み、放射線照射で生じたフリーラジカル(遊離基)の数を電子スピン共鳴装置(ESR)で測定する線量計である。

問題 9 2

演習問題解答

$1\,\text{eV} = 1.6\times 10^{-19}\,\text{J}$ より、$1\,\text{J} = 6\times 10^{18}\,\text{eV}$。

$6.7\,\text{Gy} = 6.7\,\text{J/kg} = 6.7\times 6\times 10^{18}\,\text{eV/kg} = 4\times 10^{16}\,\text{eV/g}$

G 値が 2.4 というのは、100 eV で Ce^{3+} が 2.4 個生成することであるから、生成する Ce^{3+} の数は

$(4\times 10^{16})\,\text{eV/g} \div 100\,\text{eV} \times 2.4 \fallingdotseq 10^{15}/\text{g}$

問題 10 2

A 正 同一粒子ではエネルギーの小さいほど LET は大きい。

B 誤 γ 線を照射されると、両者は程度の差こそあれ放射線分解されるので、γ 線に対して安定であるとはいえない。

C 正 ^{137}Cs γ 線（0.66 MeV）では 15.3±0.3、^{3}H β 線（18 keV）では 12.9±0.3、14.3 MeV 中性子では 9.6±0.6 等、線質やエネルギーにより多少変化する。

D 誤 G 値は物質が放射線のエネルギーを 100 eV 吸収したときに変化を受ける分子または原子の数である。また、$W=E/N$ であるから、これに $W=33$（eV）と $E=100$（eV）を代入して N を求めれば $N \fallingdotseq 3$（個）。これが G 値となる。

問題 11 4

A × フリッケ線量計の G 値は 15.6 であるが、これは吸収エネルギー100 eV 当たり Fe^{2+} が 15.6 個生ずるということである。（したがって 15.6 eV 当たりでは約 6.4 個生ずる。）

B ○

C × 吸収線量 D と照射線量 X との関係は、照射物質および空気中の質量エネルギー吸収係数をそれぞれ μ_m、μ_a とすると、

$D\,(\text{rad}) = 0.873 \times (\mu_m/\mu_a) \cdot X\,(\text{R})$

$D\,(\text{Gy}) = 33.85 \times (\mu_m/\mu_a) \cdot X\,(\text{C}\cdot\text{kg}^{-1})$

$2.58\times 10^{-4}\,\text{C}\cdot\text{kg}^{-1}$ は、旧単位の 1R（レントゲン）に相当する照射線量で、1R の照射線量による空気の吸収線量は約 0.87 rad、水（および人体）の吸収線量は光子エネルギーに依存するが約 1rad（μ_m/μ_a＝約 1.1、0.95 rad）である。

D ○ 水和電子は、酸化還元電位が水素原子より高いので、水素原子より強力な還元剤である。

問題 12

1 （ヨ）電離	2 （ム）励起	3 （ラ）有機ラジカル	4 （ハ）R
5 （カ）直接	6 （リ）・OH	7 （ニ）間接	8 （ル）修復
9 （ホ）還元型グルタチオン		10 （ワ）増強	(1) と (2) は順不同

問題 13 3

B × G 値が大きいと放射線に対し不安定

C × ホットアトム効果とは反跳現象により異なる酸化状態や結合状態になることをいう。

索　引

〔あ行〕

アイソトープ誘導体法 ………………………… 156
アクチニウム系列 ………………………………… 59
アクチバブルトレーサー法 …………………… 149
アラニン線量計 …………………………………… 201
イオン ……………………………………………… 198
イオン化傾向による RI の分離 ……………… 116
イオン交換 ………………………………………… 105
イオン交換樹脂 …………………………………… 106
一次過程 …………………………………………… 196
遺伝子解析 ………………………………………… 177
遺伝子の単離 ……………………………………… 177
井戸型シンチレーションカウンター …………… 73
イムノラジオメトリックアッセイ …………… 160
イメージングプレート ………………………… 172
陰イオン交換樹脂 ………………………………… 106
陰イオン交換樹脂カラムによる重金属イオンの
　分離 ………………………………………………… 111
陰イオン交換樹脂に対する吸着傾向 ………… 109
インビボ診断用放射性医薬品 ………………… 183
ウィルツバッハ法 ………………………………… 130
ウエスタンブロット法 ………………………… 179
ウラン系列 ………………………………………… 58
ウラン U－トリウム Th－鉛 Pb 法 …………… 65
永続平衡 …………………………………………… 51
液体シンチレーションカウンター ……………… 71
液滴模型 …………………………………………… 83
エネルギーの移動 ……………………………… 199
塩化物沈殿の生成 ………………………………… 99
塩酸溶液中の陰イオン交換樹脂の吸着 ……… 110
オージェ効果 ……………………………………… 26
オートラジオグラフィー ……………………… 169
親核種 ……………………………………………… 47

〔か行〕

外部被ばく防護の3原則 ………………………… 94
壊変系列 ……………………………………… 58, 60
壊変図式 …………………………………………… 33

化学線量計 ………………………………………… 200
化学的合成法 ……………………………………… 128
化学発光 …………………………………………… 72
核医学治療 ………………………………………… 191
核異性体 …………………………………………… 18
核異性体転移 ……………………………………… 28
核種 ………………………………………………… 17
核図表 ……………………………………………… 18
核反応 ……………………………………………… 78
核反応断面積 ……………………………………… 79
核分裂 ……………………………………………… 82
核分裂異性体 ……………………………………… 84
核分裂収率 ………………………………………… 86
核分裂生成物 ……………………………………… 86
核分裂生成物からの ^{131}I の分離 …………… 115
核分裂性物質 ……………………………………… 85
核分裂の比率 ……………………………………… 85
核模型 ……………………………………………… 16
過渡平衡 …………………………………………… 50
カリウム K－アルゴン Ar 法 ……………………… 65
輝尽性蛍光体 ……………………………………… 172
基礎過程 …………………………………………… 196
逆希釈法 …………………………………………… 154
共沈現象 …………………………………………… 94
共沈による無担体分離 …………………………… 95
共沈法 ……………………………………………… 92
均一標識化合物 ………………………………… 134
金属放射性核種による標識 …………………… 132
偶偶核 ……………………………………………… 84
クエンチング ……………………………………… 72
グラフト共重合 ………………………………… 202
クロム酸塩沈殿の生成 ………………………… 100
クロラミン T 法 ………………………………… 131
計数値の統計的変動 ……………………………… 73
原子核 ……………………………………………… 13
原子核と軌道電子 ………………………………… 37
原子核の構造 ……………………………………… 13
原子数極大の時間 ………………………………… 49
原子断面積 ………………………………………… 80

索　引

減衰曲線 …………………………………… 52
高 LET 荷電粒子 …………………………… 196
高速液体クロマトグラフィー ………… 139, 167
酵素法 ……………………………………… 132
光電効果 …………………………………… 29
後放射化法 ………………………………… 149
コンプトン散乱 …………………………… 30

〔さ行〕

サザンブロット法 ………………………… 178
酸化的ヨウ素標識 ………………………… 131
ジェネレータ ……………………………… 52
質量欠損 …………………………………… 15
質量数 ……………………………………… 13
質量とエネルギーの同等性 ……………… 14
ジデオキシ法 ……………………………… 177
自発核分裂 ………………………………… 83
照射時間と生成放射能 …………………… 81
蒸発法 ……………………………………… 113
シングルフォトン断層撮影装置 ………… 166
水酸化鉄（Ⅲ） …………………………… 96
スカベンジャー ……………………… 96, 201
スプール …………………………………… 196
生合成法 …………………………………… 128
生成放射能の計算 ………………………… 146
制動放射線 ………………………………… 28
セリウム線量計 …………………………… 201
線エネルギー付与 ………………………… 197
全般標識化合物 …………………………… 134
即発中性子 ………………………………… 86
阻止能 ……………………………………… 25

〔た行〕

単核種元素 ………………………………… 18
炭酸塩の生成 ……………………………… 99
短寿命放射性核種 ………………………… 134
担体 ………………………………………… 95
タンパク質の標識 ………………………… 132
地球の年齢 ………………………………… 66
遅発中性子 ………………………………… 86
中間子化学 ………………………………… 40
中性子放射化分析の感度 ………………… 148
抽出率 ……………………………………… 103
超ミクロオートラジオグラフィー ……… 172
直接希釈法 ………………………………… 154
低 LET 荷電粒子（電子） ………………… 197

鉄線量計 …………………………………… 200
電子 ………………………………………… 198
電子対生成 ………………………………… 30
電子捕獲 …………………………………… 26
天然原子炉 ………………………………… 67
天然の放射性核種 ………………………… 58
天然誘導放射性核種 ……………………… 62
同位体 ……………………………………… 18
同位体希釈法 ……………………………… 153
同位体交換による標識 …………………… 131
同位体交換法 ……………………………… 128
同位体存在度 ……………………………… 18
同位体断面積 ……………………………… 80
同重体 ……………………………………… 18
同中性子体 ………………………………… 18
特定標識化合物 …………………………… 134
トリウム系列 ……………………………… 59
トリチウムガス接触法 …………………… 129
ドリップライン …………………………… 18
トンネル効果 ……………………………… 83

〔な行〕

二次過程 …………………………………… 198
二次過程の反応機構 ……………………… 199
二重希釈法 ………………………………… 155
二重標識オートラジオグラフィー ……… 174
ネプツニウム系列 ………………………… 59
年代測定 …………………………………… 63
濃縮係数 …………………………………… 42
ノーザンブロット法 ……………………… 178

〔は行〕

ハイブリダイゼイション法 ……………… 177
薄層クロマトグラフィー ……………… 138, 167
バーン ……………………………………… 79
半減期 ………………………………… 31, 84
反跳効果 …………………………………… 41
比電離 ……………………………………… 25
比放射能 …………………………………… 135
比放射能の高い RI 分離 …………………… 42
標識アミノ酸 ……………………………… 176
標識位置 …………………………………… 135
標識化合物の合成 ………………………… 128
標識化合物の比放射能 …………………… 135
標識化合物の品質管理 …………………… 136
標識化合物の分析法 ……………………… 136

索　引

標識化合物の保存法 …………………………… 141
標識金属水素化物の還元による標識 ………… 129
標識抗原 ………………………………………… 157
標準曲線 ………………………………………… 157
放射性核種の質量と半減期 ……………………… 31
不足当量法 ……………………………………… 156
フリッケ線量計 ………………………………… 200
分配比 …………………………………………… 103
ベクレル ………………………………………… 23
ペーパークロマトグラフィー ………………… 136
放射化学的収率 ………………………………… 42
放射化学的純度 ………………………………… 136
放射化学の特徴 ………………………………… 13
放射化学分析 …………………………………… 151
放射化分析 ……………………………………… 145
放射化分析の応用 ……………………………… 147
放射化分析の欠点 ……………………………… 149
放射化分析の長所 ……………………………… 149
放射化分析の特徴 ……………………………… 149
放射合成 ………………………………………… 43
放射性医薬品 …………………………………… 183
放射性壊変 ……………………………………… 23
放射性壊変の法則 ……………………………… 31
放射性核種純度 ………………………………… 136
放射性核種の分離 ……………………………… 92
放射性同位元素等規制法 ……………………… 93
放射性同位体 …………………………………… 17
放射性ヨウ素による標識 ……………………… 132
放射性ヨウ素標識化合物 ……………………… 131
放射線化学 ……………………………………… 196
放射線重合 ……………………………………… 201
放射分析 ………………………………………… 152
放射分析による定量例 ………………………… 153
放射分析の検量線 ……………………………… 153
放射平衡 ………………………………………… 47
放射能 …………………………………………… 23
保持担体 ………………………………………… 96
ポジトロニウム化学 …………………………… 39
ポジトロンオートラジオグラフィー ………… 175
ポジトロン核種 ………………………………… 187
ポジトロン断層撮影装置 ……………………… 166
ホットアトム …………………………………… 41
ホットアトム効果 ……………………………… 41
ホットアトムの化学 …………………………… 41
ボルトン・ハンター試薬 ……………………… 133

〔ま行〕

マイクロドーズ試験 …………………………… 168
マクロオートラジオグラフィー ……………… 171
メスバウアー効果の原理 ……………………… 37
魔法数 …………………………………………… 15
ミクロオートラジオグラフィー ……………… 172
娘核種 …………………………………………… 47
無担体 ^{90}Y の調製 …………………………… 138
名目標識化合物 ………………………………… 134
メスバウアー分光学 …………………………… 37
メスバウアー分光学の応用 …………………… 39

〔や行〕

薬物動態試験 …………………………………… 168
薬物動態と代謝 ………………………………… 166
薬物の体内分布と代謝・排泄 ………………… 167
有機金属化合物との置換反応 ………………… 132
誘導核分裂 ……………………………………… 83
陽イオン交換樹脂 ……………………………… 106
陽イオン交換樹脂に対する吸着傾向 ………… 107
陽イオン交換樹脂による核分裂生成物の分離 ‥ 107
陽イオンの系統的分離 ………………………… 98
溶媒抽出法 ……………………………………… 101

〔ら行〕

ラジオイムノアッセイ ………………………… 157
ラジオコロイド法 ……………………………… 112
ラジカル ………………………………………… 198
硫化物沈殿の生成 ……………………………… 99
リン酸塩沈殿の生成 …………………………… 100
ルビジウム Rb－ストロンチウム Sr 法 ……… 65
励起関数 ………………………………………… 81
励起分子 ………………………………………… 198
ろ紙電気泳動法 ………………………………… 140

〔欧　文〕

(4n＋1) 系列 …………………………………… 59
(4n＋2) 系列 …………………………………… 58
(4n＋3) 系列 …………………………………… 59
(4n) 系列 ……………………………………… 59
^{77}As の分離 ………………………………… 114
Bethe の理論 …………………………………… 197
Bolton-Hunter 試薬 …………………………… 133
Bq ………………………………………………… 23
Bragg 曲線 ……………………………………… 24

索　引

^{11}C ・・・187
[^{11}C]MeI ・・・・・・・・・・・・・・・・・・・・・・・・・・・・・・・・・・・・・・134, 187
[^{11}C]酢酸 ・・・188
^{11}C 標識 ・・134
^{14}C による年代測定法 ・・・・・・・・・・・・・・・・・・・・・・・・・・・・・・・66
^{14}C の分離 ・・・115
^{14}C 標識化合物の合成 ・・・・・・・・・・・・・・・・・・・・・・・・・・・・・130
^{137}Cs ・・87
DNA クローニング ・・・・・・・・・・・・・・・・・・・・・・・・・・・・・・・・・・177
DNA 塩基配列の決定 ・・・・・・・・・・・・・・・・・・・・・・・・・・・・・・・177
EC ・・26
^{18}F ・・187
[^{18}F]FDG ・・189
[^{18}F]FDG 合成法 ・・・・・・・・・・・・・・・・・・・・・・・・・・・・・・・・・・189
[^{18}F]FDG 品質管理の一例 ・・・・・・・・・・・・・・・・・・・・・・・・・190
FP ・・86
[^{67}Ga]Ga-citrate ・・・・・・・・・・・・・・・・・・・・・・・・・・・・・・・・・・・186
^{71}Ge の分離 ・・114
G 値 ・・・200
^{3}H ・・・62
HPLC ・・139, 167
Hunter-Greenwood 法 ・・・・・・・・・・・・・・・・・・・・・・・・・・・・・132
[^{123}I]BMIPP ・・・・・・・・・・・・・・・・・・・・・・・・・・・・・・・・・・・・・・・185
[^{123}I]MIBG ・・185
^{123}I 製剤 ・・・185
^{131}I ・・・88
[^{131}I]MIBG ・・192
[^{131}I]NaI ・・・191
ICl 法 ・・・131
ICP 質量分析法による定量 ・・・・・・・・・・・・・・・・・・・・・・・・・151
[^{111}In]In-pentetreotide ・・・・・・・・・・・・・・・・・・・・・・・・・・・186
in situ ハイブリダイゼイション ・・・・・・・・・・・・・・・・・・・179
IP ・・・172
IRMA ・・160
^{40}K ・・・61
^{85}Kr ・・88
LET（線エネルギー付与） ・・・・・・・・・・・・・・・・・・・・・・・・・197
LET 効果 ・・・199
[^{177}Lu]Lu-oxodotreotide（合成ソマトスタチン誘
　導体） ・・・192
L-メチオニンの ^{14}C 標識体 ・・・・・・・・・・・・・・・・・・・・・・・168
^{99}Mo ・・・88
^{99}Mo-^{99m}Tc ジェネレータ ・・・・・・・・・・・・・・・・・・・・・・・・・52
^{13}N ・・・187
NH_4Cl 共存下 NH_3 添加時の沈殿生成 ・・・・・・・・・・・99
^{237}Np ・・・59

^{15}O ・・・187
^{32}P 標識化合物 ・・・・・・・・・・・・・・・・・・・・・・・・・・・・・・・・・・・131
^{32}P の分離 ・・115
PET ・・・166
PET 製剤 ・・187
PET 製剤の品質管理 ・・・・・・・・・・・・・・・・・・・・・・・・・・・・・189
^{147}Pm ・・・87
$^{32}PO_4^{3-}$ と $^{35}SO_4^{2-}$ の無担体分離 ・・・・・・・・・・・・・・・96
Po の分離 ・・114
^{239}Pu ・・・62
[^{223}Ra]$RaCl_2$ ・・・・・・・・・・・・・・・・・・・・・・・・・・・・・・・・・・・193
^{81}Rb−^{81m}Kr ジェネレータ ・・・・・・・・・・・・・・・・・・・・・・55
Rf ・・137
RIA ・・・157
RI 分離法の特徴 ・・・・・・・・・・・・・・・・・・・・・・・・・・・・・・・・・・92
^{220}Rn ・・・59
^{222}Rn ・・・58
^{35}S 標識化合物 ・・・・・・・・・・・・・・・・・・・・・・・・・・・・・・・・・・・131
SPECT ・・・166
^{90}Sr ・・・87
^{90}Sr−^{90}Y ジェネレータ ・・・・・・・・・・・・・・・・・・・・・・・・・55
$^{90}Sr, ^{90}Y$ の迅速分離 ・・・・・・・・・・・・・・・・・・・・・・・・・・・・・140
^{90}Sr−^{90}Y の分離 ・・・・・・・・・・・・・・・・・・・・・・・・・・・・・・・・97
^{97m}Tc の分離 ・・・・・・・・・・・・・・・・・・・・・・・・・・・・・・・・・・・・114
[^{99m}Tc]Tc-DMSA ・・・・・・・・・・・・・・・・・・・・・・・・・・・・・・・・54
[^{99m}Tc]Tc-ECD ・・・・・・・・・・・・・・・・・・・・・・・・・・・・・・・・・184
[^{99m}Tc]Tc-HMDP ・・・・・・・・・・・・・・・・・・・・・・・・・・・・・・・184
[^{99m}Tc]Tc-HM-PAO ・・・・・・・・・・・・・・・・・・・・・・・・・・・・184
[^{99m}Tc]Tc-MDP ・・・・・・・・・・・・・・・・・・・・・・・・・・・・・・・・・184
[^{99m}Tc]Tc-MIBI ・・・・・・・・・・・・・・・・・・・・・・・・・・・・・・・・・184
[^{99m}Tc]Tc-テトロホスミン ・・・・・・・・・・・・・・・・・・・・・184
^{99m}Tc 錯体 ・・・・・・・・・・・・・・・・・・・・・・・・・・・・・・・・・・・・・・・184
^{99m}Tc 製剤 ・・・・・・・・・・・・・・・・・・・・・・・・・・・・・・・・・・・・・・・183
^{99m}Tc-標識収率 ・・・・・・・・・・・・・・・・・・・・・・・・・・・・・・・・・54
^{232}Th ・・59
[^{201}Tl]TlCl ・・・・・・・・・・・・・・・・・・・・・・・・・・・・・・・・・・・・・・186
TLC ・・・・・・・・・・・・・・・・・・・・・・・・・・・・・・・・・・・・・・138, 167
^{235}U ・・59
^{238}U ・・58
^{90}Y/^{111}In 標識 ibritumomab tiuxetan（抗 CD20 単ク
　ローン抗体） ・・・・・・・・・・・・・・・・・・・・・・・・・・・・・・・・・192
α 壊変 ・・・24
α 粒子の飛程 ・・・・・・・・・・・・・・・・・・・・・・・・・・・・・・・・・・・・24
β 壊変 ・・・25
β^+ 壊変 ・・26
β^- 壊変 ・・26

索　　引

β⁻線放出体 ……………………………………71
β粒子のエネルギー・スペクトル ……………26
γ線と物質との相互作用 ………………………29
γ線放射 …………………………………………28

〔執筆者紹介〕

河村　正一　（かわむら・しょういち）　薬学博士
　　京都大学医学部薬学科卒業(1953年)。国立衛生試験所、放射線医学総合研究所、神奈川大学理学部化学科教授等を歴任、2021年1月没。

井上　修　（いのうえ・おさむ）　薬学博士
　　九州大学薬学部卒業(1971年)。(株)ダイナボットRI研究所、放射線医学総合研究所、大阪大学大学院医学系研究科保健学専攻医用物理工学講座教授を経て、現在大阪大学名誉教授。

荒野　泰　（あらの・やすし）　薬学博士
　　京都大学薬学部卒業(1977年)。京都大学薬学部助手、助教授、千葉大学大学院薬学研究院教授等を経て、現在千葉大学名誉教授。

川井　恵一　（かわい・けいいち）　薬学博士
　　京都大学薬学部卒業(1983年)。東京理科大学薬学部助手、宮崎医科大学医学部助教授、金沢大学医学部教授等を経て、現在金沢大学医薬保健研究域教授、福井大学高エネルギー医学研究センター客員教授、量子科学技術研究開発機構客員研究員。

鹿野　直人　（しかの・なおと）　博士（薬学）
　　東京都立医療技術短期大学卒業(1990年)。東京理科大学理学部化学科卒業(1992年)。東京厚生年金病院、茨城県立医療大学保健医療学部助手、講師等を経て、現在茨城県立医療大学保健医療学部准教授、筑波大学医学医療系客員研究員。

放射化学と放射線化学

昭和39年10月10日　第1版　第1刷
平成 9年 6月10日　新訂版　第1刷
平成12年 3月10日　改訂版　第1刷
平成19年 3月30日　三訂版　第1刷
令和 2年 9月 1日　四訂版　第1刷
令和 6年 8月 5日　五訂版　第1刷　ⓒ2024

定価　4070円（本体 3700円＋税）

著　者
　河村　正一
　井上　修
　荒野　泰
　川井　恵一
　鹿野　直人

発行所　株式会社 通商産業研究社
東京都港区北青山2丁目12番4号（坂本ビル）
〒107-0061 TEL03(3401)6370 FAX03(3401)6320
（落丁・乱丁等はおとりかえいたします）
ISBN978-4-86045-154-7　C3040　¥3700E